国家级一流本科专业建设点配套教材・产品设计专业系列
高等院校艺术与设计类专业“互联网+”创新规划教材
本书出版由重庆市教委科学技术研究项目（KJZD-K202101001、KJZD-K202201001）
与四川美术学院智能设计学科群经费资助

# 产品设计材料与工艺

敖 进 编著

北京大学出版社
PEKING UNIVERSITY PRESS

## 内 容 简 介

本书是一本基于工程技术的材料科学与工业成型生产工艺理论与应用方向的设计类教材。本书重新编排了工业设计与产品设计课程内容，着重培养学生基于材料成型工程技术的设计思维，以提升其选择与应用材料解决设计问题的能力、融合设计学交叉学科的创新能力。

本书共 10 章，第 1 章和第 2 章主要阐述材料科学基础、材料的设计学应用及材料发展方面的内容；第 3 章至第 8 章主要阐述材料的成型生产原理和应用，针对金属材料、塑料和工业成型材料的设计甚至创新做了较深入的讲解；第 9 章和第 10 章展望了材料科学和应用的未来，回顾了增材制造和设计师之间关系的发展历程。全书各章均穿插原创性、前沿性设计案例，可供教学实践和设计应用实践参考。

本书既可以作为高等院校工业设计专业和产品设计专业的教材，也可以作为相关行业爱好者的自学辅导书。

**图书在版编目 (CIP) 数据**

产品设计材料与工艺 / 敖进编著．—北京：北京大学出版社，2023.6
高等院校艺术与设计类专业“互联网 +”创新规划教材
ISBN 978-7-301-34116-2

Ⅰ．①产… Ⅱ．①敖… Ⅲ．①产品设计—高等学校—教材 Ⅳ．① TB472

中国国家版本馆 CIP 数据核字 (2023) 第 107335 号

**书 名** 产品设计材料与工艺
CHANPIN SHEJI CAILIAO YU GONGYI
**著作责任者** 敖 进 编著
**策划编辑** 孙 明
**责任编辑** 孙 明 王 诗
**数字编辑** 金常伟
**标准书号** ISBN 978-7-301-34116-2
**出版发行** 北京大学出版社
**地 址** 北京市海淀区成府路 205 号 100871
**网 址** http://www.pup.cn 新浪微博：@ 北京大学出版社
**电子邮箱** 编辑部 pup6@pup.cn 总编室 zpup@pup.cn
**电 话** 邮购部 010-62752015 发行部 010-62750672 编辑部 010-62750667
**印 刷 者** 北京宏伟双华印刷有限公司
**经 销 者** 新华书店
889 毫米 ×1194 毫米 16 开本 15 印张 355 千字
2023 年 6 月第 1 版 2024 年 7 月第 2 次印刷
**定 价** 89.00 元

---

# 前言

产品设计是一个致力于造物的专业，而现代科学技术指导下的工业化生产是产品设计造物功能实现的基础。就造物本身而言，我们并不排斥传统手工艺，毕竟现代机器制造工艺或多或少都借鉴了传统手工艺。此外，历代匠人的造物精神一直激励着我们，促使我们不懈地去探索更高效、更精密的工业生产技术，并不断地在产品设计过程中创新造物理念。

本书内容涵盖了产品设计和生产过程中涉及的功能材料、工程材料、高科技材料、未来材料、生态材料等，介绍了这些材料的性能、筛选标准、制备过程、用途、经济性、环保性，以及与之相关的材料成型、表面处理工艺与工业化批量生产工艺等。此外，本书还详细介绍了产品造型与工业生产工艺之间的联系，从理论和技术层面对产品设计的材料、材料成型甚至产品造型提供了生产方案。

当然，就产品设计专业本身而言，单单研究材料及其生产工艺是不够的。有人说，材料和生产工艺限制了设计师的思维，因此产品设计中的“CMF”环节（CMF 是 Color，Material & Finishing 的缩写，其中 C 代表颜色，M 代表材料，F 代表工艺）逐渐发展成熟。就目前 CMF 的应用而言，的确可以在一定程度上激发设计师的创作欲望，从一开始就筛选出可用的材料，进而提高设计产品的质量。就 CMF 的研究内容而言，设计师和相关从业人员可以选择材料造型、材料表现、材料综合应用、材料创新应用、新材料挖掘等方向，因而产生了“材料实验”“材料视觉表达”等课程。就“产品设计材料与工艺”课程而言，我们的教学目标并不是研究艺术设计产品的外部造型，也不是研究实用性设计思维和创新思维，而是从技术的角度提出解决设计细节问题的方法，同时帮助学生培养工程思维和技术创新思维。因此，在知识体系上，本书与 CMF 相关研究并不冲突，二者甚至可以互为补充。

本书提到的“工艺”指的是“生产工艺”，但并不完全区别于传统的“手工艺”和“工艺美术”，它们拥有共同的造物目标——“美”。极度精妙的生产技术造就了“美”，极度高效的造物技术也能产生“美”，这是工业化生产时代普通人能够接触并享受到的“美”。在这方面，本书提到的“工艺”远优越于传统“只可远观，不可亵玩”的“手工艺”和“工艺美术”，这是社会发展和文明进步的必然结果。

党的二十大报告提出：“教育是国之大计、党之大计。培养什么人、怎样培养人、为谁培养人是教育的根本问题。”本着此原则，本书除了系统、严谨地归纳与设计相关的造物知识体系，还列举了许多在教学和科研过程中遇到的优秀案例，让读者能够切实感受到恰当应用生产技术的产品的魅力。本书是产品设计专业的基础课程教材之一，同时也是与设计学相关的工程知识的宝库，除了能够让学生建立完整的材料与工艺的知识体系，也能够帮助学生解决在实际设计过程中遇到的问题，还能够拓展设计思维、连接技术与设计并使其同时生效。

本书注重对学生的启发性教学。学生如若热衷于设计事业，致力于成为优秀的设计师，有必要进一步探索工程方面的知识，对他们来说本书将会是一本实用的工具书。本书没有完整罗列内容所涉及的工程技术标准、国家标准、材料性能等技术信息，但学生在实际设计过程中肯定要检索此类信息，建议以应用为目标进行相关技术的检索与学习，视具体情况吸收相关知识。

非常感谢四川美术学院的师生为本书提供的大量优秀原创设计作品，特别感谢蒋锐和洪思思同学为本书提供的原创手绘原理图!

限于编者学识水平，书中如有疏漏之处，恳请广大有识者指正。

【资源索引】

编者

2023 年 1 月

# 目录

# 第 1 章 基石和砖瓦——材料科学和工程材料

教学目标：

（1）了解基于材料科学的金属材料、塑料的分类和性能。

（2）了解设计过程中根据材料性能进行合理应用的好处，初步具备规避材料缺点的能力。

（3）了解一些前沿科技材料，筛选设计备案，拓展设计思维。

教学要求：

| 知识要点 | 能力要求 | 相关知识 |
| --- | --- | --- |
| 材料的分类 | 了解工业生产中材料的分类 | 材料研究 |
| 金属材料 | （1）了解金属材料的分类；<br>（2）了解金属材料相关性能的本质；<br>（3）了解改变金属力学性能的方法 | 冶金学<br>金属热处理工艺 |
| 塑料 | （1）了解塑料的分类和性能；<br>（2）了解塑料相关性能的本质；<br>（3）熟知塑料的优缺点 | 复合材料<br>绿色材料 |
| 特种材料 | （1）了解设计相关的部分特种材料；<br>（2）了解特殊材料在设计中的应用；<br>（3）初步具备材料应用创新的能力 | 生物质材料 |

材料科学是研究材料的组织结构、性质、生产流程和使用效能及其之间的相互关系，集物理学、化学、冶金学等于一体的科学，也是一门与工程技术密不可分的应用科学。

在生产中应用到的材料可以分为两类，一类是功能材料，另一类是工程材料。

功能材料区别于普通结构材料，除了具有常见的力学性能外，还具有其他特别的功能。功能材料也叫作特种材料或精细材料，是指经光、电、磁、热、化学、生化等作用后具有特定功能的材料。功能材料涉及的功能范围广，包括电功能、磁功能、光学功能、热功能、生物功能、分离功能、形状记忆功能等。

一般来讲，具有优良使用性和加工性的材料可以定义为工程材料。工程材料的划分并没有一个绝对的标准，比如在生产力落后的情况下，或者在受制于环境的条件下，粘土和稻草等都可以作为工程材料来制作容器、建筑墙体等。按照材料的使用和加工性能对工程材料进行划分，可将其分为金属材料、高分子材料、陶瓷材料和复合材料等，见图 1-1。

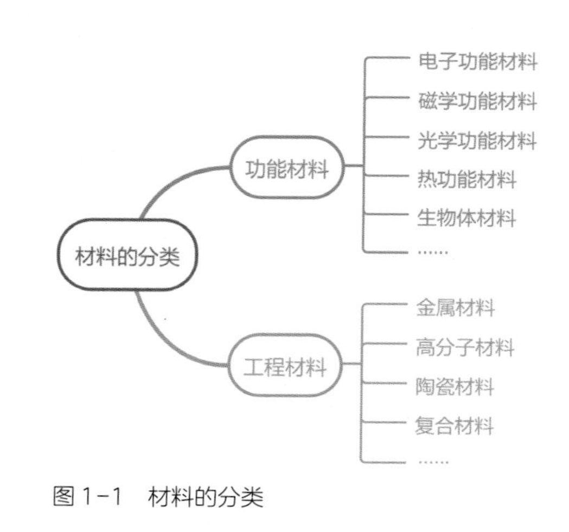


图 1-1 材料的分类

# 1.1 金属材料

金属有特殊光泽，富有延展性，易导电、导热，是常见的功能材料。相对其他材料而言，很多金属及其合金的力学性能较好，所以多作为工程材料使用。金属是人类从事生产不可或缺的材料。

## 1.1.1 金属材料的分类

金属材料分为黑色金属和有色金属。黑色金属主要指铁和铁碳合金，如铸铁、碳钢和各种合金钢；有色金属主要指铁碳合金之外的金属材料及其合金，如铝、镁、铜、铅、稀土金属。稀土是化学周期表中镧系元素和钪、钇等 17 种金属元素的总称。稀土具有优良的光、电、磁等物理特性，能与其他材料组成性能各异、品类众多的新型材料，其最显著的功能就是能大幅度提高铝合金、镁合金、钛合金等合金材料的性能。同时，稀土是电子、激光、核工业、超导甚至现代农业等高科技领域的核心材料之一。金属材料分类总览见图 1-2。

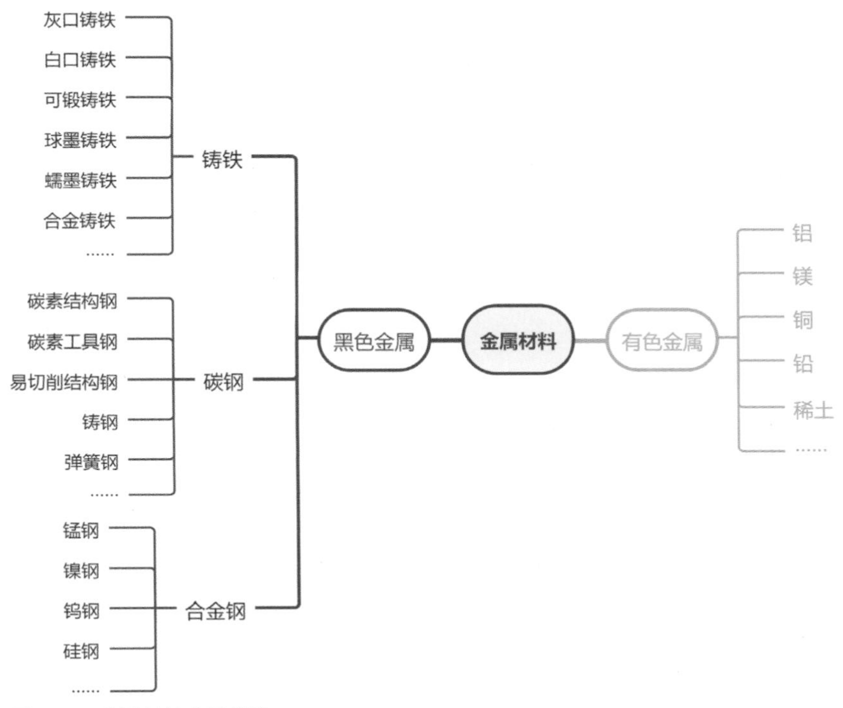


图 1-2　金属材料分类总览

## 1.1.2　金属材料的微观结构和金属的力学性能

金属属于晶体，而晶体能够结晶，但是因为金属多以晶体的形态出现，所以人们很难直观地感受到金属的结晶现象。金属单晶体表现出来的力学性能并不理想，也不容易制备，所以在生产生活中很少有直接将金属单晶体作为工程材料的例子（图 1-3）。金属的电、化学、力学等性能及其微观晶体和晶体间物质的微观结构直接关联，因此要认识金属材料，必须从金属材料的微观结构——金属的结晶过程入手进行探索（图 1-4、图 1-5）。

晶核的不断产生与长大构成金属的结晶过程，即金属结晶由晶核的产生和长大两个基本过程组成。每个晶核长大形成的晶体叫作晶粒（图 1-6）。

图 1-3　固体金属的形态

自然界中天然的金属块通常以多晶体的无定形态存在，比如天然金块或陨铁。人工制备的金属可以在一定条件下结晶成单晶体或晶簇，如图中的金属铌晶簇。在具备形态的金属制品内，金属也是以多晶体形态存在的，经特殊处理后可以观察到构成单个晶体的晶粒及晶粒间的边界。

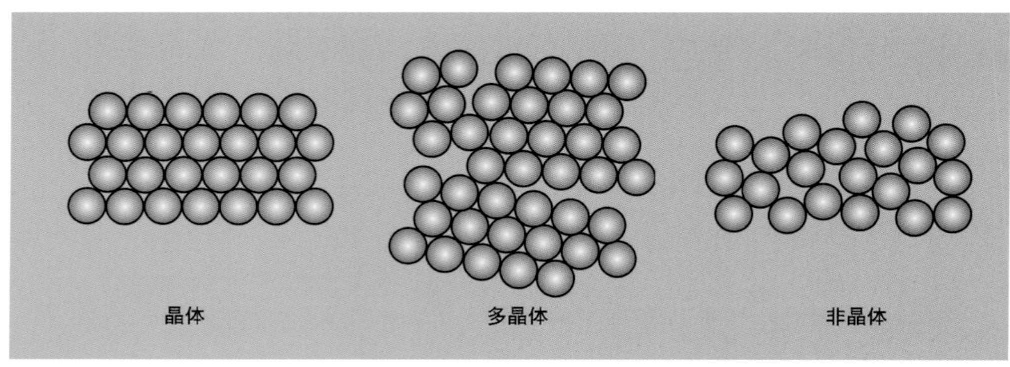


图 1-4　晶体、多晶体、非晶体的微观结构
晶体是有明确衍射图案的固体，其原子或分子在空间内按一定规律重复排列。晶体中原子或分子的排列具有三维空间的周期性，每隔一定的距离重复出现，这种周期性规律是晶体结构最基本的特征。多晶体也是晶体，只是由很多细小的、不成整形的晶粒组合而成，因此宏观上没有呈现规整的形态。

图 1-5　金属的晶格组织
透射电镜下金属的衍射图纹表明了组成金属晶粒的原子排列非常严整，虽然单个晶粒的边缘轮廓并不规整，但是金属无疑也是晶体。

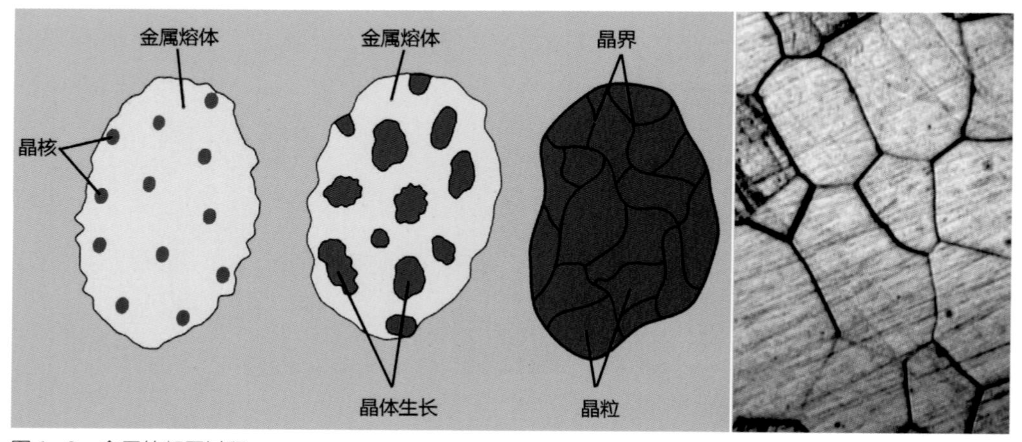


图 1-6　金属的凝固过程
工业纯铁的凝固过程及其显微组织。

两种不同的结构，会表现出不同的性能。线型结构（包括支链结构）高聚物有独立的分子存在，分子之间由范德华力连接，故有弹性、有塑性，在溶剂中能溶解，加热能熔融，硬度较低，脆性较小。体型结构高聚物没有独立的大分子存在，链和链之间是化学键结合，故缺少弹性和可塑性，不能溶解和熔融，只能溶胀，并且硬度较高，脆性较大。这两种结构的高分子都能形成塑料，由线型高分子形成的是热塑性塑料，由体型高分子形成的是热固性塑料。热固性塑料的成型过程是化学反应过程，一旦成型便无法重新塑造使用，而热塑性塑料可回收重复利用（图 1–14）。

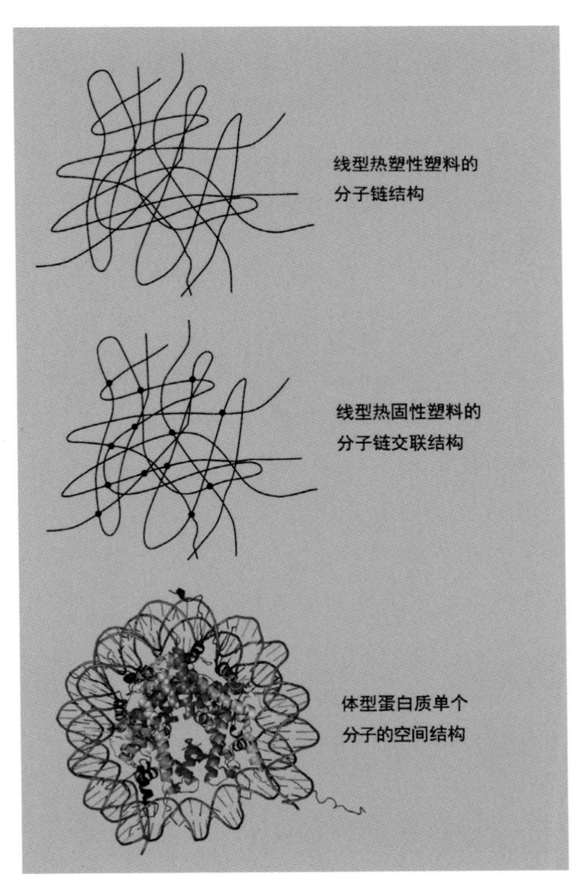


图 1–14　塑料的微观结构

此外，高分子材料的分子结构特殊，特别是线型高分子材料，分子的有机排列直接带来了材料的各向异性（图 1–15）。

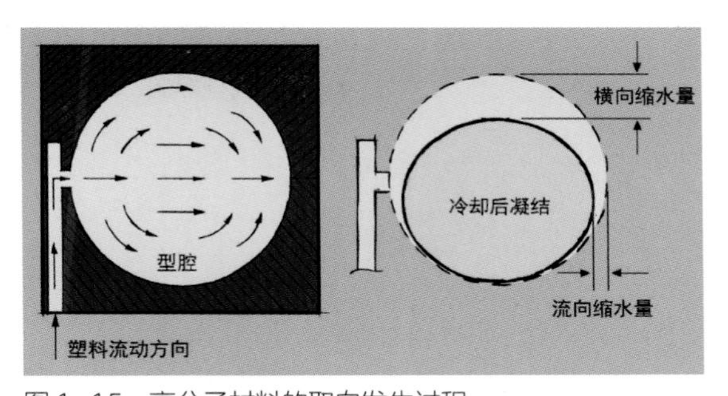


图 1–15　高分子材料的取向发生过程
各向异性在注射成型的产品和吹塑成型的产品中比较常见，因为熔融的大分子在流动的过程中发生了取向，凝固后取向被固定，大分子一束束排列整齐，自然带来了力学和其他性能的各向异性。

熔融的线型高分子材料在冷却固化的过程中，分子的局部或分子与其他分子之间的结构会部分结晶，形成晶格，也就是说，高分子材料也形成了多晶体。如果多晶体的空间排列方式大致相同，那么会在宏观上表现出材料的各向异性（金属也有各向异性，即“加工硬化”，也称“冷作硬化”）。

各向异性的材料好比竹子，竹子在生长方向与横断方向上的力学性能迥异，“势如破竹”绝不会变成“势如断竹”。各向异性对于一般产品来说是一种有害的性能，比如，有撕裂的风险、收缩程度不一致。但是，在特殊情况下，各向异性也是有益的，比如，某些注射成型的洗发水的瓶盖，旋转瓶盖上还有一个扣合的瓶盖。这个扣合瓶盖和旋转瓶盖之间由一小段材料连接，而这段材料在熔融流动的时候发生了取向。凝固后，这段排列整齐的高分子材料会大大增加旋转部分和扣合部分的弯折次数。

### 1.2.2　塑料的分类和应用

塑料除了按照分子结构方式分为线型结构和体型结构外，也可以按照用途分为泛用性塑料和工程塑料。常用泛用性塑料的特性和用途如表 1–1 所示。

表 1-1 常用泛用性塑料的特性和用途

| 标识 | PETE | HDPE | PVC | LDPE | PP | PS | OTHER |
|---|---|---|---|---|---|---|---|
| 代号 | 1 | 2 | 3 | 4 | 5 | 6 | 7 |
| 缩写 | PET/PETE | HDPE | PVC | LDPE | PP | PS | |
| 名称 | 聚对苯二甲酸乙二醇酯 | 高密度聚乙烯 | 聚氯乙烯 | 低密度聚乙烯 | 聚丙烯 | 聚苯乙烯 | 其他 |
| 透明性 | 透明 | 半透明 | 透明 | 半透明 | 半透明 | 透明 | |
| 阻水性 | 良好 | 差 | 良好 | 差 | 差 | 一般 | |
| 耐热 | 70℃ | 110℃ | 81℃ | 110℃ | 130℃ | | |
| 强度 | 中高 | 中 | 中高 | 低 | 中高 | 中高 | |
| 耐候性 | 优秀 | 优秀 | 一般 | 优秀 | 中 | 中 | |
| 食品安全性 | 长期和高温使用有增塑剂析出 | 较安全，易粘附油脂滋生细菌 | 不推荐用于食品包装 | 较安全 | 较安全，可入微波炉 | 一般安全，不能加热，不能遇酸碱食物 | |
| 用途 | 不加热的饮用水瓶 | 餐具、食品包装 | 外包装 | 保鲜膜、保鲜袋等 | 餐盒、保鲜盒 | 快餐盒 | |

广义的工程塑料是指具有高性能又可以代替金属材料的塑料；狭义的工程塑料是指比通用塑料强度更高、更耐热，可作为结构材料的高性能塑料。工程塑料可以分为通用工程塑料和特殊工程塑料两类，其中通用工程塑料使用温度在 100～150℃，如聚酰胺 PA、聚甲醛 POM、聚碳酸酯 PC、改性聚苯醚 MPPO、聚酯 PBT（或 PET）等，而特殊工程塑料使用温度超过 150℃，少量超过 250℃。

### 1.2.3 塑料的特点

塑料在制品成型与应用方面有如下优点:

(1) 塑料品种多，普遍具有光泽，表面也容易涂装着色或电镀金属层，可以用于生产不同色彩、肌理、质感的产品。

(2) 一些塑料是透明或半透明的，光学性能良好，可以用于生产照明元件或光学元件。

(3) 塑料普遍加工性能好，除了切削加工以外，成熟的成型工艺众多，同时生产效率高。

(4) 塑料质轻，比重在 1.0～2.0，约为钢材的 1/6，然而强度足够民用或应用于工程。

(5) 大部分塑料耐用、防水，抗腐蚀能力强，不与酸、碱反应，耐普通化学药剂。

(6) 大部分塑料自润滑性好，摩擦系数小，适合制造机械零部件，制成民用产品后手感舒适。

(7) 相对有色金属、高科技材料、部分生物工程材料而言，塑料的制造成本低。

(8) 某些塑料具有生物相容性，容易制作成生物结构且不会导致排异反应。

(9) 塑料容易与玻璃纤维及各种填料复合，构成复合材料。

(10) 塑料普遍具有优良的电绝缘性，是良好的绝缘体。

(11) 塑料隔热性优良，导热系数约为铁的1%，在铜的 2‰以下。

(12) 回收的塑料可以用于制备燃料油和燃料气，一定程度上有利于保护环境。

塑料有如下缺点:

(1) 相对金属材料而言，塑料耐热性低，软化点低。

(2) 大部分塑料相对金属材料而言，机械强度更低。

(3) 塑料相对金属材料而言，尺寸稳定性差，线膨胀系数约为钢的 5 倍。

(4) 塑料普遍耐候性差，在室外长期受紫外线作用，易变性老化，进而性能降低。

(5) 大部分塑料的耐油性和耐臭氧性差，容易被化学物质破坏导致失效。

(6) 大部分塑料耐久性差，长期受重力作用易产生疲劳、蠕变等现象。

(7) 大部分塑料易燃，燃烧时一般会产生有毒气体。

(8) 相对金属材料而言，塑料品种众多，分类回收困难，回收成本高。

(9) 由于有添加剂的存在，以及塑料的自然降解和氧化，回收后的塑料性能不如新材料。

(10) 传统塑料是由石油炼制的产品制成的，而石油资源是有限的。

### 1.2.4 塑料知识小结

塑料知识小结见图 1-16。

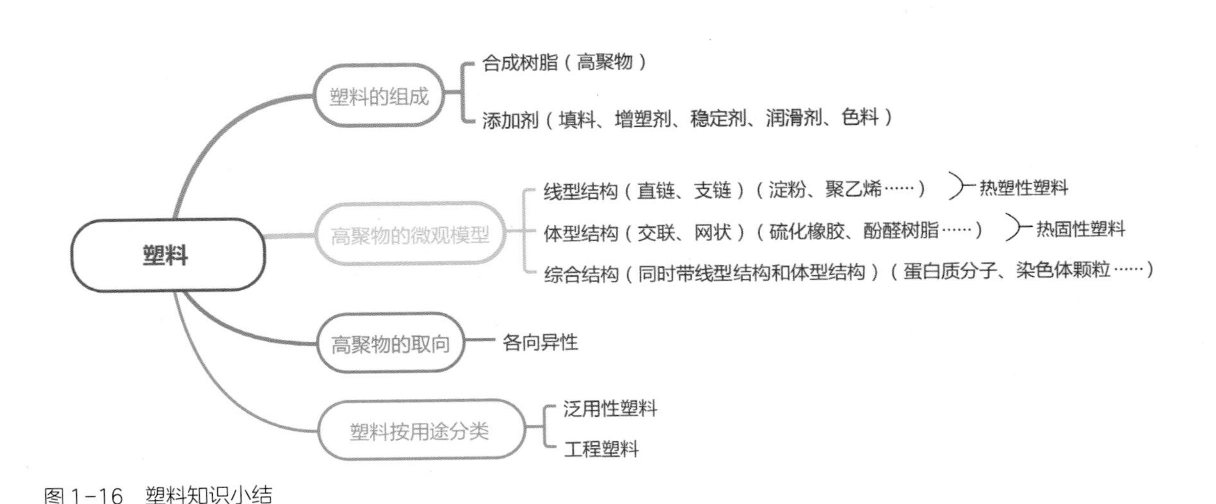


图 1-16　塑料知识小结

# 1.3 特种材料

一些特种材料和工程材料虽然没有普及，但是在设计中却起到举足轻重的作用，甚至成为必不可少的材料。下面我们以几种典型的特种材料和工程材料为例，介绍材料科学前沿的技术动态。

## 1.3.1 超高强度聚乙烯

超高强度聚乙烯（UHMWPE）的力学特性来自其超高的分子量。一般来说，只有平均分子量大于170万的聚乙烯才具有普通聚乙烯所不具备的、大部分工程塑料无法比拟的优良性能，这种聚乙烯即超高分子量聚乙烯，根据其力学性能也可以称为超高强度聚乙烯。

超高强度聚乙烯继承了普通聚乙烯绝大部分的理化性能，其主要缺点有：熔点只有150℃左右；抗蠕变能力较差，在持续受力作用下易变形，因此不适宜在持续受力的情况下使用；因为结构具有化学惰性，与其他材料的粘合性能较差，所以难用于制造复合材料。然而，相对于普通聚乙烯材料，其材料和纤维制品具有如下优点：密度低至0.97g/$cm^3$，可浮于水面；耐化学腐蚀，耐磨，抗紫外线辐射，防中子和γ射线，比能量吸收高、介电常数低，电磁波透射率高；耐磨性好，摩擦系数小；高比强度，高比模量，其比强度是同等截面钢丝的十多倍，比模量仅次于特级碳纤维（图1-17）。

## 1.3.2 聚四氟乙烯

铁氟龙为杜邦公司商标Teflon®的音译，又称特氟龙、铁富龙、特富龙、特氟隆等，其主要成分就是聚四氟乙烯（PTFE）。在某些地方，聚四氟乙烯被称为“塑料王”，可见其具有优良的性能（图1-18）。

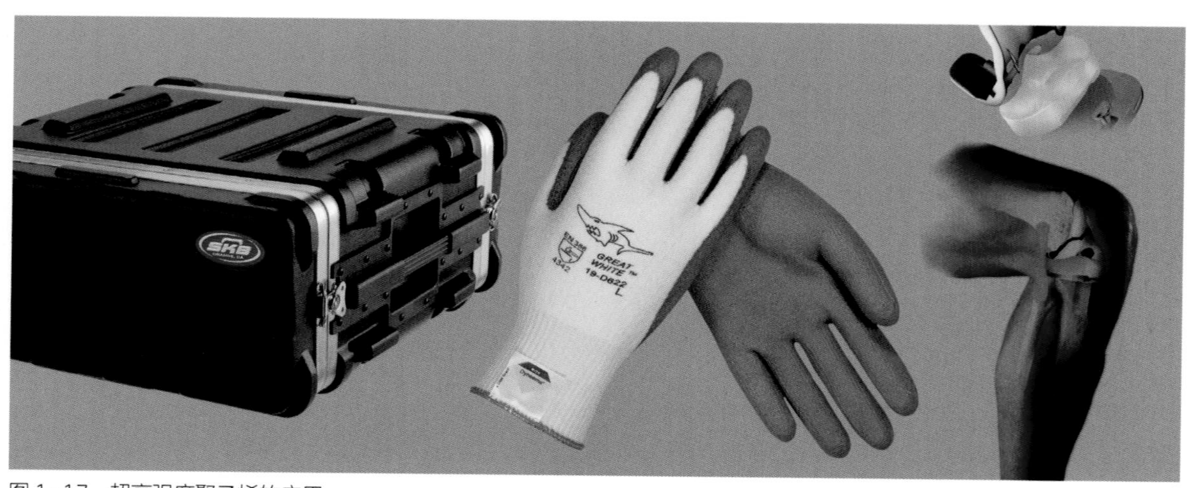


图1-17 超高强度聚乙烯的应用

超高强度聚乙烯具有优异的性能，常用于要求较高的场合，比如有受压要求的箱体，有耐割伤要求的手套，以及有良好润滑性和生物相容性要求的人造关节、登山绳等体育用品。

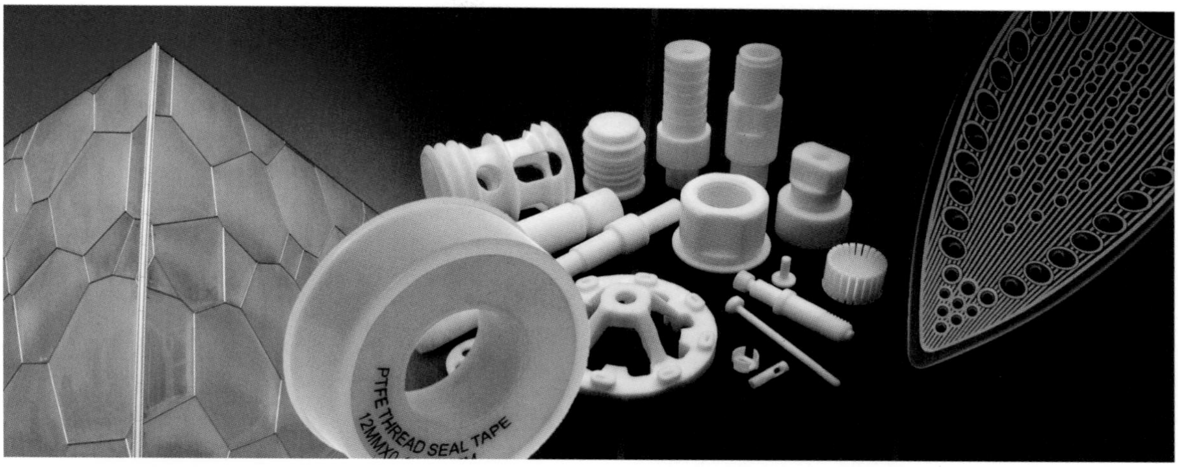

图1-18 聚四氟乙烯的应用
聚四氟乙烯因具有耐腐性、阻燃性、不粘性、自洁性、耐高温性等特性而得到广泛应用，从机械零件到建筑外墙材料，从密封材料到不粘涂层，均可见到它的应用。

聚四氟乙烯有如下优点：

（1）不粘性：聚四氟乙烯涂膜几乎不与任何物质粘合，即使是薄膜状态，也能显示出很好的不粘附性能。

（2）使用温度范围广：聚四氟乙烯具有优良的耐热性，短时间可耐300℃高温，在240～260℃高温下可连续使用。

（3）显著的热稳定性：它可以在冷冻温度下工作而不脆化，在高温下不熔化。

（4）阻燃性：聚四氟乙烯有良好的阻燃性。

（5）滑动性：聚四氟乙烯有很低的摩擦系数，通常在0.05～0.15。

（6）耐磨损性：在高负载下，聚四氟乙烯具有优良的耐磨性能；在降低负载后，具备耐磨损和不粘附的双重优点。

（7）抗湿性：聚四氟乙烯表面不沾水和油脂，不易沾污，沾污后也易清除。

（8）耐腐蚀性：聚四氟乙烯几乎不受化学药剂侵蚀，能够承受除了熔融的碱金属、氟化介质及高于300℃氢氧化钠之外的所有强酸（包括王水）、强氧化剂、还原剂和各种有机溶剂的作用，可以保护零件免遭化学物质的腐蚀。

### 1.3.3 XENOY® 树脂

XENOY® 树脂是美国GE公司的产品的商品名，从百分之百未改性的PBT树脂到兼具玻纤增强、矿物填充、矿物增强等功能的耐燃的牌号，形成了一个成熟的系列。该品牌树脂是PC和PBT共聚物，兼具PC和PBT的优良特性，具有耐化学性、高流动性、耐热性特点，即使在低温下，也有极佳的抗冲击性。此外，该品牌树脂表面光泽度高，极具美感，同时具备优良的抗紫外线性和保色性，因此在汽车零部件及车厢、户外工具、体育器材、移动电话等方面都有应用（图1-19）。

图 1-19 XENOY® 树脂的应用
图为 Smart 轻便四轮轿车，品牌方提供了多种色彩的塑料材质的绚丽车身，让顾客可以像更换手机外壳那样随意更换车身颜色。下图为户外使用的割草机，机壳材料有优良的抗紫外线性。

## 1.3.4 发泡铝

发泡铝也称泡沫铝，是类似塑料泡沫材料的金属材料，是在铝合金中加入发泡添加剂后发泡或通过物理加气发泡冷却而成。发泡铝兼具金属材料和泡沫材料的特性，为产品千差万别的性能需求又提供了一种选择（图 1-20）。

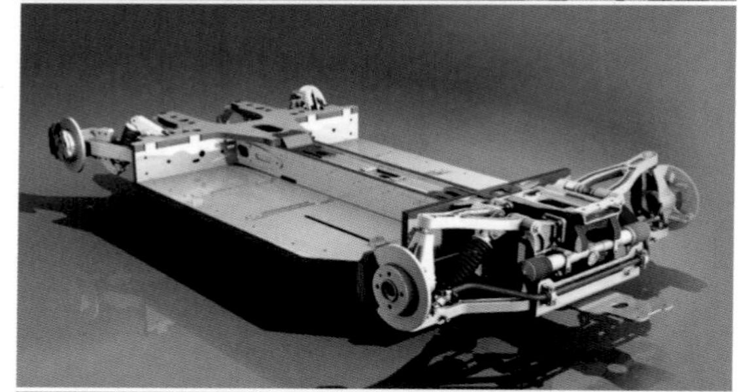

图 1-20 发泡铝的应用
发泡铝多用作板材，也可以用作填充材。

发泡铝的特性如下:

(1)轻质,密度为金属铝的10%~40%。

(2)高比刚度,其抗弯比刚度为钢的1.5倍。

(3)高阻尼减震性能及冲击能量吸收率,其阻尼性能为金属铝的5~10倍。

(4)良好的声学功能,吸声系数为0.8~0.9。

(5)优良的电磁屏蔽性能,电磁波频率在2.6~18GHz时,屏蔽量可达60~90dB。

(6)良好的热学性能,孔隙率为80%~90%的闭孔泡沫铝,导热系数相当于大理石。

(7)不燃烧且有较好的耐热性。

(8)耐腐蚀性、耐候性好,低吸湿性,不老化,无毒性。

(9)易表面涂装。

(10)易机械加工,易模压,易胶结。

(11)易做成"金属板—泡沫铝—金属板"结构的大尺寸夹层结构板材,具有很高的抗弯强度,可用作建材、车辆构件等。

## 1.3.5 生物塑料

生物塑料也称生物质塑料,其中聚乳酸最为成熟,是生物塑料的代表。聚乳酸(Polylactic Acid,PLA)也称聚丙交酯,属于聚酯家族。玉米、木薯、甜菜和谷物等富含淀粉的生物原料通过发酵形成乳酸,再经过聚合反应形成聚乳酸。聚乳酸在生产过程中污染较少,而且产品可以生物降解,容易实现在自然界中的循环,因此是理想的绿色材料。聚乳酸用途广泛,可用作包装材料、纤维和非织造物等,目前主要用于服装、建筑、农业、林业、造纸和医疗卫生等领域(图1-21)。

酪蛋白也是一种生物塑料,它是牛奶中的蛋白质沉淀物,可以用作涂料的基料、胶粘剂、食品添加剂等,也可以作为生物塑料来制作纽扣等小产品。

图1-21 聚乳酸的应用

聚乳酸可以制成纤维并纺织,因此可用于制作衣物,因其良好的生物相容性和手感,甚至可以用于制作内衣。此外,聚乳酸无毒环保,可以用于制作儿童餐具。

以聚乳酸为代表的生物塑料有以下特点:

(1) 热稳定性较好，接近普通塑料。

(2) PLA 熔点相对较高，成型加工温度范围为 170～230℃，结晶度大、透明度好。

(3) 成型工艺与普通塑料类似，可用多种方式进行加工。

(4) 具有良好的染色性。

(5) 具有一定的阻燃性和抗紫外线性。

(6) 具有生物相容性，可以安全植入体内，无毒副作用。

(7) PLA 纤维纺织品手感好，对人体无毒害。

(8) 易生物降解，降解完全，无须回收且不会污染环境。

(9) 燃烧时有毒气体排放量低，环保性好。

(10) 生物塑料可以降低石油等不可再生资源的消耗、减轻石油化工产业的污染。

(11) 生物塑料源自生物质，生物质中的淀粉和蛋白质是生物塑料原料丙烯酸、聚乳酸的主要来源。生物质源源不断，安全环保，这是传统塑料不可比拟的优点。

## 1.3.6 花纹钢

花纹钢是现代词汇，泛指以外观呈现各种花纹为主要应用目的的钢材。花纹钢研磨后会呈现美丽的肌理和花纹，但无一相同。这些花纹细分为流水纹和云纹，流水纹细分为波浪纹和回旋纹，云纹细分为卷云纹和浮云纹。花纹钢在古代又称“花铁”“文铁”，古波斯等地传入中国的花纹钢称“镔铁”。当代花纹钢在中国某些地方称为“锻纹”，在日本称为“地肌”，在俄罗斯称为“布拉特钢”，但俄罗斯民间通常将其称为“大马士革钢”(并不准确)。历史上大马士革钢产自印度，属于结晶花纹钢，它是一种以简单、粗糙、暴力的方法将粉末冶金和锻造技术结合的产物。它的冶炼方法是将黑锰矿、竹炭及植物叶密封在陶炉里加热熔化，得到金属团块。再将金属团块反复熔化、冷却数次得到钢锭，这种钢锭即“乌兹钢”，因被运至大马士革交易而得名“大马士革钢”。要将大马士革钢制备成刃器，必须使之经过多次锻打。乌兹钢采用的其实是一种比较原始的冶炼方式，即通过添加含碳量不同的夹渣来制造各种花纹。

根据生产工艺，现代花纹钢可大致分为三类:铸造型花纹钢、折叠锻打或添加材料形成的焊接型花纹钢、表面处理型花纹钢。根据民间习惯和用途，花纹钢还可以分为结晶花纹钢、灌炼花纹钢、旋焊花纹钢、折花钢、地肌、锉花钢、机械加工仿大马士革钢、熔合花纹钢、酸洗花纹钢等。

花纹钢的花纹使刀刃在微观上形成微锯齿，变得更加锋利。两种不同的钢材交织，使得花纹钢的组织结构更接近复合材料，兼具抗弯强度和硬度，这也是花纹钢制成的刀剑更加锋利耐用的原因之一。大部分花纹钢能以非常自然的方式呈现钢铁表面的肌理，无须后期加工，因此其装饰效果非常理想(图 1-22)。

## 1.3.7 代木

代木，顾名思义，就是“代替木头”，学名

图 1-22　花纹钢的应用
由于花纹钢肌理的形成有一定的随机性，所以在产品中的应用更偏向于个性和艺术价值的体现。就刃具而言，花纹钢不是最好的材料，相关冶炼和锻造理论已经跟不上时代发展，各种合金钢、钛合金等刃具的强度和硬度已经远超传统花纹钢。

为可机械加工树脂材，也称检具材料、代木材料。代木是一种通过在树脂中添加增强材料来生产的人造材料，基材一般有不饱和聚酯树脂、聚氨酯树脂和环氧树脂，增强材料有玻璃微珠、石墨、滑石粉等。普通热塑性塑料并不能作为可机加工材料使用，在无有效冷却措施的情况下，加工热会熔化这些材料并使之凝结、缠绕在刀具上，使切削刃失效，带来各种危险。

早期的工业用模型多用木材制作，包括铸造用的造型木模、汽车模型等，工业用的检具和胎具很多时候也用木材来制作。木材有价格低、易切削、重量小、易获取等优点。但木材的缺点也是显而易见的，尤其在对形态和尺寸精度要求较高的场合，已经不符合使用要求了。代木在可切削性、密度、热膨胀性等方面都接近于木材，在耐候性、尺寸稳定性和均匀性等方面都远优于木材（图 1-23）。

图 1-23　代木
代木的生产主要用于切削加工，由于其具有良好的尺寸稳定性，通常用于大型检具、胎具及交通工具原型模型的制作，也可用于制作小比例外观模型。代木相较传统的泡沫材料和木材，有更优良的切削性和表面成型质量。

### 1.3.8　超疏水材料

【超疏水材料】

疏水性也称憎水性，是指物质对水有强烈的力的排斥作用，是材料的一种表面特性，表现为对水或其他液体的疏远作用，或不浸润作用。水滴在疏水性物体的表面会形成一个很大的接触角，使自身接近完美的球状。超疏水材料有良好的发展前景，可以用作清洁防水的产品，如雨衣、外套、建筑外墙材料等；也可以用作金属材料的防锈涂料，如船体涂装、管道的减摩涂料等（图 1-24）。

图 1-24 超疏水现象及超疏水材料的应用

超疏水材料拓展了人们的想象空间，人们考虑用它生产不怕雨的衣物、不沾染泥浆的车身等。材料的疏水性源自其微观结构和表层材料，比如蜡的疏水性，以及动植物细毛的疏水性。自然界中疏水材料较多，超疏水材料较少，因为“超疏水”的定义更严格。目前使用的超疏水材料表面稳定接触角要大于 150°，滚动接触角要小于 10°。符合超疏水材料的自然物有荷叶、某些昆虫的脚、猪笼草的分泌物等。

# 1.4 材料的应用原则

材料的选用非常重要，因为材料的质量决定了产品的优劣。合理的选材可以降低生产成本，提高产品寿命；而不合理的选材会增加制造难度，降低产品寿命，甚至会带来危险。材料的应用有以下原则:

(1) 符合使用要求。使用要求一方面来自产品自身的功能要求，材料的密度、防水性、耐候性等理化性能应符合设计需求；另一方面来自用户体验，即用户对产品的诉求，如舒适的手感、明亮的色彩等。

(2) 符合工艺要求。选用材料的时候，要求特定的材料对应特定的工艺，特定的工艺又对应特定的造型方式。所以，不能在没有确定生产工艺的情况下设计使用任意的材料，做架空工艺的造型。

(3) 符合成本和配套要求。应根据材料价格和当地企业的生产配套能力选择材料。

(4) 符合材料的许用原则。在设计产品时，所选材料的力学性能必须达到或超过产品的设计性能，通常是在计算值的基础上加上一个安全系数，以避免材料在正常使用时或极端条件下失效。

# 1.5　练习与实践

## 一、填空题

1. 在生产中应用到的材料可以分为两类，一类是________，另一类是________。

2. 金属的电、化学、力学等性能及其微观晶体和晶体间物质的________直接关联。

3. 复合材料玻璃纤维与各种填料复合，构成________。

4. 生物塑料也称________。

5. 材料的应用原则有：符合________、符合________、符合成本和配套要求、符合材料的许用原则。

## 二、选择题

1. 金属与合金材料的力学性能差异来自(　　)。(多选)

A. 品种差异　　B. 制备、加工方法

C. 金相组织　　D. 合金的组分

2. 下面不属于金属材料的有(　　)。(多选)

A. 镁合金　　B. 玻璃钢

C. 碳钢　　D. 稀土

E. 钛白粉

3. 塑料又叫作(　　)。(多选)

A. 高分子材料　　B. 工程材料

C. 树脂　　D. 复合材料

4. 下面属于塑料的有(　　)。(多选)

A. 聚乳酸　　B. 石蜡

C. 果胶　　D. 聚丙烯

E. 硅胶　　F. 蜘蛛丝

5.PETE 作为一次性饮料水瓶的首选材料，它的性能优势有(　　)。(多选)

A. 耐热性较好　　B. 阻水性较好

C. 环保性好　　D. 耐候性较好

E. 是生物塑料

## 三、课题实践

对材料性能的准确把握来自长期的学习和积累，这个过程通常是缓慢而渐进的，不可能一蹴而就。大致过程为：学会认识各种材料，了解材料性能→学会观察、辨别和分析产品各部分的材料，积累素材和设计案例→在设计中自由并正确地选择材料→能在改良设计中用更好的材料替换原有材料，图 1-25 所示为优秀设计作品案例。

具体学习、实践方案如下：

(1) 积累材料的相关资料，从设计的角度分析、整理其理化性能。提取其性能中与其他材料相比最独特的地方，根据其性能的独特性和不可替代性进行产品设计，如：找到生产手机屏幕的材料，并分析其唯一性；试着解释纯净水瓶原材料选取的原因，尝试用其他材料代替。

(2) 设计塑料的力学实验，验证其力学性能的各向异性，如：以不同的方式拉伸不同的塑料薄膜。

(3) 拆解身边的产品，初步辨别不同的材料，并通过产品功能来推测其所用的材料，以验证自己的观察结果，如：分析塑料奶瓶所使用的材料。

(4) 检索并对比分析蚂蚁和大象在构成材料、结构力学方面的差异，分析蚂蚁的举重能力及跌落保全能力。

(5) 选择生物自身材料应用的优秀案例，从材料学角度以列表和图解的方式加以分析，并展望材料学的发展前景。可选蜂巢、蜘蛛网、蟹壳等材料。

图 1-25 “琳琅木”材料研究

图为四川美术学院袁圆的设计作品《琳琅四季》。天然的木材在真空条件下与树脂融合，密度增加，硬度、强度增强，同时色彩饱和度、抗渗透性、抗腐蚀性、耐水性大大提高。在固化的过程中，着色的树脂在木材纹理中流走，使木材产生丰富的变化，形成一种全新的材料。该材料绚丽多彩、纹理独特，质感如玉般温润，观其顿感“琳琅满目”，故将其命名为“琳琅木”。

# 第 2 章 玻璃钢不是钢——复合材料及其应用基础

教学目标：

(1)了解复合材料的原理和分类。

(2)熟悉纤维增强塑料这类复合材料。

(3)熟悉复合材料的成型生产工艺。

(4)了解复合材料产品设计的要点。

(5)初步具备材料创新应用的能力。

教学要求：

| 知识要点 | 能力要求 | 相关知识 |
| --- | --- | --- |
| 复合材料的原理 | (1)了解复合材料产生的原因；<br>(2)理解复合材料中的基体材料和增强材料 | 材料力学实验 |
| 复合材料的分类 | (1)了解复合材料的分类；<br>(2)理解复合材料相关性能的本质；<br>(3)了解复合材料“复合”的方法 | 同素异构体<br>粉末冶金 |
| 纤维增强塑料 | (1)了解纤维增强塑料的分类和性能；<br>(2)理解纤维增强塑料的成型生产工艺；<br>(3)掌握纤维增强塑料的应用和设计 | 模具成型原理 |
| 复合材料的创新 | (1)能够从设计角度提出复合材料新的应用方式；<br>(2)能够尝试制备全新的复合材料 | 产品设计 CMF 研究 |

不管是人造材料还是天然材料，不管是金属、非金属还是有机高分子材料，它们在力学或其他方面的性能都比较单一，甚至有些材料还有很明显的缺陷，比如竹材和木材的各向异性。这些材料必须通过合理的方法去处理和改造才能使用，比如用编织或做成集成材的方式去消除竹材的各向异性（图 2-1）。为克服单一组分材料的种种弊端，获得理想的力学性能，人们需要生产一种性能全面的材料，复合材料应运而生（就本质而言，木材和竹材是纤维素和木质素等组分的复合体，也是一种复合材料）。

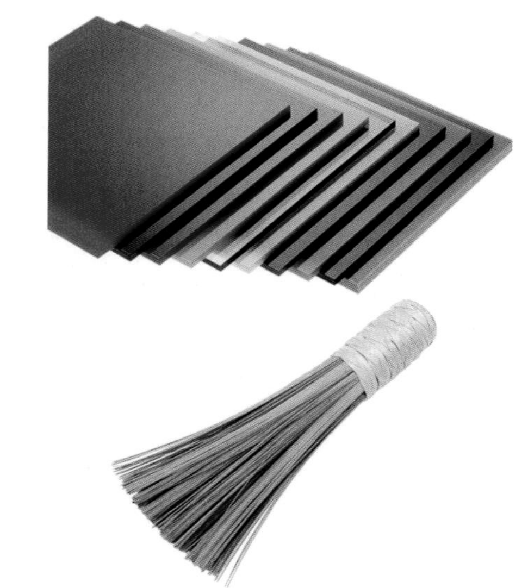

图 2-1　人造材料和天然材料
对于单一组分的材料，不同的材料具有不同的性能，或韧或脆，或轻或重，几乎没有一种材料是完美的。

## 2.1　复合材料

为增进学生对复合材料的了解，我们以金属材料为对比介绍复合材料。金属材料的性能千差万别，晶体结构也数量众多。金属和合金的力学性能与其晶粒的大小、形态和排列方式等有关，这是从微观层面观察得出的结论。如果要寻找一款符合要求的金属材料并投入使用，必须从金相组织入手。

在宏观方面，复合材料与金属材料类似，复合材料由交织的具有各向异性甚至不同性能的材料组合，形成网状、编织状、交联状或共生状的空间结构，这种空间结构类似于金属材料的晶相结构。复合材料的各组分相互影响，互为补充，最终实现了材料理想的性能。

国际标准化组织（ISO）对复合材料的定义是：两种或两种以上物理和化学性质不同的物质组合而成的一种多相固体材料。

党的二十大报告提出：“中华优秀传统文化源远流长、博大精深，是中华文明的智慧结晶。”中国的历史长河中，复合材料的应用案例很多，城墙的夯土是其中之一。人们在城墙的夯土中添加条索状、纤维状的稻草或毛发等材料，用以改善沙土或粘土单一的物理性能，最终增强城墙的力学性能。

### 2.1.1　复合材料的原理

什么样的材料复合在一起能够变成一种性能更优良的材料？

举个例子，中国的雕漆漆器整体上可以看作一种复合材料，其胎料包含夏布、中国漆、桐油甚至古砖瓦粉末、蛋清等（图 2-2）。漆器除了发挥观赏作用，更多的时候是作为容器而存在的，因而其力学属性不可忽视。雕漆漆器中的中国漆和蛋清是有机物，固化后总体性能偏软，易变形，可看作基体材料，而夏布和砖瓦粉末则可看作增强材料，它们共同组成了雕漆漆器。

图 2-2　漆器与古城墙

中国漆（俗称大漆）并不是最佳的成型材料，一般用作表面处理，比如"髹饰"；如果要用作成型材料，必须与其他材料混合制成复合材料，以规避其缺陷。古城墙和现代偏远地区的建筑普遍采用夯土结构，但其材料并不是单一的粘土，还混合了秸秆、毛发等增强材料。总体来讲，天然材料环境友好性强，具有可持续性，应受到当代设计师的关注。

复合材料的增强体包括玻璃、陶瓷、碳素、树脂、金属、天然纤维（棉花、麻、丝、毛）、矿物纤维（石棉）、合成纤维、人造织物、晶须、片材和颗粒等。而基体则有树脂、金属、陶瓷、玻璃、碳和水泥等。传统的钢筋混凝土也是一种复合材料，力学性能优良。

### 2.1.2　复合材料的分类

（1）复合材料根据来源可分为天然复合材料和人工复合材料。天然复合材料包括竹、木、贝壳和动物骨骼等，它们都由无机磷酸盐和蛋白质复合而成。

（2）复合材料根据性能要求可分为结构复合材料和功能复合材料。

① 结构复合材料由能承受载荷的增强体组元，与能连接增强体成为整体材料同时又起传递力作用的基体组元构成（图 2-3）。二者的关系好比骨骼和韧带，没有骨骼，韧带便无法成型；没有韧带，骨骼将一触即溃。

② 功能复合材料（图 2-4）一般由功能体组元和基体组元组成。基体不仅对整体起到构成作用，而且能产生协同或加强功能的作用。功能复合材料是指能提供除机械性能以外的其他物理性能，如导电性、铁磁性、阻尼性、吸电磁波、透电磁波、增减磨擦、电磁屏蔽、阻燃、防热、吸声、隔热等性能的复合材料。

（3）根据基体材料的种类，复合材料可以分为以下几种。

① 聚合物基复合材料：天然聚合物、人造树脂等。

图 2-3 结构复合材料
结构复合材料的优点在于能够直接应用于工程构件，如各种建筑结构件、交通工具框架与机体，可以作为预制构件参与施工，也可以与构造物同时成型。

图 2-4 功能复合材料
上图为轻质保温混凝土，是玻璃棉与水泥复合而成的功能材料，是现代建筑的环保材料；下图是由光导纤维和水泥复合而成的功能材料，改变了混凝土建筑沉重、封闭的视觉效果，让室内采光更自然，让建筑更环保。

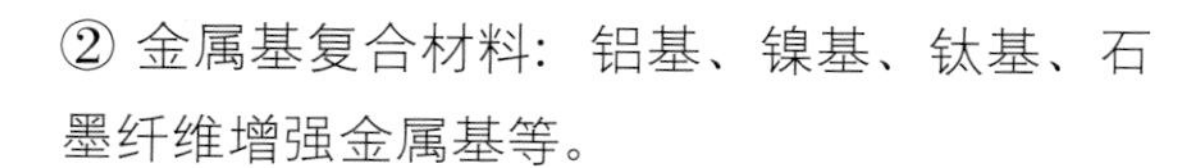

② 金属基复合材料：铝基、镍基、钛基、石墨纤维增强金属基等。

③ 无机非金属基复合材料：陶瓷基、水泥基、碳基等。

④ 混杂纤维复合材料。

(4) 根据增强材料的形态，复合材料可以分为以下几种。

① 连续纤维复合材料：作为分散相的长纤维的两个端点都位于复合材料的边界处。

② 非连续纤维复合材料：短纤维、晶须无规则地分散在基体材料中。

③ 颗粒增强复合材料：微小颗粒状增强材料分散在基体中。

④ 板状增强体、编织复合材料：以平面二维物或立体三维物为增强材料与基体复合而成。

### 2.1.3 纤维增强塑料

比较成熟的纤维增强材料有无机纤维（玻璃纤维、碳纤维）、有机纤维（聚酰胺纤维、聚酯纤维、聚烯烃纤维等）、金属纤维（钨纤维、钢纤维、不锈钢纤维等）、陶瓷纤维（氧化铝纤维、碳化硅纤维、硼纤维等）、晶须（单晶纤维材料）、混杂纤维（混杂两种及以上纤维）（图 2-5）。在实际应用中，复合材料常常选择较成熟、价格较低廉的树脂材料作为基体，选择各种短切或连续的纤维及其织物作为增强体，因此这种复合材料叫作纤维增强塑料。纤维增强塑料是目前生产技术较成熟、应用最广泛的一类复合材料。

以玻璃纤维作为增强相的树脂基复合材料应用技术成熟、应用范围广，已在世界范围内形成产业链，叫作“玻璃纤维增强复合塑料”，行业俗称“玻璃钢”。因为这种复合材料的各项性能都很强大，某些方面达到甚至超过了普通钢材，其增强体又是玻璃纤维，所以大家很形象地称这种复合材料为“玻璃钢”（图 2-6）。

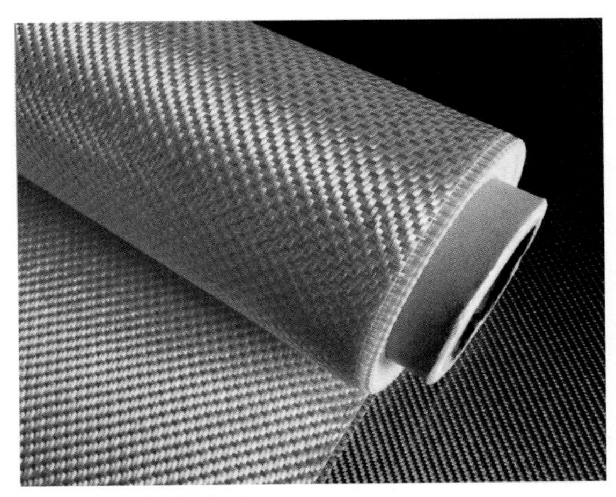

图 2-5 纤维增强材料
玻璃材料原本是一种非结晶材料，未深度加工前力学性能非常差，硬而脆，加工性能很差，抗弯强度很低，仅用作透光的功能材料。然而经过纤维化改造后，玻璃材料具备纤维材料的全部性能，抗拉强度、柔韧性都非常好，可以纺成线、织成布，也可以做成短切纤维以改善纤维材料的各向异性。因此，玻璃材料可以作为复合材料的增强相。

图 2-6 潘东椅
维尔纳·潘东（Vermer Panton）从 20 世纪 50 年代开始研究玻璃纤维增强塑料和化纤等新材料，并于 1959—1960 年推出了著名的“潘东椅”。潘东椅给人最大的印象是整体造型流畅舒展，被推为经典之作还因为它是世界上第一把一次模压成型的玻璃纤维增强塑料（玻璃钢）椅。
从材料力学应用的角度看，玻璃纤维增强树脂材料的强度非常高，所以潘东椅轻便且采用半悬空的结构，这种结构形式颠覆了那个时代的人们对家具的印象。

玻璃钢 1932 年出现于美国。1940 年人们以手糊成型工艺制成了玻璃纤维增强聚酯材料的军用飞机雷达罩。

纤维增强材料是复合材料中应用范围最广、用量最大的一类材料，其特点是比重小、比强度和比模量大。例如，碳纤维与环氧树脂复合的材料，其比强度和比模量均比合金钢和铝合金大数倍，同时还具有优良的化学稳定性、减摩性、耐热性、自润滑性、耐疲劳性、消声性、电绝缘性等；碳化硅纤维与钛复合，不仅提高了钛的耐热性，而且耐磨损，可用作发动机风扇叶片；碳化硅纤维与陶瓷复合，使用温度可达 1500℃，比超合金涡轮叶片的使用温度 1100℃高得多；碳纤维增强碳、石墨纤维增强碳或石墨纤维增强石墨，可构成耐烧蚀材料，已应用于航天器、导弹和原子能反应堆；石墨纤维与树脂的复合材料的热膨胀系数几乎等于零；以碳纤维和碳化硅纤维为增强体的铝基复合材料，在 500℃时仍能保持足够的强度。

纤维增强材料的另一个特点是各向异性，因此可按制件不同部位的强度要求设计纤维的排列方式。如将碳纤维和玻璃纤维混合排列制成的复合材料片弹簧，它的刚度和承载能力相当于比其重量大五倍多的钢片弹簧。

总体来讲，复合材料产品的优点非常明显，这些优点在设计中可以得到如下应用：

(1) 复合材料产品所能选择的材料种类非常多，可以是天然材料，也可以是人工合成材料。

(2) 复合材料产品可以单件生产，也容易实现量产。

(3) 复合材料工艺可以生产小型产品，也可以生产如游艇等大型产品，非常灵活。

(4) 复合材料工艺决定了其产品容易整体成型，无须拆分为多种零件，这对于某些产品的生产有很大的优势（比如对防水密封性有要求的船舶）(图 2-7)。

然而，复合材料不是万能的，也存在很多缺点：

(1) 树脂基复合材料成型时，其基体溶剂或成型物质会挥发，有一定毒性，易产生污染，因此，树脂基复合材料的生产条件较差。

(2) 复合材料制品难以再生利用，处理不当会污染环境。目前，绝大多数树脂基复合材料能够燃烧，但燃烧时会放出有毒气体，污染环境。

(3) 复合材料本身就是多相材料，难以分解成单一材料，难以回收利用，也难以粉碎、研磨、熔融或降解。

图 2-7 采用复合材料成型工艺制作大型产品

考虑到生产成本，用其他模具成型工艺来生产大型产品是不现实的，因为生产大型产品必须用到大型的机器设备和体积、重量相当大的钢模。复合材料的成型工艺就可以避免以上限制，因为复合材料的模具不需要加热，一般也不需要加压，不需要太高的强度和刚度来完成脱模。因此，复合材料的模具可以因陋就简，利用人造板、木材甚至复合材料本身来完成模具的制作。

# 2.2　复合材料成型工艺与应用

目前，我国玻璃钢的应用技术已取得长足进步，广泛应用于工程与民生领域，而其他复合材料的应用技术也逐渐成熟。

## 2.2.1　复合材料的成型方法

复合材料成型工艺是复合材料工业发展的基础和前提条件。随着复合材料应用领域的扩大，复合材料工业迅速发展，传统的成型工艺日臻完善，新的成型方法也不断涌现。目前树脂基复合材料已有二十多种成型方法，包括手糊湿法铺层成型（图 2-8）、喷射成型（图 2-9）、树脂传递模塑成型、袋压法成型也称压力袋法成型、真空袋压成型、热压罐成型、液压釜法成型、热膨胀模塑法成型、夹层结构成型、ZMC 模压料注射、模压成型、层合板成型、卷制管成型、纤维缠绕制品成型（图 2-10）、连续缠绕制管成型、连续制板成型、浇铸成型、拉挤成型、编织复合材料成型、热塑性片状模塑料成型、冷模冲压成型、注射成型、挤出成型、离心浇铸制管成型等。

## 2.2.2　复合材料成型工艺的特点

与其他材料加工工艺相比，复合材料成型工艺具有如下特点：

(1) 材料的制造与制品的成型同时完成。一般情况下，复合材料的生产过程就是制品的成型过程。因为在成型过程中会将不同的组分按照设计要求混合在一起，成型之前它们都是单一的材料。

(2) 复合材料的性能可以进行设计和把控。材料的性能可以根据制品的使用要求进行设计，因此在选择基体材料、设计配比、纤维铺层和成型方法时，都必须考虑

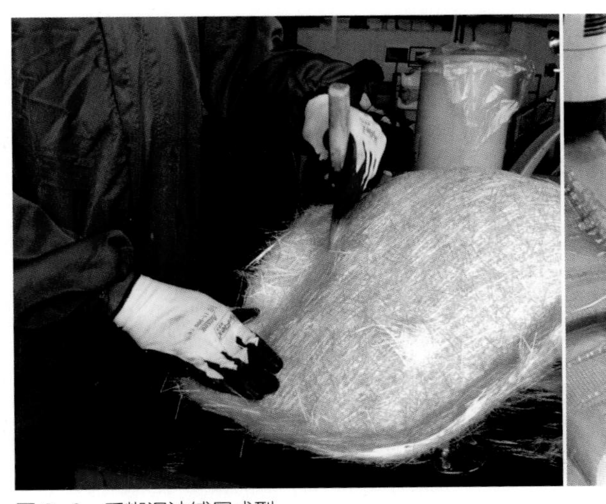

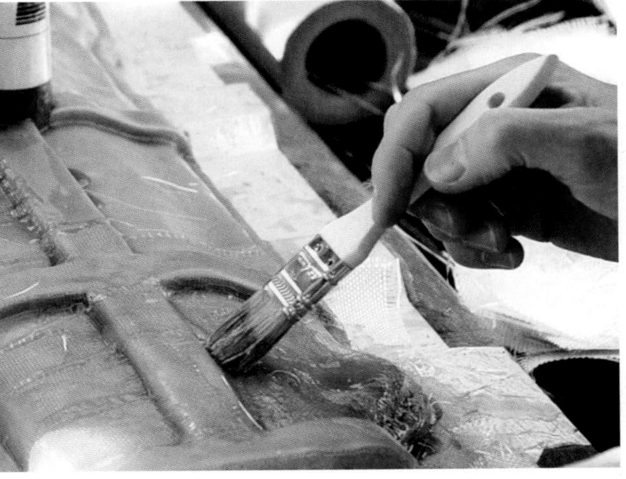

图 2-8　手糊湿法铺层成型

手糊湿法铺层成型又称手工裱糊成型、接触成型等。生产工人在模具上涂布脱模剂，然后逐步铺设增强材料，同时蘸涂树脂材料，直至树脂均匀渗透进增强材料并排出所有气泡，达到指定制品厚度，待树脂完全固化，脱模后便得到制品。

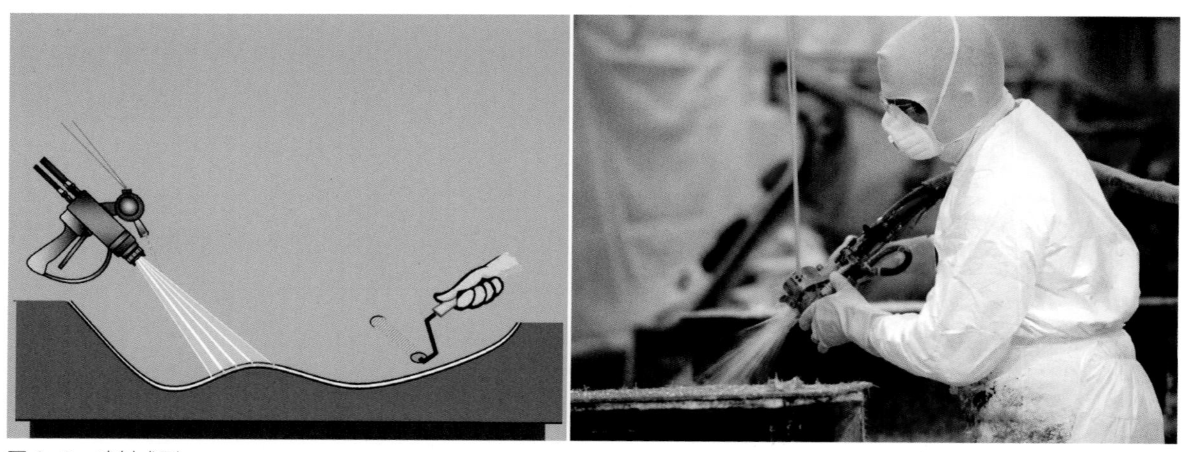

图 2-9　喷射成型
喷射成型工艺和手糊成型工艺类似，只是在铺设增强材料的时候采用喷射的方式，这样可以提高效率，同时使增强材料分布得更加均匀。喷射成型比较适合大尺寸的制品成型，降低了劳动强度，也可以保证在树脂固化时间内完成增强材料的铺设施工。

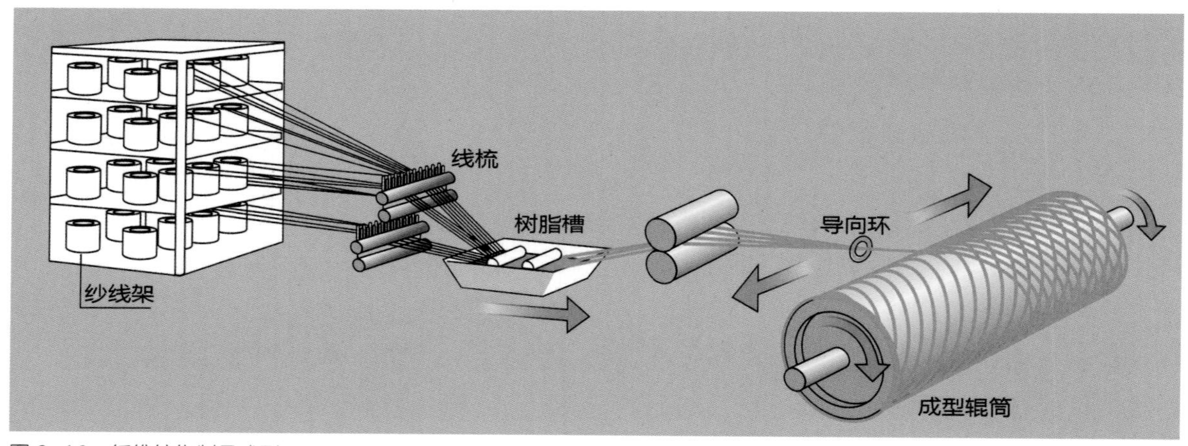


图 2-10　纤维缠绕制品成型
纤维缠绕制品成型一般只适用于回转体的成型。纤维缠绕制品成型使用的是连续不断的纤维增强材料，经缠绕过程优化，可大幅提高制品强度，甚至可以用于制作压力容器。

制品的物化性能、结构形状和外观质量等要求。

(3) 材料制品成型相对切削等更简便。一般热固性复合材料的树脂基体在成型前是流动液体，增强材料是柔软纤维或织物。因此用这些材料生产复合材料制品，所需工序比其他材料更少，所需设备也更简单，某些制品仅需一套模具便能生产。

### 2.2.3　复合材料的主要应用领域

(1) 航空航天领域（图 2-11）。由于复合材料热稳定性好，比强度、比模量高，因此可用于制造飞机机翼和前机身、卫星天线及其支撑结构、太阳能电池翼和外壳、大型运载火箭和发动机的壳体、航天飞机结构件等。例如，20 世纪 50 年代真空袋和压力袋成型工艺研究成功，用于生产直升机的螺旋桨；20 世纪 60 年代美国利用纤维缠绕技术，制造出北极星、土星等大型固体火箭发动机的

图 2-11　复合材料飞机与螺旋桨
复合材料的基体材料和增强材料都是现代工业的产物，离不开高性能、高分子材料的研发和新型材料的运用。因此，可以说现代复合材料是现代科技实力的体现。

图 2-12　复合材料与交通工具
受价格因素影响，复合材料在汽车产品中的应用并不算普遍，仅应用于高端产品。这一现象说明，汽车用户十分认可复合材料，复合材料因其各方面优秀的性能已受到大众的认可，甚至成为高端产品的代表。

壳体，在航天领域开辟了一条制造轻质高强结构的道路。

(2) 工程构件。拉挤技术制造的工程构件除圆棒状制品外，还有管形、箱形、槽形、工字形等截面复杂的型材，并采用环向缠绕纤维增加型材的侧向强度。管材、电线杆、大口径受外压的管道等可以采用缠绕成型工艺制作，也可采用离心浇铸成型法制作。

(3) 汽车工业。复合材料抗疲劳性能好，损伤后易修理，生产时易整体成型，同时具有特殊的震动阻尼特性，可减震和降噪，故可用于制造汽车车身（图 2-12）、受力构件、传动轴、发动机架及其他内部构件。复合材料可制出表面光洁、尺寸和形状稳定的汽车、船等的大幅面壳体，这一优势是其他成型工艺不具备的。例如，城市出租车行业使用的天然气罐就是以纤维缠绕成型技术制作的压力容器。

(4) 化工、纺织和机械制造领域。有良好耐蚀性的碳纤维与树脂基体复合而成的材料，可用于制造化工设备、纺织机、造纸机、复印机、高速机床、精密仪器等。

(5) 医学领域。碳纤维复合材料力学性能优良，因此可以用于制作医用矫形支架，还可用于制作义肢等辅助运动功能产品。碳纤维复合材料还具有生物组织相容性和血液相容性，生物环境下稳定性好，因此可用于制作生物医学材料，如人造关节、人造器官等。同时，碳纤维复合材料不吸收 X 射线，可用于制作医用 X 光机的结构件。

(6) 家居产品。家居产品方面，复合材料主要用于制造室内外装置，如雨篷、洁具等（图 2-13）。碳纤维复合材料因其独特的美感和良好的使用效果，也常被用来制作高端家具。

(7) 环保类产品。近年来，人们日益重视环保问题，高分子复合材料取代木材方面的应用也得到了进一步推广，如植物纤维与再生

图 2-13　复合材料浴缸与室内装置
复合材料在家居、家具设计中的应用一改以往家具产品给人的笨重印象，让居住空间更富现代感和科技感，最大限度地发挥了设计师的想象力。

塑料加工而成的复合材料已被大量用作托盘和包装箱，用以替代木制产品；而可降解型复合材料也成为国内外研究、开发的重点。

(8) 基础设施。复合材料在桥梁、房屋、道路的建设中应用广泛，与传统材料相比有很多优点，特别是在桥梁工程、隧道工程、大型储仓修补和加固工程及房屋补强中应用前景广阔。

## 2.2.4　复合材料的应用与技术要点

上文提到，复合材料的材料制造与制品成型是同时完成的（图 2-14），因为整个生产过程就是一个将不同材料结合在一起实现设计功能的过程。

复合材料的成型过程复杂，成型周期长，比较适合做一些小批量甚至是单件定制的产品，如游艇、高级汽车、整体浴室等。因复合材料成型过程复杂，工艺难度大，对人工素质要求高，所以产品质量往往不稳定。

复合材料一般是在开放型的模具或胎具中完成成型，因此其边缘需要二次加工，通过人工或机器来切除并打磨（图 2-15），这一点跟塑料板材的热成型非常相似，所以二者面临同样的设计问题。

图 2-14　复合材料构件的模具与脱模
一般情况下，复合材料产品的成型是需要胎具的，等成型完成，复合材料自身固化完毕，需要将成型的制品从胎具上剥离下来。剥离的过程类似于注塑产品的脱模，因此也应当符合一些既定的技术要求，如设计拔模角度等。

因为复合材料是在开放的模具或胎具中完成成型的，所以其制品表面分为光洁面和毛坯面。生产者需要将光洁面展示给用户，因此需要考虑选择成型面。如要完成同一个制品，其开放模具本身可以做成凹模或凸模，从凹模脱出成品，其光洁面在制品的凸面，反之则相反。

图 2-15 复合材料制品半成品
脱模后的制品属于半成品，因为还需去除“工艺边”。如果模具表面质量不高，脱模后的制品仍需经历打磨、喷漆等后续工序。

## 2.3 碳纤维复合材料

碳纤维是一种高强度、高模量的碳化纤维材料，它是经碳化及石墨化处理得到的微晶石墨材料，其微观结构是由片状石墨微晶等有机纤维沿纤维轴向堆砌而成（图 2-16）。20 世纪 60 年代，美国和日本分别以人造粘胶纤维、聚丙烯烃和沥青为原料成功地制备出碳纤维，此后现代工业更是发展出高模量碳纤维、超高模量碳纤维、高强度碳纤维、超高强度碳纤维和高强度高模量碳纤维。

碳纤维“外柔内刚”，密度比金属铝低，但强度却高于钢材。因此在对强度、刚度、重量、疲劳特性等有严格要求的领域，碳纤维复合材料都颇具优势。此外，在高温、对化学稳定性要求高的场合，碳纤维增强环氧树脂复合材料的综合指标也非常高。碳纤维主要有以下特点:

（1）碳纤维是有机纤维经固相反应转变而成的纤维状无机碳化合物，具有碳材料的基本性能，如耐高温、耐摩擦、耐腐蚀、导电、导热等，在有机溶剂、酸、碱中不溶不胀。

（2）碳纤维在柔软性方面与普通面料纤维无异，可加工成各种织物。

（3）碳纤维密度低，因此有很高的比强度。碳纤维的杨氏模量（沿纵向的弹性模量，也就是纵向的刚性表征）是玻璃纤维的 3 倍多，是凯夫拉纤维的 2 倍左右。

图 2-16 碳纤维
碳纤维基本是以碳纤维增强复合材料的形式被使用，特别是碳纤维增强塑料和碳纤维复合材料。碳纤维复合材料主要因其优良的力学性能而被用作结构材料。

（4）碳纤维耐疲劳性好。

（5）碳纤维材料与塑料相比，抗蠕变性能好。

（6）碳纤维具有良好的导电、导热性能，其导电性介于非金属与金属之间，因此相对非金属材料，碳纤维的电磁屏蔽性好；而相对金属材料，碳纤维的 X 射线透过性好。

（7）碳纤维热膨胀系数小且具有各向异性。

（8）碳纤维在非氧化环境下耐超高温。

传统的体育用品大多采用木材及其复合材料制品，但是碳纤维增强复合材料的力学性能比木材及木材的复合材料优越得多，它的比强度和比模量分别是杉木的 4 倍和 3 倍，是梧桐木的 3.4 倍和 4.4 倍。因此，碳纤维增强复合材料在体育用品领域应用广泛，用量几乎占全世界碳纤维总消耗量的 40%（图 2-17）。

碳纤维复合材料的缺点在于成本较其他复合材料高很多，原因有碳纤维自身的制备过程复杂、产量低等。

图 2-17 碳纤维增强复合材料产品
碳纤维纺织物色彩和肌理特殊，可以用于高档壳体和结构件的外表面成型，或制作成碳纤维复合材料的壳体和结构件本身，如笔记本电脑壳体、汽车尾翼等，既突出了材料的外观特点，又实现了高强度的保护功能。

部分；而在艺术铸造的一些场合，“阳模”是指实体的原型模型，“阴模”则是指模具中的型腔空间。

5. 浇口、浇道和冒口

模具上熔融的浇注材料注入封闭型腔的开口叫作浇口，浇口连接型腔的通道叫作浇道。一些金属铸造刻意把浇口做得很大，方便金属中的气体、非金属夹渣、氧化物等在重力的作用下向上冒浮，并和浇注主体分开，这时浇口又称冒口。冒口可以独立设计制作，也可以和浇口共用。

### 3.2.4 砂型铸造

砂型铸造是在砂型（砂质模具）中生产铸件的铸造方法（图 3-10）。钢、铁和大多数有色合金铸件都可用砂型铸造方法获得。由于砂型铸造所用的造型材料廉价易得，铸型制造流程简便，对铸件的单件生产、成批生产和大量生产均能适应，因此一直是铸造生产中的基本工艺。砂型铸造又可以细分为潮模砂铸造、树脂自硬砂铸造、水玻璃自硬砂铸造和覆砂造型铸造等。

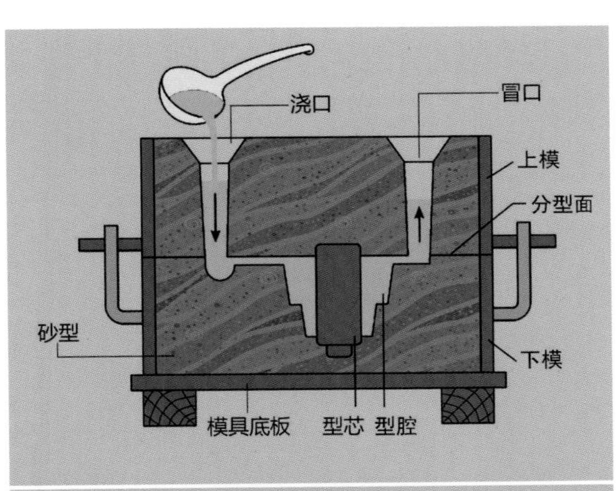

图 3-10 砂型铸造

在砂型铸造中，砂箱由木头或者其他金属材料制成，砂箱加上砂，分为上模和下模，中间是型腔和各种浇铸工艺结构。浇铸完毕，待金属制品凝固冷却后取出，从浇道根部切除多余材料，最终得到真正需要的浇铸形态。

传统的砂型铸造为单件生产或小批量生产，工人劳动强度大，劳动环境恶劣，环境污染较大；铸件受环境因素的影响，质量不稳定；工序多而复杂，影响因素多，易产生缺陷铸件。

### 3.2.5 消失模铸造

消失模铸造又叫作实型铸造、熔模铸造，失蜡铸造是典型的消失模铸造。消失模铸造是将与铸件尺寸、形状相似的石蜡模型或塑料泡沫模型（图 3-11）粘结组合成模型簇，并在其表面刷涂耐火材料，将耐火材料烘干固化后埋在干石英砂中振动造型，做出浇道、浇口等结构，制成耐高温的硬壳型模具，浇注时熔融金属的高温使石蜡或泡沫模型气化，液体金属占据原模型位置，凝固冷却后形成铸件。

消失模铸造是一种近无余量、精确成型的新工

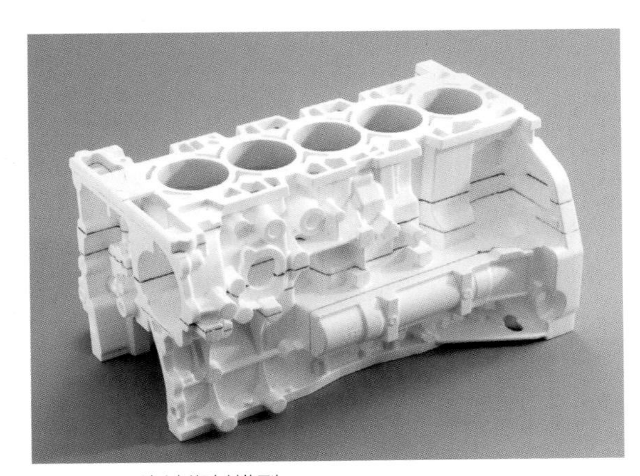

图 3-11 泡沫塑料模型

图为消失模铸造用到的泡沫塑料模型，其本身也是由模具制成的。

艺。该工艺无须取模，无分型面，无砂芯，因而铸件没有飞边、毛刺和拔模斜度，减少了因芯组合而产生的尺寸误差。消失模铸造技术生产的铸件表面粗糙度 *Ra* 值可达 3.2～12.5μm，铸件尺寸精度可达 CT7～CT9，加工余量可减少至 1.5～2mm，因此可大量减少机械加工的费用；和传统砂型铸造方法相比，可以减少 40%～50% 的机械加工时间。

消失模铸造有以下特点：

(1) 消失模的模具是一次性的，铸造完毕后便敲碎模具从中取出铸件，没有传统模具需要从分型面脱模的困扰，因此消失模铸件可以设计得非常复杂。在设计时，可将复杂部件的几个零件匹配设计，使之成为一个整体，这样可以节省大量加工工时并减少材料消耗，同时改良了零件的性能（图 3-12）。

(2) 消失模铸件的重量从几克到十几千克均可，但由于模具强度限制，一般不设计超过 25 千克的铸件。

(3) 消失模铸造工艺流程较复杂，使用和消耗的材料较贵，故它适用于生产形状复杂、精度要求高、难于选择其他加工方式的小零件，如涡轮发动机的叶片等。

(4) 消失模铸件尺寸精度较高，一般可达 CT4～CT6（砂型铸造为 CT10～CT13，压力铸造为 CT5～CT7），铸件上的孔的最小直径为 0.5mm，最小壁厚为 0.3mm。但由于消失模铸造的工艺流程复杂，影响铸件尺寸精度的因素较多，包括模料的收缩、消失模的变形、型壳在加热和冷却过程中的线量变化、合金的收缩率及铸件在凝固过程中的变形等，因

图 3-12 失蜡铸造过程

1——制备蜡模（“压蜡”和“修蜡”），蜡模可以通过注射等方式大量生产；2——将一批蜡模粘结在一起（“组树”），反复浸入成壳材料中形成模具（“沾浆”）；3——模具完全固化后加热倒掉石蜡（“熔蜡”），向模具中浇注熔融金属（“浇铸”）；4——待金属冷却后敲碎模具，并切割下浇注件；5——对铸件进行处理，如去毛刺、打磨等；6——表面添加镀层后抛光，得到最终产品。

此普通消失模铸件的尺寸精度虽高，仍需提高一致性。

(5) 此外，型壳由耐高温的特殊粘结剂和耐火涂料制成，与熔融金属直接接触的型腔内表面光洁度高。所以，消失模铸件的表面粗糙度比一般铸造件低，一般 *Ra* 值为 1.6～3.2μm。

(6) 由于消失模铸件有很高的尺寸精度和表面光洁度，因此它的机械加工工作量较小，甚至某些铸件只需打磨、抛光余量，可大量节约机床设备、加工工时和原材料。

(7) 消失模铸造方法可以铸造各种合金的复杂铸件，如喷气式发动机的叶片。传统的机械加工工艺无法完成其流线型外廓与冷却用的内腔，用消失模铸造工艺不仅可以批量生产，保证铸件的一致性，而且能避免机械加工后残留刀纹引起的应力集中。

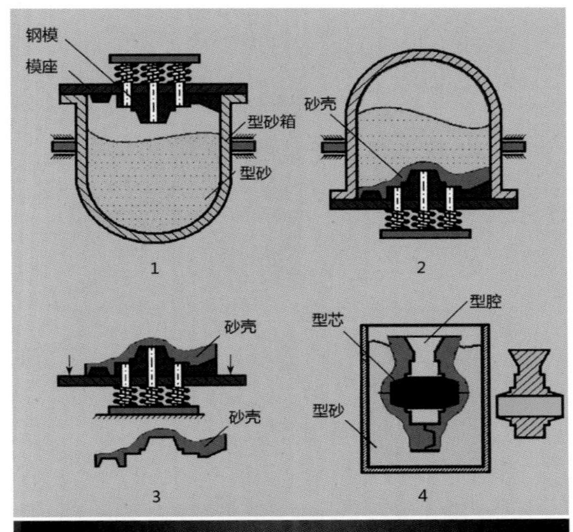


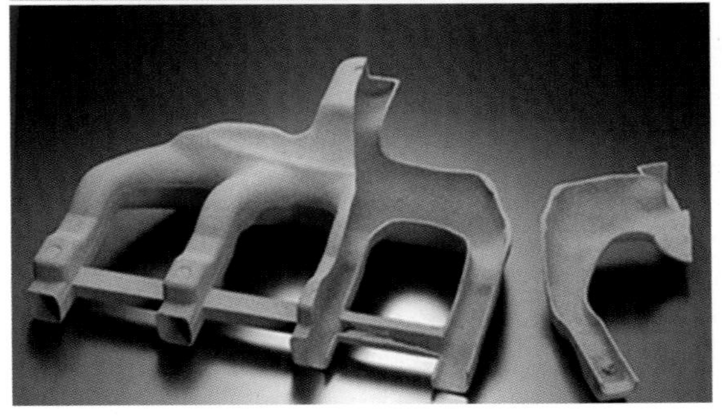

图 3-13　壳型铸造
图为壳型制作的过程和成品壳型结构。

## 3.2.6　壳型铸造

壳型铸造又叫作薄壳铸造，是用薄壳铸型生产铸件的铸造方法。上面讲述的消失模铸造，本质上也是一种壳型铸造，然而却是间接地制作壳型。典型的壳型铸造是用遇热硬化的型砂，如酚醛树脂覆膜砂，覆盖在加热到 180～280℃的金属模上，使其硬化为薄壳（厚度一般为 6～12mm），再加温固化薄壳使其达到足够的强度和刚度，随后将上下两片型壳用夹具卡紧或用树脂粘牢，即可构成铸型（图 3-13）。

用树脂砂制造薄壳铸型或壳芯可大幅减少型砂用量，生产的铸件轮廓清晰、表面光洁、尺寸精确，可以不用机械加工或仅需少量加工，同时不需要消失模铸造用到的各种泡沫、石蜡等耗材，提升了效率，降低了成本。因此，壳型铸造特别适合生产批量较大、尺寸精度要求高、壁薄而形状复杂的合金铸件。但壳型铸造使用的树脂价格昂贵，模板必须精密加工，成本较高，在浇注时还会产生刺激性气味，这些缺点限制了壳型铸造工艺的广泛应用。同时，相比消失模铸造，壳型铸造在铸件设计上限制条件更多，需要考虑上下型壳脱模的问题。树脂砂薄壳芯可与普通砂型或金属型相互配合，制造各种铸件。

## 3.2.7　压力铸造

压力铸造简称压铸，是对铸造材料施加压力进行铸造的工艺（图 3-14）。部分金属及其合金在重力作用下流动性、填充性较差，因此铸造的时候需要借助压力来填充型腔。压铸模具通常是用比铸造材料强度更高的合金加工而成的。

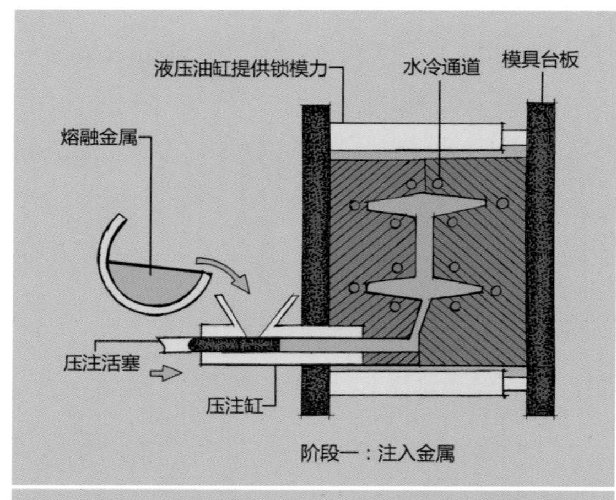


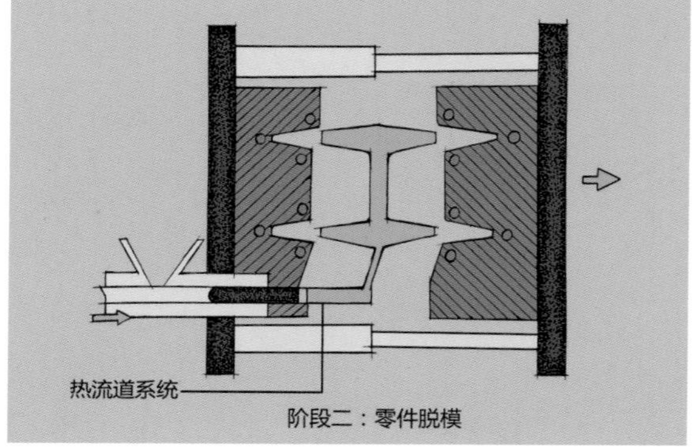


图 3-14　压力铸造原理
由于压力铸造的模具是金属永久模，可以设计各种开合、冷却结构，因此能做到机械化、全自动生产，提高了产品的质量并提高了产品的一致性。

图 3-15　压力铸造制品
压力铸造能够实现更多的设计细节，添加更多的结构、造型特征，制品质量很高且工时更少。因此，从某种角度来说，采用昂贵的压铸工艺反而降低了整个产品的生产成本，但前提是必须有良好的结构和工艺设计。

压铸的设备和模具造价高，生产效率也极高，因此压铸一般只用于产品的大批量生产或生产附加值较高的产品（图 3-15）。压铸特别适合制造大批量的中小型铸件，因此，压铸目前是应用最广泛的铸造工艺之一。同其他铸造技术相比，压铸件的缺陷更少，表面更平整，精度更高，细节更丰富，具有更高的尺寸一致性。

压铸的金属主要包括锌、铝、镁、铜、铅和锡及其合金，虽然压铸铁合金很少见，不过也是可行的。各种金属压铸时有以下特点：

（1）锌及其合金——最容易压铸成型的金属，制造小型部件时很经济。

（2）铝及其合金——质量轻，机械性能好；制造复杂的薄壁铸件时尺寸稳定性高，导热、导电性好。

（3）镁及其合金——最轻的常用压铸金属，机械性能好；易于进行机械加工。

（4）铜及其合金——强度高，耐磨损，在常用压铸金属中机械性能最好；易于进行机械加工；耐腐蚀性强。

（5）铅和锡及其合金——尺寸精度极高，可用作特殊防腐蚀部件；铅合金有毒性。

正如德国设计师彼得·贝伦斯（Peter Behrens）所说，技术与人文的结合将是文化发展的新的动力，与其说它是服务于生活的审美改造，不如说它是服务于全民的社会利益。因此，贝伦斯致力于创造“直接来自机器产品的形式”。这也验证了产品审美基础和造型语言（即形式）应该建立在机器生产（即工业化大生产）的基础之上，机器对应的生产流程、成型手段直接影响了设计师的设计语言，也可以说影响了生产制造中解决问题的方法。

因此，材料的成型加工是设计工程学的重点知识。

## 4.1 成型

要制作一个物体总要讲究方法，这个方法其实就是我们怎么去对待材料的问题，也就是找到对材料的加工手段。如果我们使用的是错误的加工方法，那么永远不会得到正确的加工结果。同时，工业化生产会对普通的材料加工方法提出更高的要求，普通的加工方法会上升为加工工艺，并针对工业生产进行优化改良。

我们举几个例子来看一看人们是怎样加工材料的。比如，我们可以锯切或雕刻木材，将其加工成合适的形状，然后打磨、上漆……最终使其形成一个实体，这个实体也许是个玩具，也许是个器皿；我们还可以用一个模子，把面团放进去，压一压，脱模后就成了一个漂亮的月饼胚子，这也形成了我们需要的实体。又如，我们做汤圆，先擀个面皮，再掐块芯子，搓一搓，汤圆就做好了，汤圆这个东西就是我们需要的实体；再如，我们捏一个泥人，将它捏成满意的形体，这个形体就是要创造的那个泥人。从这些例子来看，人们永远不会说把木头捏一捏，它就会变成一个木偶，因为这是无法实现的。

还有一些可以引起我们思考的例子，也许平时未被注意到，比如动植物的生长。生长不需要模子，也不需要揉捏，但它终会形成基因注定的形态。如果人们都按照这种模式来加工和生产产品，将是再好不过了，因为它具备了自动、环保、节约等优点。

其实人们已经在探索上述成型方式，按照“生长”的机制“定制”一个程序，使材料按照这个模式生长，生长完成后就能得到期望的形态了。比如晶体的结晶，如果我们能够控制晶体的结晶方式，也就控制了其最终成型的形态；如果我们能够像喷墨打印一样，把熔化的物质喷射到它该去的地方，待其凝固就能得到需要的形态。这些创意有的还在探索阶段，有的已经付诸行动了，当然这方面还有很大的探索空间。

党的二十大报告提出："实践没有止境，理论创新也没有止境。"我们可以看出，材料成型的方法很多，关键是要找到最合适的方法。成型工艺大致可以分为5种(图4-2)。

去除材料成型，也称去除成型、减材成型、切削成型，通常采用切削的方式来实现，包括车削、铣削、磨削、切割、钻孔、镗削、拉削、电火花加工、激光加工等；净尺寸成型，也称受迫成型，是利用材料的可成形性，如流动性和塑性，在边界约束或外力约束下成型(注："净尺寸成型"一般分为液体成型和塑性成型两种)；连接成型是将预先设计制作好的零部件或预制的形态特征通过各种连接方法组合起来使之成为新的零部件；添加材料成型，是通过添加粒状、丝状或片状原材料逐步熔合成型的过程，因为整个添加过程复杂而精密，所以一般在数控条件下进行；生长成型是通过模拟生长来得到实物，比如晶体结晶，或利用生物工程技术成型，该成型方式尚未成熟，没有得到大规模应用。

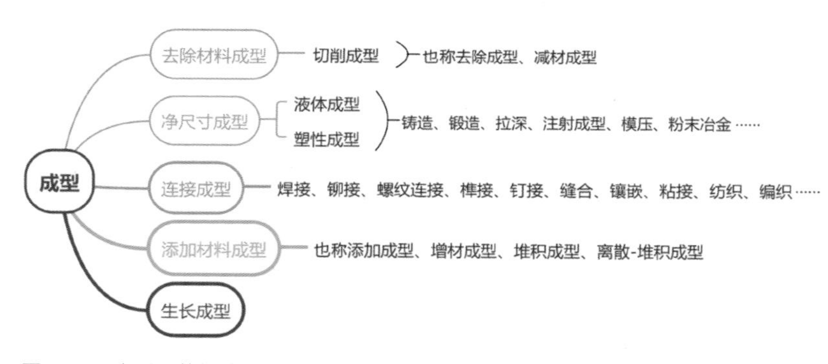


图4-2 成型工艺的分类

# 4.2 切削成型

## 4.2.1 切削

切削是去除材料成型的基本方法。切削是用切削工具，把坯料上多余的材料层切去，使其获得规定的几何形状、尺寸和表面质量的加工方法。材料的切削加工通常由机器完成，因此又叫作"机械加工"，业内简称"机加工"。

目前，切削加工仍然是机械制造中主要的加工方法。虽然毛坯制造精度日益提高，甚至接近成品，同时精铸、精锻、挤压、粉末冶金等加工工艺应用日益广泛，但切削加工的材料适应范围非常广，对于毛坯材料几何尺寸的适用范围也非常广，且能达到较高的精度和较低的表面粗糙度，因此在机械制造工艺中仍占有重要地位。

## 4.2.2 切削加工的分类

金属材料的切削加工有许多分类方法，可以

按工艺特征、材料切除率和加工精度、表面成型方法 3 种方法进行分类。

1. 按工艺特征分类

切削加工的工艺特征取决于切削工具的结构，以及切削工具与工件的相对运动形式。按工艺特征分类，用刃形和刃数都固定的刀具进行切削的方法有车削（图 4-3）、钻削（图 4-4）、镗削（图 4-5）、铣削（图 4-6）、铰削、刨削、插削、拉削、锯切、齿轮加工、蜗轮加工、螺纹加工、超精密加工、钳工和刮削等；用刃形和刃数都不固定的磨具或磨料进行切削的方法有磨削（图 4-7）、研磨、珩磨、超精加工和抛光等。

2. 按材料切除率和加工精度分类

按材料切除率和加工精度分类，切削加工可分为粗加工、半精加工、精加工、精整加工、修饰加工、超精密加工等。

图 4-3 车削

车削是一种工件旋转，刃具相对只做进给运动的切削方式，一般只能加工回转体。

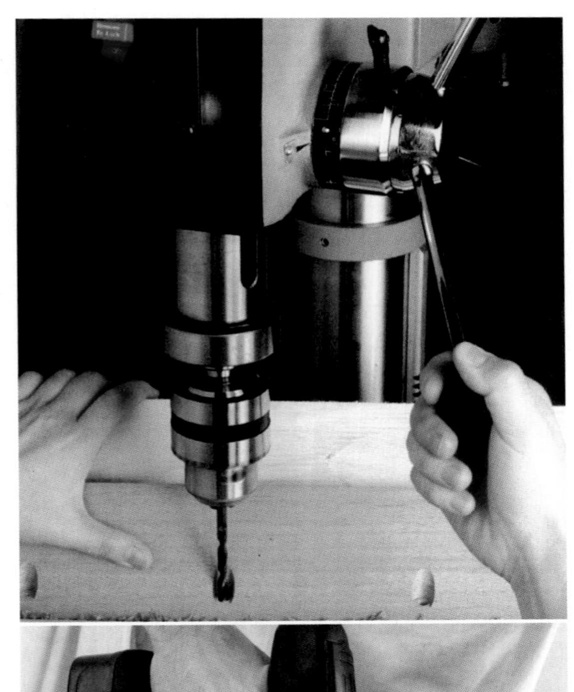

图 4-4 钻削

钻削是一种通过旋转的刃具加工工件的方式，由于存在刃具刚度低和排屑困难等问题，因此加工精度通常不高。

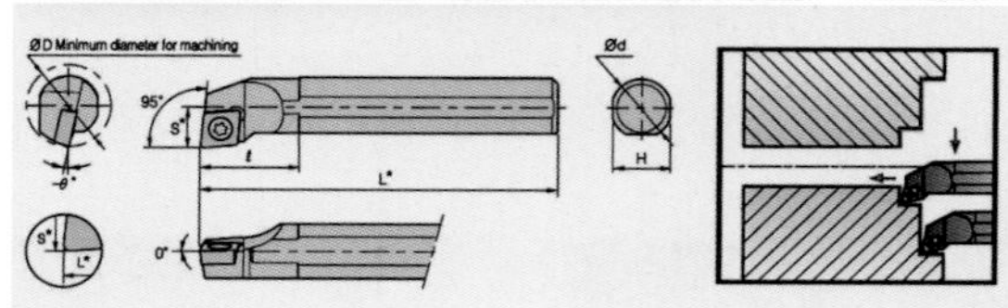

图 4-5 镗削

镗削是一种用刀具扩大孔或其他圆形轮廓的内径加工的切削工艺，应用范围一般涵盖半粗加工和精加工，所用刀具通常为单刃镗刀。

镗削可以在专用镗床上进行，也可以在车床上进行，因此工件可以转动，也可以静止。镗削的精度高于钻削。

图 4-7 磨削

磨削是指用磨料、磨具切除工件上多余材料的加工方法。磨削通常是成型加工的最后一道工序，在机械加工的各类方法中属于精加工，具有加工量少、精度高的特点。

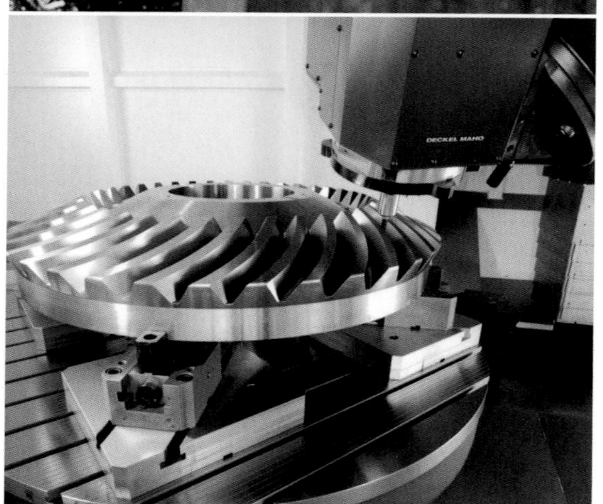

【铣削】

◀ 图 4-6 铣削

铣削是一种工件不动或做进给运动，刀具旋转切削或同时做进给运动的加工方式。由于刀具可以设计成很多形状，同时刀具的进给运动可以有多种形式，因此铣削能加工复杂零部件，如齿轮、产品模具等。在计算机的控制下，数控铣床能完成绝大多数形态的成型，是现在最重要的机械加工方式之一。然而，铣削加工过程复杂而精密，复杂零件加工时间长，对刀具和机床的要求也很高。总体考虑工时和设备折旧产生的费用，铣削的加工成本很高。

（1）粗加工是用大的切削深度，经一次或少数几次走刀，从工件上切去大部分或全部加工余量的加工方法，如粗车、粗刨、粗铣、钻削和锯切等，粗加工效率高但精度较低，一般用作预先加工。

（2）半精加工一般作为粗加工与精加工的中间工序。

（3）精加工是用精细切削的方式，使材料表面达到较高的精度，如精车、精刨、精铰、精磨等，精加工可以作为最终工序。

（4）精整加工在精加工后进行，其目的是获得更小的表面粗糙度，并略微提高精度，加工余量小，如珩磨、研磨、超精磨削和超精加工等。

（5）修饰加工的目的是减小表面粗糙度，提高材料防蚀、防尘性能并改善外观，并不要求提高精度，如抛光、砂光等。

（6）超精密加工精度公差等级在 IT4 以上，主要用于航天、激光、电子、核能等领域需要的精密零件的加工，如镜面车削、镜面磨削、软磨粒机械化学抛光等。

3. 按表面成型方法分类

切削加工时，工件的加工表面是依靠切削工具和工件做相对运动来获得的。按表面成型方法分类，切削加工可分为刀尖轨迹法、成型刀具法、展成法三类。

（1）刀尖轨迹法依靠刀尖相对于工件表面的运动变化来进行切削，切削轨迹即是工件所要求的表面几何形状，如车削外圆、刨削平面、磨削外圆、随靠模车削成型面等。刀尖的运动轨迹取决于机床提供的切削工具与工件的相对运动。

（2）成型刀具法简称成型法，是用与工件的最终表面轮廓相匹配的成型刀具或成型砂轮等加工出成型面，如成型车削、成型铣削和成型磨削等。

（3）展成法又称滚切法，加工时切削工具与工件做相对展成运动，刀具和工件的瞬心线相互做纯滚动，两者之间保持确定的速比关系，所获得的加工表面就是刀刃在这种运动中的包络面，齿轮加工中的滚齿、插齿、剃齿、珩齿和磨齿等均属展成法加工。

（4）有些切削加工方法兼具刀尖轨迹法和成型刀具法的特点，如螺纹车削。

### 4.2.3　切削加工的质量和效率

切削加工质量主要是指工件的加工精度和表面质量，包括表面粗糙度、残余应力大小和表面硬化状况三个表征。影响切削加工质量的主要因素有机床、刀具、夹具、工件毛坯、工艺方法和加工环境等，要提高切削加工质量，必须对上述影响因素采取适当措施，如减小机床工作误差、正确选用切削工具、提高毛坯质量、合理安排工艺、改善环境条件等。

提高切削量是提高切削加工效率的基本途径。常用的高效切削加工方法有高速切削、强力切削、等离子弧加热切削和振动切削等。

强力切削指大进给或大切深的切削加工，一般用于车削和磨削。

振动切削是沿刀具进给方向，附加低频或高频振动的切削加工，可以提高切削效率。

### 4.2.4 非金属的切削加工

对木材、塑料、橡胶、玻璃、大理石、花岗石等非金属材料的切削加工，虽与金属材料的切削类似，但所用刀具、设备和切削用量等各有特点。

如批量生产的木材制品的切削加工主要在各种木工机床上进行，方法主要有锯切、刨切、车削、铣削、钻削和砂光等。传统的木制品切削方法有手工锯、手工刨、凿、手工打磨等(图 4-8)。

塑料的刚度比金属差，易弯曲变形，尤其是热

图 4-8 木材的切削
木材是用途最广泛的天然材料，既不能熔化，不易塑性变形，又非脆性材料，一直以来都是作为非塑性材料来进行成型加工的。
木材的切削加工包括手工切削、刨削、钻削、铣削等。

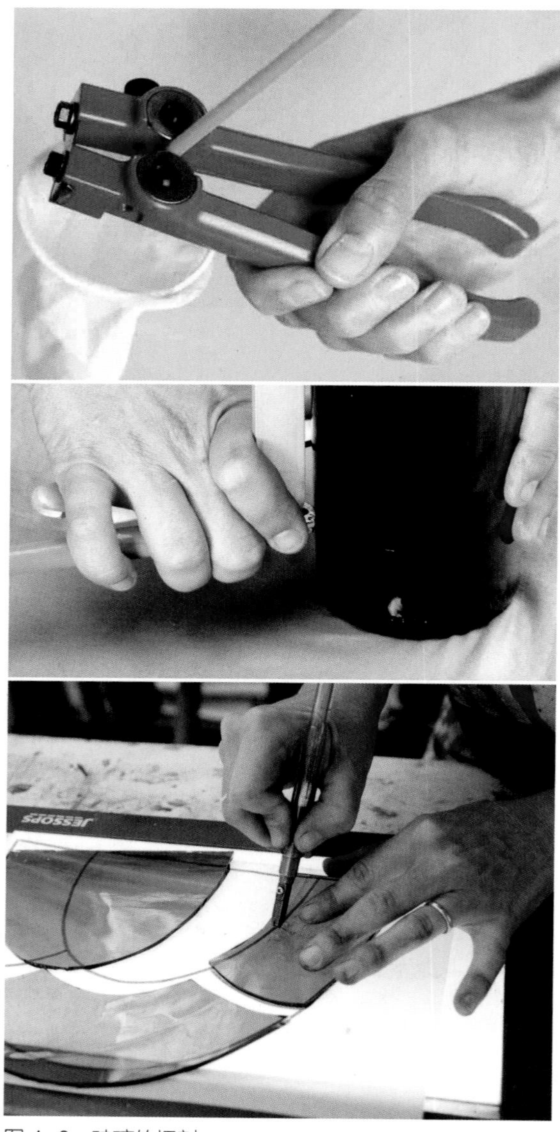

图 4-9 玻璃的切割
对厚度在 3mm 以下的玻璃板，最简单的切割方法是用金刚石或其他坚硬物质在玻璃表面手工刻画，利用刻痕处的应力集中，即可用手折断玻璃板。
因此，切玻璃不是完全意义上的切割。

塑性塑料导热性差，易升温软化。故切削塑料时，宜用高速钢或硬质合金刀具，选用小的进给量和高的切削速度，并用压缩空气冷却。

玻璃、大理石、花岗石、混凝土和硅等脆性材料的硬度高而脆性大，切削方式和金属切削有很大不同，主要体现在加工条件和刀具的选择上（图 4-9）。机械切割时可用圆锯片加磨料和水，也可采用高硬度的磨削刀具如金刚砂轮片来进行切割；外圆和端面可采用负前角的硬质合金车刀，以 10～30m/min 的切削速度车削；钻孔可用硬质合金钻头；大的石料平面可用硬质合金刨刀或滚切刨刀刨削；精密平滑的表面，可用三块互为基准对研的方法或磨削、抛光的方法获得。

### 4.2.5 切削加工小史

切削加工的历史可追溯至旧石器时代，如石斧、石锛对木材的切削；在新石器时代，切削的应用更深入，如磨制石器的研磨加工、玉石的钻孔和研磨等。

商代中期，铜镜的最后加工工序就是研磨抛光；商代晚期，曾用青铜钻头在卜骨上钻孔；西汉时期，就已使用杆钻和管钻，用加砂研磨的方法在“金缕玉衣”的 4000 多块坚硬的玉片上，钻了 18000 多个直径 1～2mm 的孔；17 世纪中叶，中国开始利用畜力驱动刀具进行切削加工，如用多齿刀具铣削天文仪上直径约 6.7m 的大铜环，然后用磨石进行精加工。

18 世纪后半期，由于蒸汽机和近代机床的发明，切削加工开始将蒸汽机作为动力装置；到 19 世纪 70 年代，切削加工开始使用电力。对金属切削原理的研究始于 19 世纪 50 年代，对磨削原理的研究始于 19 世纪 80 年代。此后，各种新型材料制作的刀具接连出现。19 世纪末出现的高速钢刀具，其工作切削速度比碳素工具钢刀具和合金工具钢刀具提高 2 倍以上；1923 年出现的硬质合金刀具的工作切削速度又比高速钢刀具提高约 2 倍；20 世纪 30 年代以后出现了金属陶瓷和超硬材料，如人造金刚石和立方氮化硼，进一步提高了切削速度和加工精度。

随着机床和刀具的发展，切削加工的精度、效率和自动化程度不断提高，应用范围日益广泛，大大促进了现代制造业的发展。

### 4.2.6 切削加工知识小结

切削加工知识小结见图 4-10。

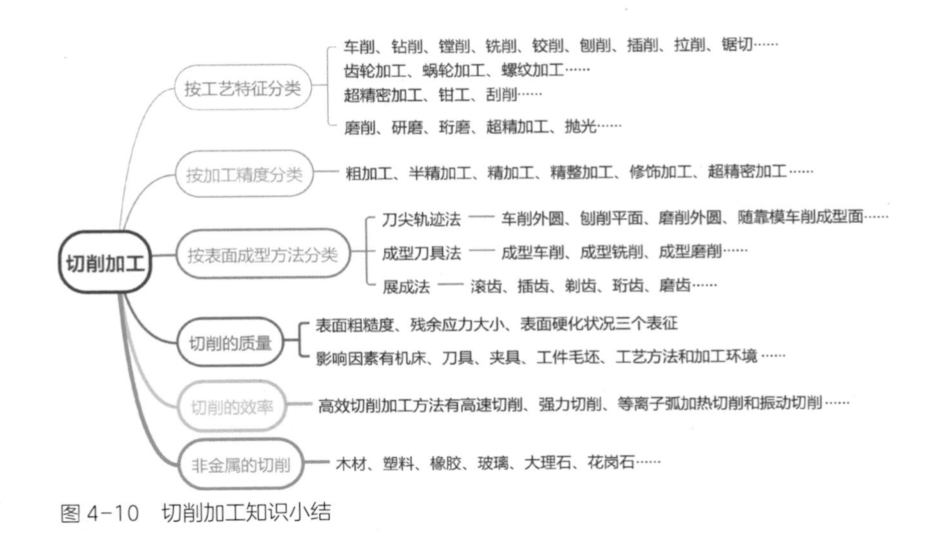

图 4-10 切削加工知识小结

# 4.3 切割成型

切割也是去除材料加工的一种，是指利用工具，如机床、火炉等使物体在压力或高温的作用下断开。

## 4.3.1 刃切

刃切是使用刀刃切割制品，是最直接的切割方式。微观上，可以将切削刃理解为微锯齿对材料的锯切和撕裂作用。刃切分为自由切削和模切（图 4-11），模切是依靠刀模或冲模对材料进行切割。刀模形态丰富，跟材料的接触面较大，切削阻力较大，因此一般用于切削软材料或薄片材料，如软塑料板、泡沫板、皮革、纸板等。

## 4.3.2 锯切

锯切是用具有齿状切削刃的刃具（锯条、圆锯片、锯带）或薄片砂轮等将材料切出狭槽或对材料进行分割的切削加工。锯切按所用刀具形式可分为弓锯切、圆锯切、带锯切和砂轮锯切等（图 4-12）。

（1）弓锯切是将锯条张紧在弓形的锯架上，并做直线往复运动，对工件进行切割。一般在弓锯床上利用动力锯切，也可手工锯切。由于弓锯切在回程时不进行切削，故效率较低。

（2）圆锯切是在圆锯床上由主轴带动圆锯片旋转对工件进行连续切割，效率较高。

（3）带锯切是在带锯床上利用两个轮子把长而薄的环形锯带张紧，并驱动锯带做连续运动对工件进行切割，效率较高，可以进行曲线切割。

【带锯切】

（4）砂轮锯切是用高速旋转的薄片砂轮切割工件，适用于硬度高的金属材料。

以上各种锯切方法的精度都不高，属于粗加工。金属加工中，除窄带锯切外，其余锯切方法一

【模切】

图 4-11 模切

使用异型的刀刃（刀模）对薄片材料进行切割，可以通过压力机单张、层叠切割，也可以利用辊筒刀模进行连续切割。模切在印刷、文具、包装、服装、体育用品等行业应用较广。

以切割任意材料，如不锈钢板、坚硬的大理石、花岗岩等，对那些其他方法无法切割的材料如芳纶、钛合金等，或者各种高强度的复合材料，加入砂料的水刀切割是理想的甚至唯一的加工手段。

(7) 水刀切割不会产生裂痕，也不会如激光切割一样产生弧痕，它可以切割间隙很窄的材料。通常，纯水切割切口为 0.1～1.1mm，加砂切割切口为 0.8～1.8mm。

(8) 因为水刀切割的载体是水，所以切割过程中飞尘极少，工人工作环境较其他切割方式好。

(9) 相较激光切割，水刀切割投资小、运行成本低、可切割材料种类多、效率高、设备维修方便。

(10) 相较线切割，水切割可以对绝大多数材料进行切割，不限于金属材料。

### 4.3.8 切割加工知识小结

切割加工知识小结见图 4-17。

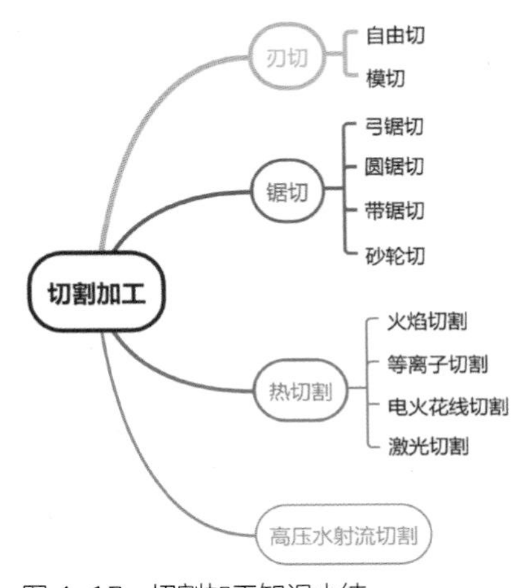


图 4-17 切割加工知识小结

## 4.4 净尺寸成型

净尺寸成型是利用材料的可成形性（流动性和塑性）在边界约束或外力约束下成型的一大类成型工艺。

### 4.4.1 液体成型

1. 金属铸造

详见本书“第 3 章 随型随性——铸造和模具成型原理”介绍，此处不再赘述。

2. 陶瓷注浆

陶瓷注浆是现代陶瓷成型技法之一，是将调好的瓷土浆料注入石膏模中，待石膏吸去部分水分后形成瓷土硬壳，脱模后即可得到中空的陶瓷生坯（图 4-18）。

3. 玻璃浇铸

玻璃材料在加热后达到熔融状态即可进行浇铸，然而玻璃浇铸并不是玻璃成型的常用方法，因为它的效率低、成型质量低，不能作为大批量生产的工艺手段（图 4-19）。

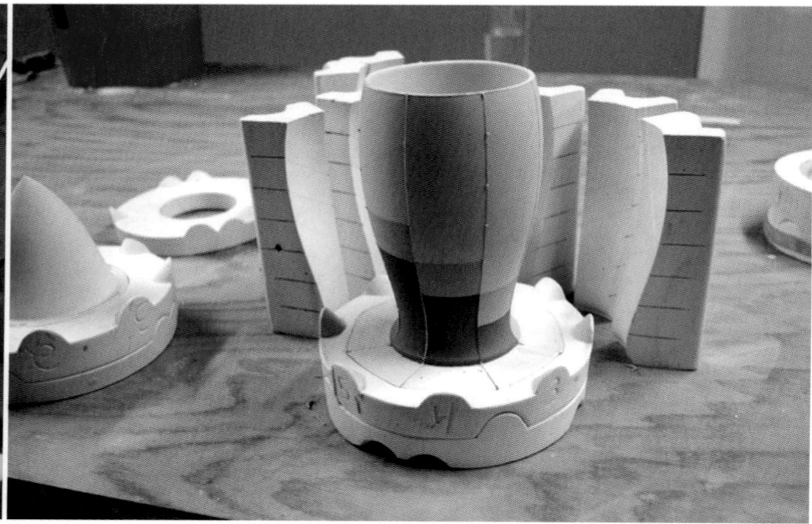

图 4-18 陶瓷注浆成型
通常情况下，注浆后需要静置一段时间，随后将多余的浆料倒出。注浆可以是手工作业，也可以是机械化大批量作业。

图 4-19 玻璃浇铸成型
由于玻璃粘性大，流动性差，因此玻璃的浇铸通常是使用开放型模具，成型粗糙，仅用于艺术品等的成型。浮法工艺也是利用浇铸原理来生产玻璃的。

4. 塑料浇铸

详见本书“第 5 章　百变塑性——塑料产品成型基础”介绍，此处不再赘述。

### 4.4.2 塑性成型

塑性成型是通过使固态的材料产生塑性变形得到实物制品的成型方式。

对金属而言，锻造、挤压、反向挤压、粉末冶金、模压等手段，都是通过使金属产生塑性变形来生成实体。

1. 锻造

锻造是一种利用人力或锻压机械对金属坯料施加压力或冲击力，使其产生塑性变形的成型方法。为获得良好的塑形状态，金属坯料往往是在加热状态下被锻造（热锻）。

锻造除了能够获得具有一定形状和尺寸的锻件，还能够获得一定机械性能，因为锻造能消除金属在冶炼过程中产生的铸态疏松等缺陷，优化微观组织结构，同时保存完整的金属流线，所以锻件的机械性能一般优于同材质的铸件（图 4-20）。

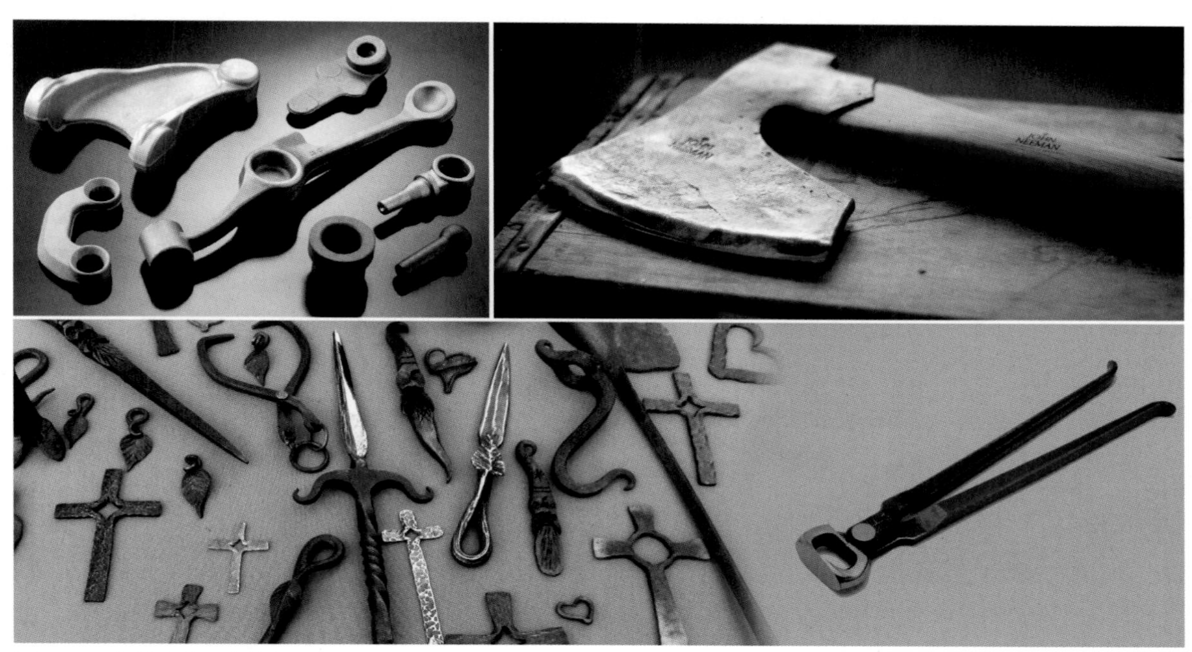

图 4-20　锻造在产品中的应用
模锻主要应用于机械零件、工具等的生产，自由锻则应用于艺术品和手工工具的生产。

根据成型机理，锻造可分为自由锻、模锻、碾环、特殊锻造等。

【自由锻】

自由锻是指用通用性工具（如锻锤、铁砧等）手工锻打，或在锻造设备（液压机等）的上、下铁砧之间自由锻打的加工方法（区别于模锻）。自由锻主要用于生产小批量的锻件，其基本成型手段包括镦粗、拔长、冲孔、切割、弯曲、扭转、错移及锻接等。自由锻都采用热锻。

模锻是指金属坯料在具有一定形状的锻模膛内受压变形而获得锻件的加工方法，一般用于生产重量不大而批量较大的零件。模锻分为开式模锻和闭式模锻，根据坯料状态又分为热锻、温锻和冷锻（图 4-21）。

【模锻】

碾环是指通过专用设备碾环机生产不同直径的环形零件，也用来生产汽车轮毂、火车车轮等轮形零件。

特种锻造包括辊锻、楔横轧、径向锻造、液态模锻等锻造方式，这些方式都适合生产特殊形状的零件。辊锻可以作为有效的预成型工艺，大幅降低后续的成型压力；楔横轧可以生产钢球、传动轴等零件；径向锻造则可以生产大型的炮筒、台阶轴等锻件。

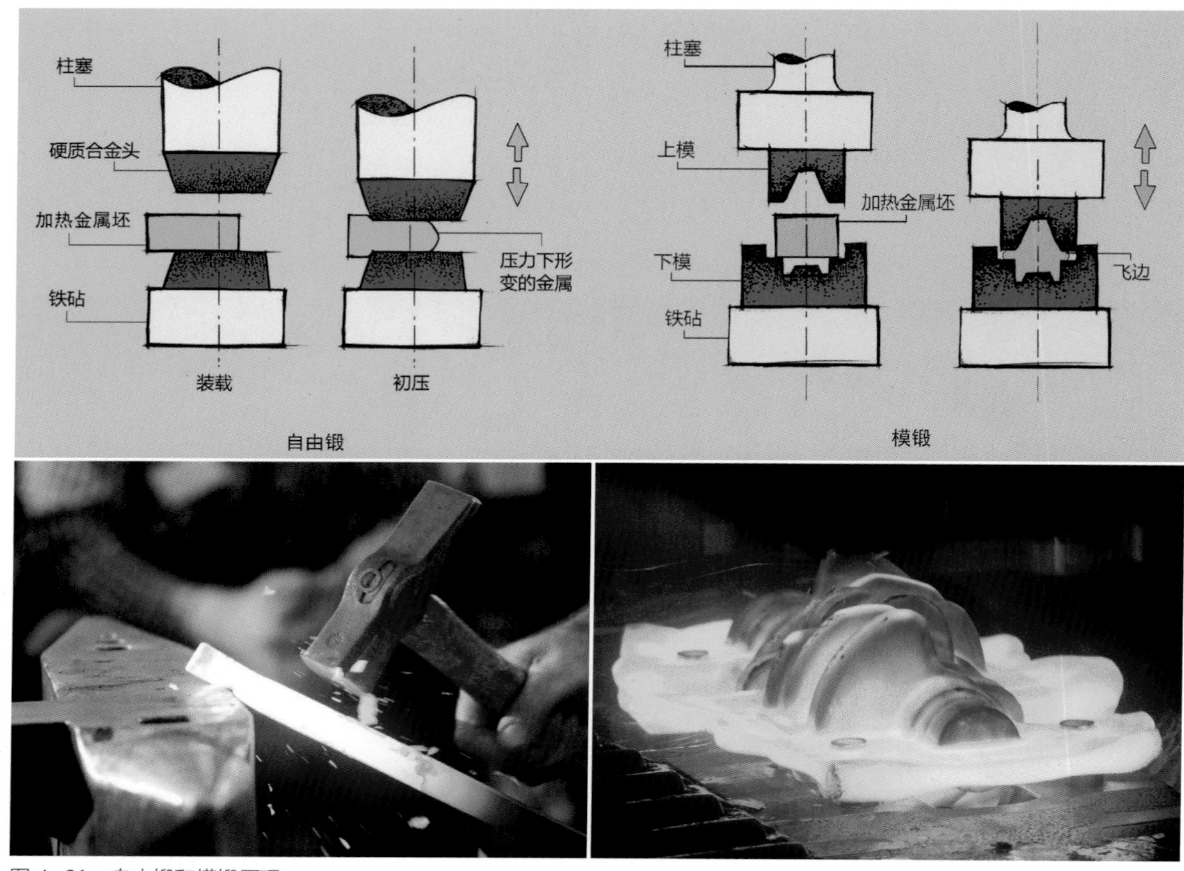


图 4-21 自由锻和模锻原理
自由锻即传统的“打铁”，能够获得局部性能有差别的锻件（比如刀刃和刀把性能有差别），然而其制品一致性低，难以进行大批量生产。模锻效率较高，是现代高机械性能金属件优先选择的生产工艺。

2. 挤压

挤压，也叫作挤出，是坯料在加压的情况下从模具的孔口或缝隙挤出成型的加工方法（图 4-22）。挤压成型工艺的材料利用率非常高，操作简单，生产效率极高，同时产品质量也非常稳定。

【挤压】

挤压可制作长杆、深孔、薄

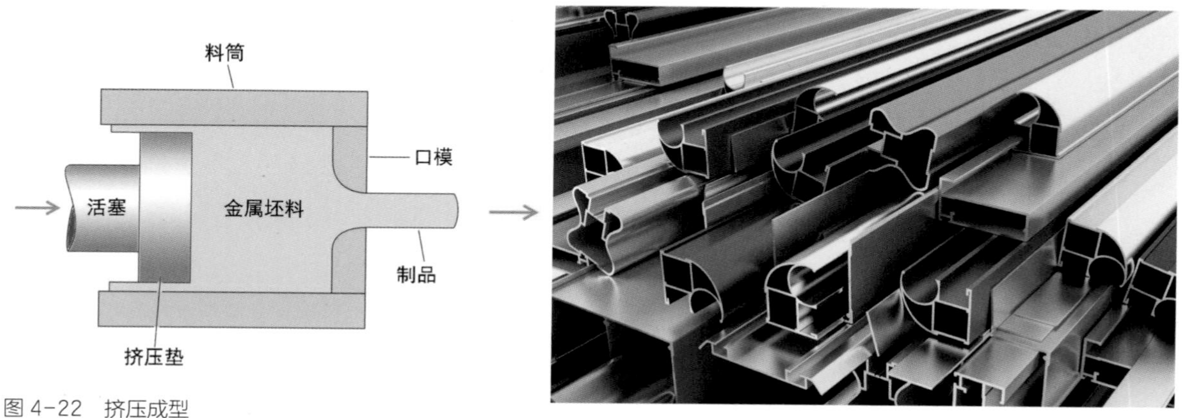


图 4-22 挤压成型
挤压主要用于金属材料的成型，也可用于塑料、橡胶、石墨和粘土坯料等非金属材料的成型。

壁、异型断面零件，是重要的少切削、无切削加工工艺（图 4-23）。

在压力的作用下，即使是塑性较低的坯料，也能被挤压成型，材料的组织和机械性能也会因压力而得到改善。

3. 反向挤压

反向挤压也称反向冲击挤压或间接挤压，是在封闭模具中冲击金属毛坯，将金属反向挤压到型腔空间中的一种成型方法。反向冲击挤压兼具锻造和挤压的特点，是一种金属冷加工工艺（图 4-24）。

4. 粉末冶金

粉末冶金用各种成分的金属粉末、非金属粉末的混合物作原料，用粉末成型和烧结固化工艺加工（图 4-25）。粉末冶金法成型与传统的陶瓷生产方法相似，均是对粉状材料进行成型加工，但二者制坯的方式不同。通常，粉末冶金坯料的成型需要用到相应的模具。

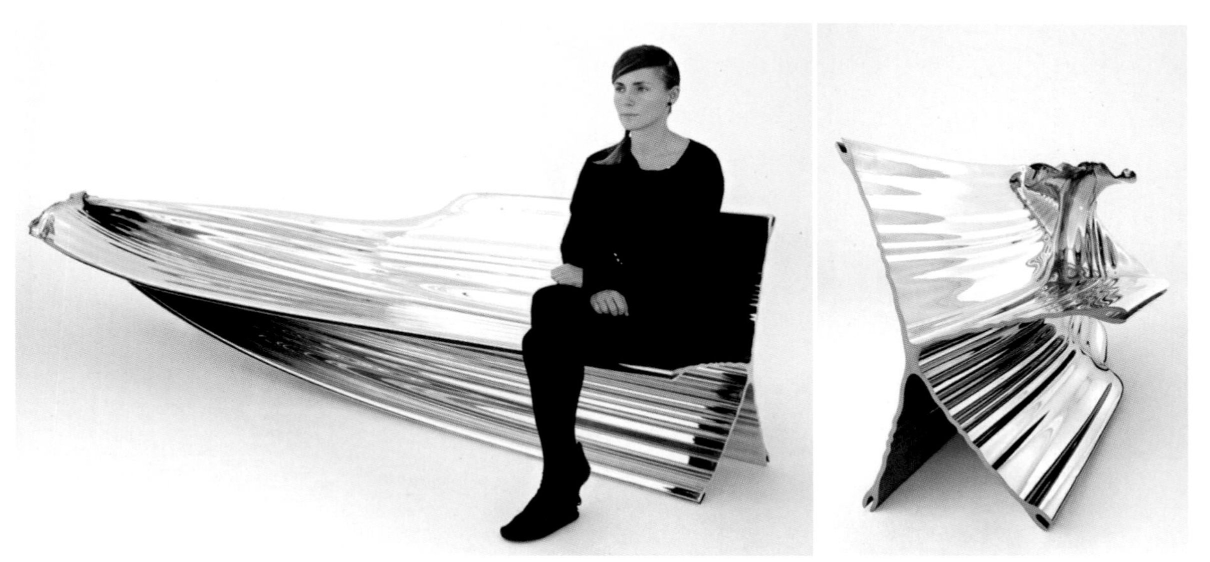

图 4-23　挤压工艺的创新应用

图为 Heatherwick 工作室设计的长凳，通过单模的挤压使铝合金成型，无须装配加工。挤压铝合金通常用于制作结构件，而非用于制作成品。在挤出长凳的过程中，初始阶段的料流产生了无法预料的形变，增加了制品的艺术美感。恒定挤出后，可以根据需要裁切，获得符合要求的长凳产品。

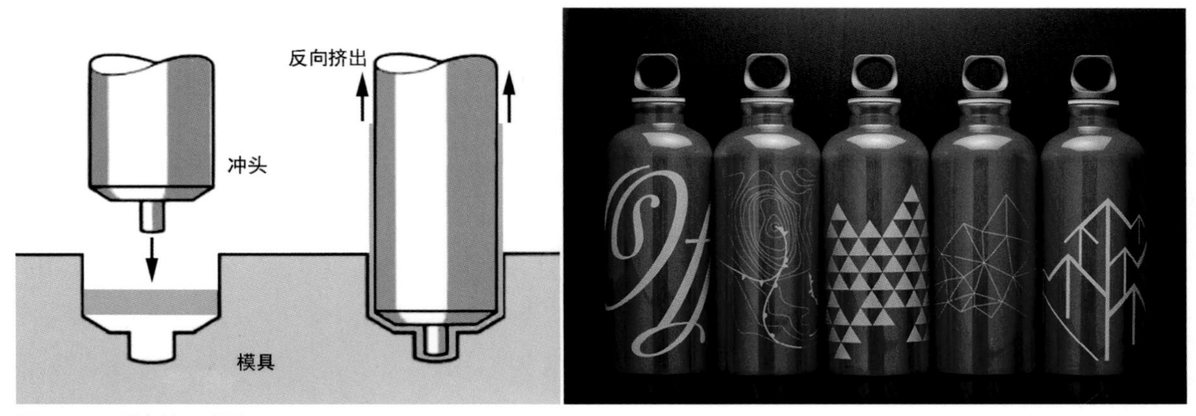


图 4-24　反向挤压成型

反向挤压工艺利用了金属良好的塑性流动性，成型后有很好的冷作硬化强度，一般用于生产铝质器皿。

图 4-25 粉末冶金的应用
粉末冶金工艺常用于生产特种机械零件、多孔类机械零件、花纹钢和车辆刹车片。

粉末冶金工艺远超传统材料工艺和冶金工艺的技术范畴，尤其是粉末冶金中的金属粉末 3D 打印烧结工艺，集材料科学、机械工程、CAD/CAM 技术、增材制造技术、激光技术于一身，使得粉末冶金技术成为跨学科、现代化的综合技术。采用粉末冶金技术可以直接制作多孔、半致密或全致密材料产品，如含油轴承、齿轮、凸轮、导杆、刀具等，是一种少切削甚至无切削的工艺，也是一种近净形成型（净尺寸成型）工艺。

粉末冶金工艺因其技术特点已成为解决新材料、特种材料成型问题的新手段，如粉末冶金在制备高性能稀土材料、稀土催化剂、高温超导材料、新型金属材料等方面具有重要的作用。此外，粉末冶金还可以制备非晶、微晶、准晶、纳米晶和超饱和固溶体等高性能非平衡材料，这些材料具有优良的电学、磁学、光学和力学性能。基于这些优势，粉末冶金可以充分利用矿石、尾矿、炼钢污泥、轧钢铁鳞、废旧金属等材料，是一种可有效实现材料再生并将其综合利用的新技术。

粉末冶金制品成分配比灵活，化学组成、机械物理性能独特，而这些性能是无法用传统的熔铸方法获得的。粉末冶金还可以轻松地制备多种配比的复合材料，充分发挥各组元材料的特性，是一种以低成本生产高性能金属基和陶瓷复合材料的成型技术。

此外，粉末冶金工艺还可以生产普通熔炼法无法生产的具有特殊结构和特殊性能的材料和制品，如新型多孔生物材料、多孔分离膜材料、高性能结构陶瓷磨具和功能陶瓷材料等。粉末冶金可以最大限度地减少传统铸造成型过程中的合金成分偏聚问题，完全不存在粗大、不均匀的铸造组织。

粉末冶金成型工艺便于实现自动化批量生产，可以有效减少生产过程中资源和能源的消耗。

5. 模压

对金属而言，模压成型可以细分为模锻和粉末冶金，这里提到的模压指非金属模压。模压即在压力条件下通过模具成型的工艺过程（图 4-26、图 4-27）。塑料模压详见本书“第 5 章　百变塑性——塑料产品成型基础”，此处不再赘述。

6. 轧制

轧制是将金属坯料置于一对特定形状的旋转轧辊的间隙，使其受轧辊的持续滚压而成型（图 4-28）。轧制是生产钢材最常用的方式，主要用来生产型材、板材和管材。

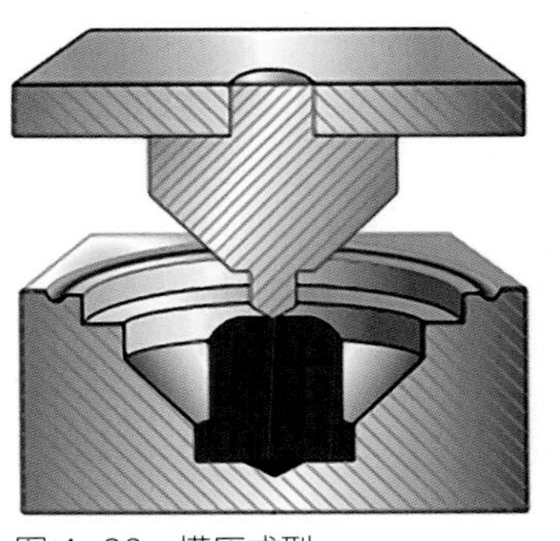
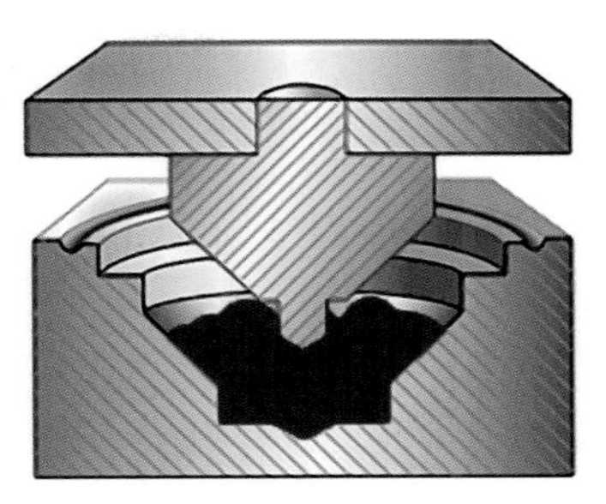
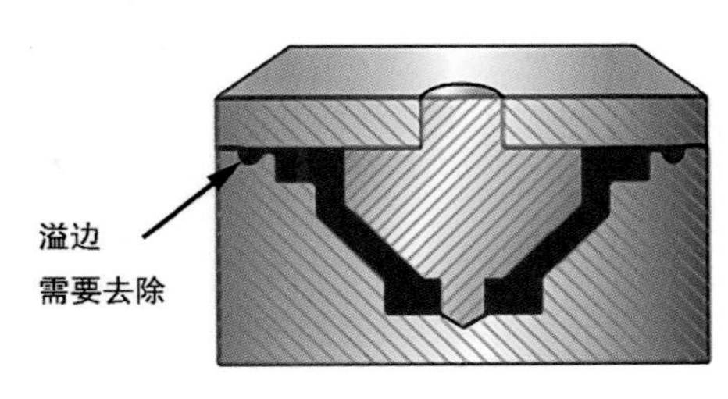


图 4-26　模压成型
在模具上下压合的作用力下，材料发生形变或流动，通过粘合剂或热力固化成型。

图 4-27　模压成型产品
一些材料如木屑、纸浆等流动性较差，比较成熟的解决方案是利用上下模的压力使物料流动成型。

图 4-28　轧制成型
轧制分热轧和冷轧两种，它们在生产速率和成品质量上有区别。

轧制可以破坏钢锭的铸造组织，细化钢材的晶粒，并消除显微组织的缺陷。宏观的气泡、裂纹和疏松可在高温和压力作用下被焊合，从而使钢组织更加密实，力学性能得到改善。

7. 冲压

冲压工艺详见本书“第 8 章　平面构建立体——薄壁结构和冲压成型产品设计基础”介绍，此处不再赘述。

8. 金属真空成型

在加热的条件下，部分延展性较好的金属可以在压力作用下紧贴在模具表面成型，类似塑料的真空成型。塑料真空成型参见本书“第 5 章　百变塑性——塑料产品成型基础”，此处不再赘述。

9. 弯曲

弯曲成型（通常是棒料、管材的弯曲成型）是通过外力对金属棒材和管材进行弯曲塑性变形，通常使用成套弯曲模具（也称弯胎）进行加工。弯曲的时候通常不加热材料，因此这种成型工艺也叫作冷弯。弯曲成型也属于（金属）冲压工艺，这里单列出来介绍。弯曲成型工艺是非常廉价而高效的，通常采用几个简单的步骤即可进行大批量生产，并且不会用到昂贵的模具。在数控条件下，更是可以实现持续、高速、精确的三维空间的弯曲作业，这让弯曲工艺在材料加工领域更具竞争力。

业内通常把弯曲对象是管材的作业叫作弯管（图 4-29）。由于金属管在弯曲的过程中，内圆部分被压缩，外圆部分被拉伸，因此其形变复杂，控制减少缺陷往往是弯曲成功的关键（图 4-30）。

10. 热弯

热弯是指在加热条件下对材料进行弯曲，可以用于加工板材、杆材等，常用于加工加热后能够软化的材料，如热塑性塑料、玻璃等，特别适用于加工机加工后会失去表面质量（光泽、纹理、透明度等）的材料，如有机玻璃等（图 4-31）。

11. 曲木

曲木是指弯曲木材这种工艺，属于塑性成型。然而，木材的弯曲有其特殊性，因为这种随处可见的材料并不是一种塑性材料。曲木是指经过蒸汽加热或水煮后，通过模压或弯曲

【弯曲】

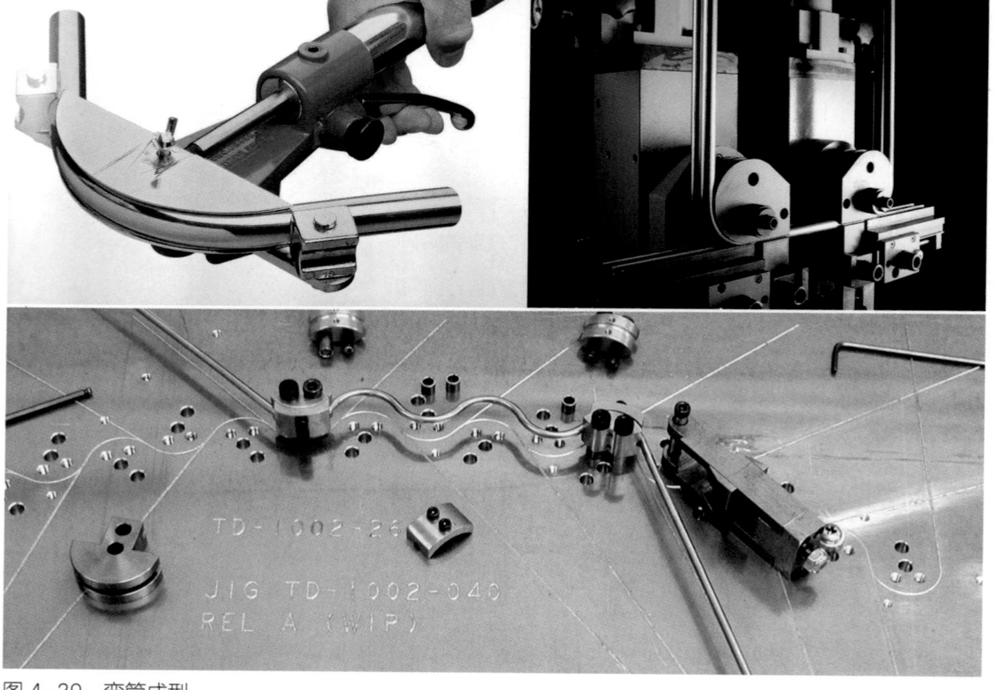


图 4-29　弯管成型

图为手工弯曲作业和机器弯曲作业。受弯胎限制，弯曲作业难以完成非圆曲线的弯曲，因此设计时必须考虑这种情况。现代一些自动化设备可以通过复合成型的方式完成任意曲线的弯曲作业，但必须考虑价格因素。

图 4-30　弯曲成型产品

弯曲成型工艺广泛应用于各种场合，如交通工具、家具、家居用品、室内装修等。管材、棒材品种丰富，弯曲成型的造型也十分精彩。在采用钢材弯曲成型工艺的作品中，马歇尔 · 布劳耶（Marcel Breuer）设计的钢管椅最著名，这款椅子用高效、简洁的弯管工艺生产，开启了现代家具设计的新篇章。

【热弯】

图 4-31　热弯成型

图为四川美术学院秦素云的设计作品及其加工过程。该作品是一套有机玻璃家具，采用热弯工艺加工。设计者事先根据设计轮廓完成对原材料的切割、着色（喷涂）处理，并完成浅浮雕，最后的热弯操作最大限度地保留了材料本身的各种细节。

工艺，将木杆材、片材或复合板加工制成弯曲构件的成型工艺。加热处理使木材的塑性增强，冷却干燥后塑性变形会固定下来（图 4-32）。中国历史上鲜有曲木的案例，作为明清家具典型代表之一，圈椅的环形扶手是通过切割拼接制成的。传统工艺中，一般通过火焰灼烤的方式弯曲天然木材、竹材。

曲木成型工艺应用广泛，其制品包括家具、家居用品、滑板、童车、雪铲、工程配件、体育用品、装饰品等（图 4-33）。

图 4-32　木材的弯曲工艺
实际操作中，经过蒸或煮的木棒材或板材在外力作用下会发生弯曲直至形态固定。通常情况下，曲木工艺可保持木材的天然纤维组织不断裂，可减少曲线造型中形态变化较大的部分的拼接工时和拼接带来的各种缺陷，还可节约大量原材料。

1 建立框架　2 稳固支撑架　3 穿入板面　4 增加固定梁

图 4-33　竹材弯曲成型工艺应用
图为四川美术学院王雅芳的设计作品《墨椅》。
设计者根据天然非塑性材料的特有属性，设计了标准化、模块化的电热热弯装置，让每个竹构件都能获得标准的半径和角度，因此能够按既定方式轻松地装配这些标准化的零部件，大幅缩短加工时间、降低生产成本，让传统工艺中靠火来弯曲的竹材家具获得了工业化大规模生产的可能。

12. 吹制

吹制成型工艺主要用于加工一些粘度较高、不易撕裂的原材料，比如熔融的玻璃和塑料。玻璃吹制成型可以分人工吹制和机械吹制（图 4-34）。

人工吹制时使用铁吹管，它的一端用于蘸取玻璃熔浆料，另一端用于进行吹制作业。挑料后在滚料板上吹气并滚匀，使玻璃形成料泡，接着在模具中吹制成型，冷却后即可从吹管上敲落成品；除了使用模具外，还可进行无模自由吹制。机械吹制时，玻璃熔浆由玻璃熔窑出口流出，经供料机形成料滴，转入初型模中吹成或压成初型，再转入成型模中吹成制品。吹成初型再吹成制品的方法称“吹－吹法”，适用于制作小口器皿和瓶罐；压成初型再吹成制品的方法称“压－吹法”，适用于制作大口器皿和薄壁瓶罐。

【吹玻璃】

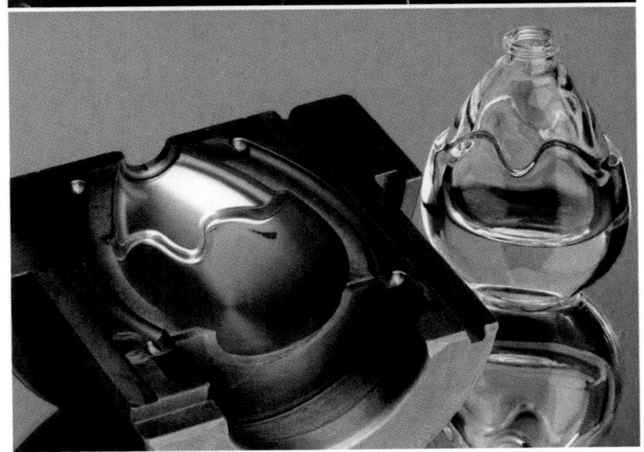

图 4-34　吹玻璃

图为人工吹制玻璃和机械吹制玻璃的模具和成品。

13. 编织

编织是使细长的材料互相交错或钩连而组织起来成为器物的成型方法（图 4-35）。

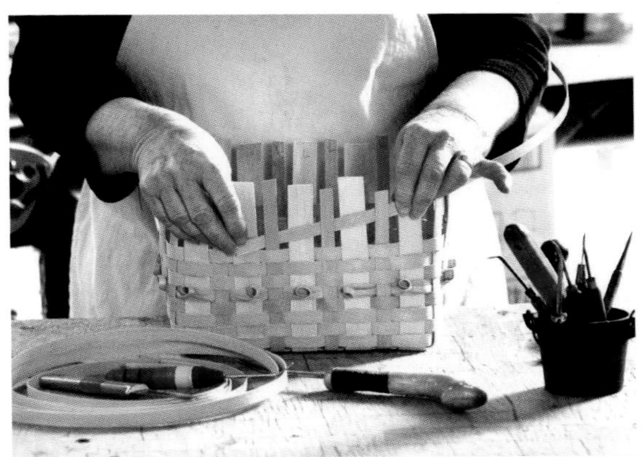

图 4-35　编织

编织成型是将柔软且细长的材料转变为有一定体积、形态的有力学功用的制品。这个过程有很大的创作空间。

编织是人类最古老的手工艺之一，传统的编织工艺有竹编、藤编、草编、棕编、柳编、麻编等，而现代编织的材料则更加丰富。编织产品主要有工艺品、家具、玩具、服装、鞋帽等。常见的编织技法有编织、包缠、钉串、盘结等。

14. 触压成型

触压成型一般是在开放的模具内，将增强纤维和基材层叠交错并使之融合，待固化后脱模而成制品的一种成型工艺。触压成型包括手糊成型、手工喷射成型、真空袋成型和压力袋成型等，是纤维增强树脂复合材料成型的主要方式。

触压成型详细内容见本书“第 2 章　玻璃钢不是钢——复合材料及其应用基础”介绍，此处不再赘述。

15. 纤维缠绕成型

纤维缠绕成型一般用于制备空心柱状产品，也是复合材料的一种成型工艺。纤维材料在缠绕的过程中与基体材料融合，互为增强材料，最终形成强度优良的复合材料产品。

纤维缠绕成型详细内容见本书“第 2 章　玻璃钢不是钢——复合材料及其应用基础”介绍，此处不再赘述。

16. 放样与拟合

“放样”这一术语来自建筑工程，通常用于大尺寸物品的成型。基于造价等原因，人们无法提供大尺寸的模板、胎具、模具等（图 4-36），这时候就需要用到放样、拟合等手法来完成成型，这也是诸多设计软件的面型构造方式之一。

放样是一种将一个二维形体对象作为沿某个路径的剖面，然后通过一定的手法将这些形体对象用材料连接起来，最终形成复杂三维对象的成型工艺。工程上将这种拟合用的材料叫作“样条”，设计软件中有专门的“样条曲线”供使用，样条和样条曲线通常都具有一定的弹性，在剖面线条和固定点（锚点、结点等）的限制下，样条自动形成光滑的曲面，最终诸多样条拟合成了复杂的三维曲面。因此，放样是一种无限逼近的成型方式（图 4-37）。

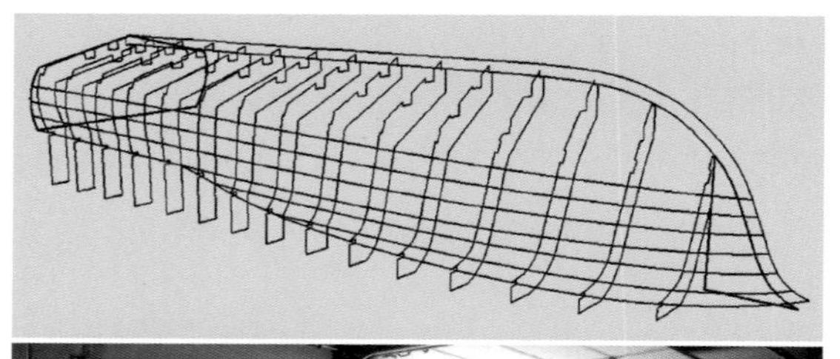

图 4-36　放样

船舶、飞机等大型的复杂曲面产品无法用单一模具完成制作，必须通过曲线（如龙骨轮廓）形成的框架结构来拟合出复杂变化的曲面。

放样也是手工制作模型的方法之一。

图 4-37　利用放样和拟合原理的创作

用曲线无限逼近的方法可以模拟出曲面，同时又具有曲线的动感和层次感，是一种很好的设计方式，但在制作阶段通常会耗费大量的材料与时间。

放样后拟合成型可以实现很多复杂形态的构建，特别是在构建大型物体方面具有优势，甚至是唯一方式。

17. 拉坯

拉坯是中国陶瓷器生产的传统方法，也称作坯、走泥，是传统工艺中制作陶瓷的最初阶段，工匠将制备好的条状泥料通过盘制的方式放在坯车上，在旋转中利用手和工具塑形（图 4-38）。

在拉坯之前，需先将泥料取出踩炼，然后将泥料中残余的气泡以手工搓揉的方法排出，使泥料中的水分进一步均匀，以防止烧制过程中产生气泡、裂缝或形变。将泥料搓揉成长条形后，竖起压短，进行第二次搓揉，如此反复数次即可。

18. 旋切

旋切通常指木材的旋切。旋切是使木段做定轴回转，旋刀刀刃平行于木段轴线并做直线进给运动，沿木材年轮方向进行的切削过程。

旋切工艺并没有用到塑性变形手段，但是其切削过程只产生很少的碎屑废料，因此可将其归为净尺寸成型。

图 4-38　泥坯成型
陶瓷泥坯的成型需要多道工序，是一种综合成型工艺，而拉坯只是笼统的叫法。

### 4.4.3　净尺寸成型知识小结

净尺寸成型知识小结见图 4-39。

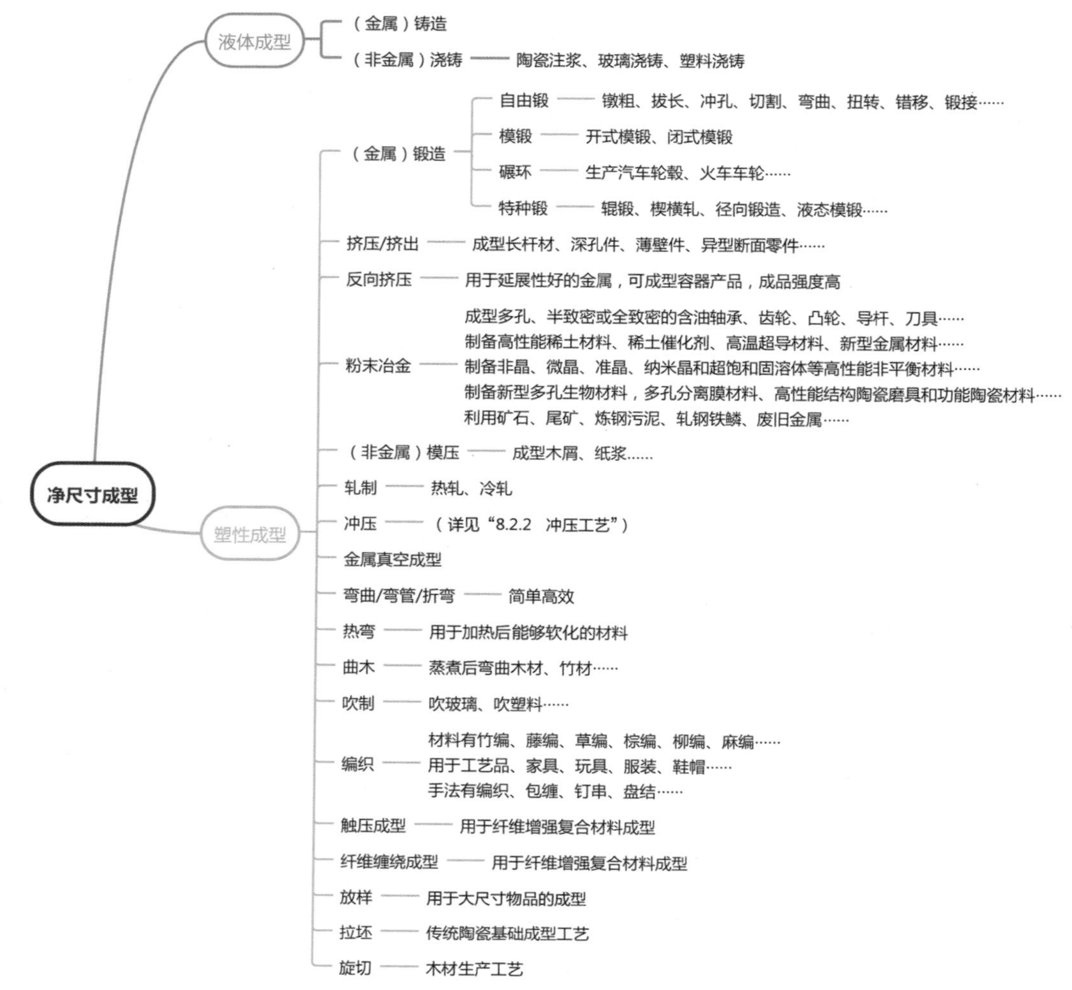


图 4-39 净尺寸成型知识小结

# 4.5 连接成型

连接一般分为两种：一种是各个部分有相对运动的连接，比如运动副，这种连接称为动连接；另一种是各部分不能相对运动的连接，这种连接称为静连接。静连接可以是永久连接或不可拆连接，也可以是根据情况组合或拆分的连接。

## 4.5.1 特征组合

“特征”通常指形态特征、造型特征，可以作为对造型局部结构的语言界定，它在一些参数化实体建模的辅助设计软件中是一个重要的词。什么样的形态结构可以划分为“特征”，是有一定规律可循的。比如一个小圆铁片，在其外缘加工了一个小耳朵，用于穿绳子，那么这个小耳朵对于这个产品来说就算是形态上的一个“特征”；又如一个圆筒，在其某端面上设计了一个开孔圆盘，那么这个圆盘也可以说是一个“特征”，复杂的零件就是由各种“特征”构成的。“特征”可以是添加材料，也可以是去除材料（图 4-40）。

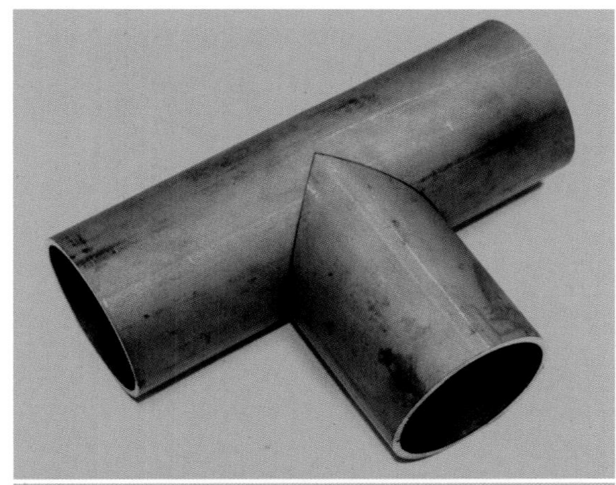

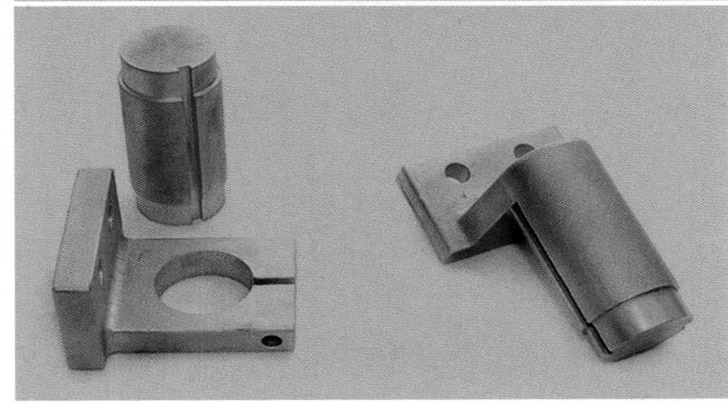

图 4-40 造型特征
为方便理解和处理计算机数据，一般可以把复杂的产品“拆分”成若干“特征”，然后将它们逐个组合起来。
拆分和组合的方式不同，产品形态就会有差别，成型的工艺性也有优劣之分。采用不同的成型工艺的产品，其形态特征也会有所不同。

做产品的时候，我们可以一次性把两个或两个以上的特征做出来，也可以分别做好两个特征，再把它们组合起来，这两个特征甚至可以采用不同的材料。

### 4.5.2 焊接成型

焊接是静连接中比较典型的连接方式。焊接是指通过加热或加压的方法，使分离的固体产生原子、分子晶间的扩散与结合，最终成为一个整体的过程。

我们可以先加工一个零件的一部分，再加工另一部分，或者是由两个人分别加工，最后把这两个部分焊接或者粘结到一起，获得完整零件。焊接是一种灵活的成型手段，对于一些复杂的或大型的产品或零件，有时候焊接或粘结是唯一的加工方式。以船舶生产为例，在现有条件下，我们无法制造巨大的船体模具，只能加工出各种形状和规格的钢板，再把它们焊接起来，最终得到大尺寸的、完整的船体结构。

焊接工艺按照焊接方式可以分为熔焊、压焊和钎焊。

1. 熔焊

熔焊又称熔化焊，是指在焊接过程中，将连接处的金属高温加热至熔化状态的焊接方法。由于被焊工件紧密贴合，工件熔化的熔液也会混合，因此待温度降低，工件会被牢固地连接在一起，焊接过程就完成了。（图 4-41）

熔焊可以细分为电弧焊、电渣焊、电子束焊、激光焊和等离子弧焊，其中电弧焊又可以细分为手工弧焊、气体保护焊和埋弧焊。熔焊都是通过热源熔化材料完成焊接的。

2. 压焊

压焊可以细分为电阻焊（图 4-42）、摩擦焊、超声波焊、爆炸焊、扩散焊和高频焊，其原理都是使材料局部相熔而连接在一起。

【摩擦焊】

3. 钎焊

钎焊是采用比母材熔点低的金属材料作钎料，

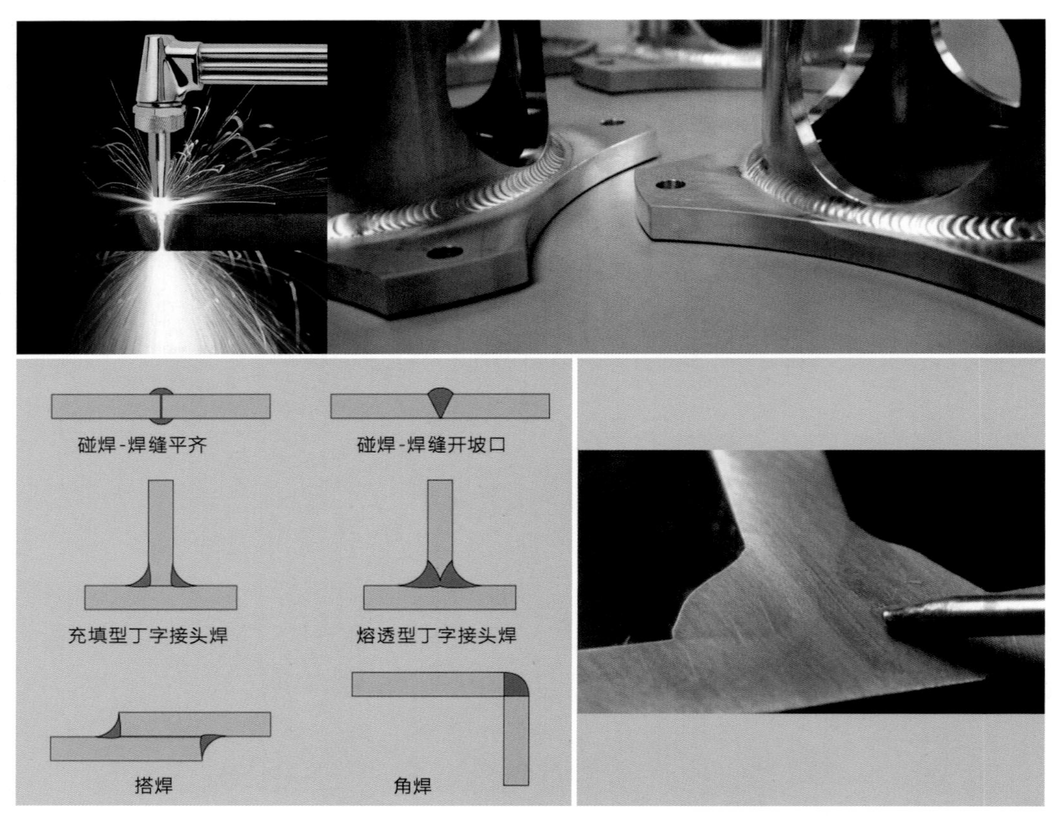


图 4-41　熔焊

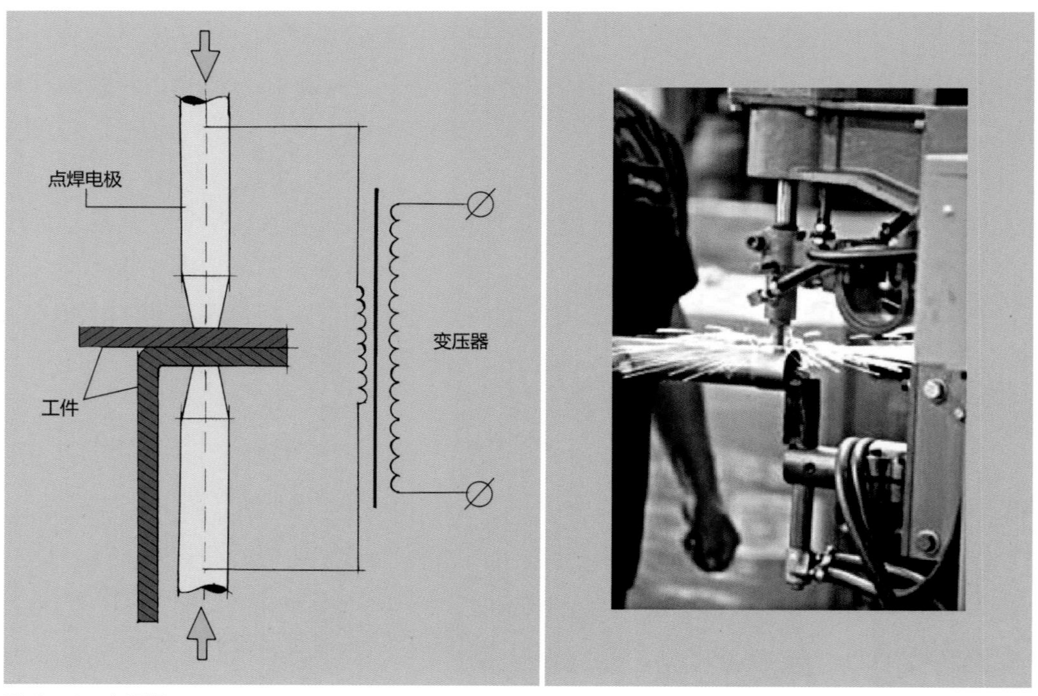


图 4-42　电阻焊

图为电阻焊的点焊原理与实际工况。电阻焊是工件组合后通过电极施加压力，利用电流通过接头的接触面及邻近区域产生的电阻热进行焊接的方法。

电阻焊操作简单，易于实现机械化和自动化生产，生产率高，且基本无噪声、无有害气体。

图 4-48　榫卯连接
榫卯连接形式多样，其复杂性在一定程度上成就了其艺术性，在传统建筑和传统家具中起到了举足轻重的作用。
榫卯结构非常注重木材的“木性”，即木纹、木纤维排列的各向异性，不注重木性的榫卯结构，会因达不到结构要求而失效。

木结构在主体构造上不应当大面积切断木纹（图 4-48）。

榫卯结构按构合作用来归类，大致可分为 3 大类型：一类是面与面的接合，或是两条边的拼合，或是面与边的交接构合，如槽口榫、企口榫、燕尾榫、穿带榫、扎榫等；另一类是作为“点”的结构方法，主要用于横竖材丁字结合、成角结合、交叉结合，以及直材和弧形材的伸延接合，如格肩榫、双榫、双夹榫、勾挂榫、锲钉榫、半榫、通榫等；还有一类是将 3 个构件组合在一起并使之相互连结的构造方法，这种方法除运用以上的一些榫卯联合结构外，还采用了一些更为复杂和特殊的做法，常见的有托角榫、长短榫、抱肩榫、粽角榫等。中国传统家具的一些榫卯结构如图 4-49 所示。

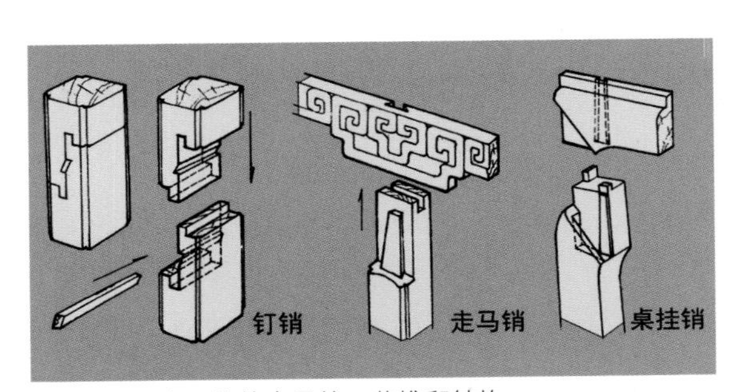


图 4-49　中国传统家具的一些榫卯结构

## 4.5.6　过盈连接

过盈连接是利用零件间的配合过盈（如孔直径比轴直径小）实现连接，可以通俗地理解为“胀入”“挤入”。这种连接的优点是结构简单，定心精度好，可承受转矩、轴向力或二者复合的外力，而且承载能力强，在冲击振动载荷下也能较可靠地工作；缺点是结合面加工精度要求较高，装配不便且配合面边缘处应力集中较大，过盈连接不易拆卸，或拆卸后会造成零件失效。过盈连接之所以能传递载荷，是因为其零件具有弹性、连接具有装配过盈。装配后，包容件和被包容件的径向变形使配合面间产生很大的压力（同种材料有一定冷焊作用），工作时载荷就靠着相伴而生的摩擦力来传递（图 4-50）。

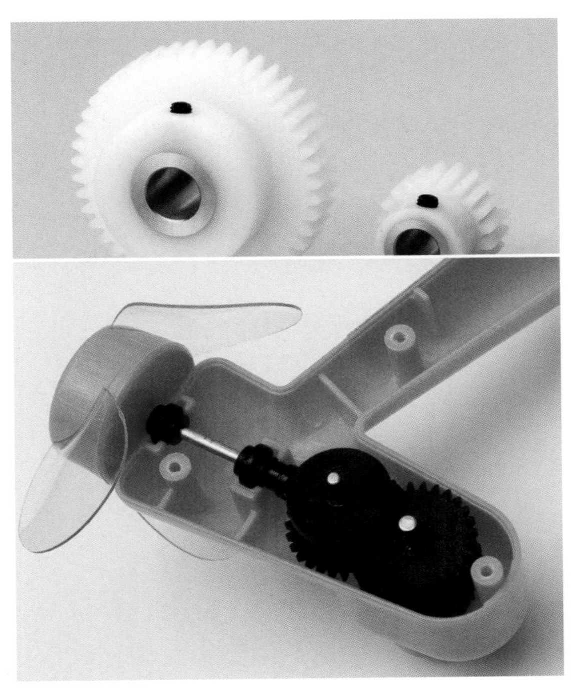

图 4-50　过盈连接
由于材料的种类不同、相容性存在差异，以及胶粘剂的性能不全面，不同材料的装配有时候有且仅有过盈连接能完成，如塑料孔和金属轴之间的连接。
上图中的黄铜轴套可以压入，也可以在塑料齿轮注射成型时以嵌件形式结合。

当配合面为圆柱面时，可采用压入法或温差法（加热包容件或冷却被包容件）装配。当其他条件相同时，用温差法能获得较高的摩擦力或力矩，因为它不像压入法那样会擦伤配合表面。

### 4.5.7 弹性连接

弹性连接详见本书“第 7 章　大巧若拙——塑料工程结构设计”介绍，此处不再赘述。

### 4.5.8 连接成型知识小结

连接成型知识小结见图 4-51。

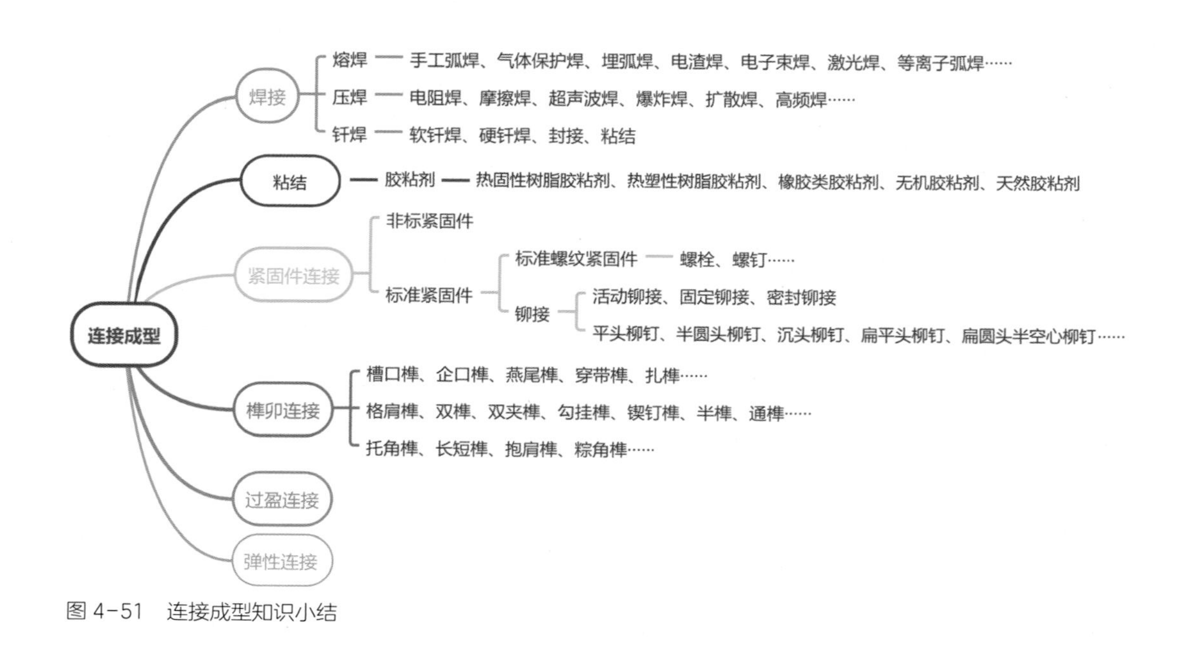


图 4-51　连接成型知识小结

## 4.6 添加成型

### 4.6.1 掐丝珐琅

掐丝珐琅是一种传统工艺，掐丝珐琅器一般特指铜胎掐丝珐琅器，典型的掐丝珐琅工艺在中国被称为“景泰蓝（工艺）”。一般先在金、铜胎上以金丝或铜丝掐出图案并焊接，然后在图案间隙中填上各种颜色的珐琅，再经焙烧、研磨、镀金等多道工序制作完成。

掐丝珐琅是经烦琐流程逐步、少量地添加材料制成的，制作工艺可以算作添加成型。

### 4.6.2 增材成型

增材成型详见本书“第 10 章　极致追求——材料、工艺与设计师”介绍，此处不再赘述。

### 4.6.3　电铸

电铸是利用金属的电解沉积原理来精确复制某些复杂或特殊形状工件的特种加工方法，是电镀的特殊应用。

电铸的主要用途是精确复制微细、复杂和某些难于用其他方法加工的特殊形状模具及工件，如纸币和邮票的印刷版、首饰、唱片压模、铅字字模、玩具滚塑模、模型模具、金属艺术品复制件、反射镜、表面粗糙度样块、微孔滤网、表盘、电火花成型加工用电极、高精度金刚石磨轮基体等。

### 4.6.4　堆焊

堆焊是用电焊或气焊法把金属熔化后堆在工具或机器零件上的成型法。

堆焊效率较低，通常用来修复磨损或崩裂部分，也可作为单件、小批量产品，或产品表面功能层、保护层、特种合金的成型方式。

## 4.7　工艺

本书提到的“工艺”指的是生产工艺。生产工艺是指企业制造产品的总体流程和方法，包括工艺过程、工艺参数和工艺配方等。操作方法是指劳动者利用生产设备在具体生产环节对原材料、零部件或半成品进行加工的方法。因此，材料的成型工艺也算作生产工艺的一个部分，在企业组织生产的过程中，考虑产品生产方法是一个重要环节。生产方法是实体经济的核心技术之一，党的二十大报告提出：“坚持把发展经济的着力点放在实体经济上，推进新型工业化，加快建设制造强国、质量强国、航天强国、交通强国、网络强国、数字中国。”

制定生产工艺的原则是保证技术上的先进性和经济上的合理性。由于不同企业的技术力量、设备精度、设备状况及工人熟练程度不同，因此对于同一种产品而言，不同企业采用的生产工艺可能不同，甚至同一个企业在不同的发展阶段所采用的生产工艺也可能不同。

可见，就某一产品而言，生产工艺并不是唯一的，而且不一定有好坏之分。这种不确定性及不唯一性和现代工业的其他元素有较大的不同，反而类似艺术。所以，也有人将生产工艺解释为“做工的艺术”。

在传统手工业生产阶段，如果非常刻意地强调做工的精良、手艺的独特性、做工的艺术性，那么就派生出一个专门的生产范畴，以往称为“工艺美术”，我们这里界定为传统工艺美术。传统工艺美术分为日用工艺和陈设工艺，以漆器、玉雕、景泰蓝等为代表。传统工艺美术有艺术的一切特性，其目的是追求艺术价值，追求作品的唯一性和技艺的附加值。传统工艺美术的“工艺”指“结合实用与美之非常广泛之作业”(《基本图案学》，傅抱石编译，商务印书馆)。从这里可以看出，所谓“工艺”可以分为两种：一种是艺术的工艺；另一种是(工业)产业的工艺。

产品设计是以机械化大生产为基础，通过不同功能的机器设备对原材料进行标准化、大批量加工制作的设计形式。

因此，设计师必须搞清楚造物过程中的工艺问题。如果偏重于批量化生产，那么这种“工艺”是生产工艺；如果偏重于艺术性而忽略生产能力和制造成本，那么这种“工艺”应当属于传统工艺美术的范畴。设计者在选用材料成型工艺时，应当遵守现代化大生产的批量化原则，传统材料成型工艺不应当成为产品设计的优先选择对象，毕竟产品设计不是艺术(图 4-52)。注：国内在 20 世纪 90 年代展开了对工艺美术的讨论，认可了“工艺美术等同于传统工艺美术”的说法，认为工艺美术即以民俗、古玩、技艺为主的美术现象，提出应该用“现代设计”一词替代“工艺美术”；也有部分学者沿用“工艺美术”一词，即认可工艺美术是工业范畴的工艺美术，是工业设计的一个补充，也可以说是工业设计的一个分支(《工艺美术概论》，李砚祖，中国轻工业出版社)。

同时，在单独研究材料的时候，材料的性能就是普通的理化性能，如熔点、沸点、比重等，而从加工工艺的角度去研究材料的性能，就产生了材料的工艺性的概念。材料的工艺性指材料适应某种加工工艺的能力。选材除了满足使用性能，还必须兼顾材料的工艺性，以便在合理的经济条件、生产组织下，稳妥地得到合格的产品。材料的工艺性包括铸造性、锻造性、焊接性、粘结固化性、切削加工性、热处理工艺性等。

图 4-52　工艺性和艺术性

图中的 3 把椅子，由左至右艺术价值和收藏价值越来越低，原因在于这 3 款产品的可复制性和普及性不同，产品自身的商品价值也不同；然而由左至右，它们(工业生产)的工艺性越来越高，左边第一把椅子甚至无法保证做出与其尺寸相同的产品，而第三把椅子却是通过简单地切割和拼接装配就可以完成制作，生产上可以做到高度一致性。第三把椅子能以最简单的工艺做到大批量生产，以简单的形态让普通消费者享受到现代文明的成果。从这个角度来讲，第三把椅子的艺术价值并不低，呈现的是一种技术和设计相融合的艺术。

# 4.8　练习与实践

## 一、填空题

1. 造物的形态受制于物品本身的功能、结构、艺术性成本等，但最重要的限制因素仍然是________。

2. 切削中的________法依靠刀尖相对于工件表面的运动变化来进行切削，切削轨迹即工件所要求的表面几何形状，如车削外圆、刨削平面、磨削外圆、随靠模车削成型面等。

3. 铣削是一种工件不动或做________运动，刃具旋转切削或同时做进给运动的加工方式。

4. ________可以轻松地制备多种配比复合材料，充分发挥各组元材料的特性，是一种以低成本生产高性能金属基和陶瓷复合材料的成型技术。

5. 挤压成型工艺的材料________非常高，操作简单，生产效率________，同时产品质量也非常稳定。

6.（造型）拆分和组合的方式不同，产品形态就会有差别，成型的工艺性也有优劣之分。采用不同的成型工艺的产品，其________也会有所不同。

7. 紧固件品种规格繁多，性能用途各异，但可以做到________、________、________。

8. 制定生产工艺的原则是保证________和________。

## 二、选择题

1. 不属于去除材料成型的工艺有（　　）。

A. 铣削　　B. 切割

C. 电火花加工　　D. 锻压

2. 不宜用高压水射流切割的材料有（　　）。（多选）

A. 钢筋混凝土预制板　B. 钢板

C. 有机玻璃　　D. 卡纸

E. 玻璃布　　F. 钢化玻璃

3. 工业应用中，螺钉、螺母是一类（　　）。（多选）

A. 紧固件　　B. 标准件

C. 金属件　　D. 工艺品

4. 通常不宜拆卸的紧固连接有（　　）。（多选）

A. 铆接　　B. 超声波焊接

C. 螺栓连接　　D. 过盈连接

E. 粘结

5. 传统家具、建筑的榫卯连接结构，缺点有（　　）。（多选）

A. 工艺复杂，难以做到标准化、系列化、通用化

B. 生产效率低，价格高昂

C. 适用面窄，对材料的要求很高

D. 用户难以组装，不能实现扁平化包装和运输

6. 能生产中空容器类制品的成型工艺有（　　）。（多选）

A. 车削　　B. 挤压

C. 吹制　　D. 粉末冶金

E. 铸造

7. 与一元人民币硬币的成型工艺类似的产品（器物）有（　　）。

A. 五铢钱　　B. 和氏璧

C. 龙泉剑　　D. 易拉罐罐体

E. 普洱茶茶饼

8. 能用于现代家具生产的成型工艺有(　　)。(多选)

A. 钎焊　　B. 铆接
C. 激光切割　　D. 榫卯连接
E. 编织　　F. 压力铸造

## 三、课题实践

成型工艺种类繁多，初学者难以迅速掌握并合理运用。从拆解、观察和分析各类产品入手，在教师的带领下辨析各个零部件，是一种非常好的学习加工工艺的方法。学生也可以自行设计实验，通过加工简易材料来体验各种成型工艺。

学习产品设计和积累成型加工工艺知识的大致流程为：搞懂各种成型工艺的原理，了解成型工艺的加工范围、工艺成本等→学会观察、分析并辨别产品各部分的成型工艺，积累设计素材和设计案例→在设计中自由并正确地选择成型工艺→有能力在改良设计中以更好的成型工艺替换原有的成型工艺。

课后练习与实践:

1. 分析一支圆珠笔的加工工艺，找出其中的间隙配合、过渡配合和过盈配合，并加以解释。

2. 检索易拉罐、户外铝水壶、铁锅、铝锅、锅炉、液化气钢瓶、钢盔、铝合金汽车轮毂、飞机外壳、航天飞机外壳、滚珠轴承的生产方式。

3. 分析身边家具的连接方式，认识榫卯结构和家具五金件。

成型加工工艺应用与创新的实际案例见图 4-53、图 4-54、图 4-55。

图 4-53　宜家公司新型榫卯结构
采用新型榫卯结构后，原本需要 24min 完成组装的家具，现在只需要 3min。宜家 Lisabo 桌子系列产品已经采用这种新结构，这种近乎“隐形”的榫卯结构因其组装的便利性获得了 2016 年红点设计奖。

图 4-54　钢材弯曲 + 藤编作品
图为四川美术学院石丹沁的作品《温故知新》。这组作品是对传统器物的再造、再设计，设计者利用传统工艺结合现代批量化生产工艺设计了这组极具文化价值、雅俗共赏的艺术作品。同时，它又是符合现代工业生产工艺的家具产品。

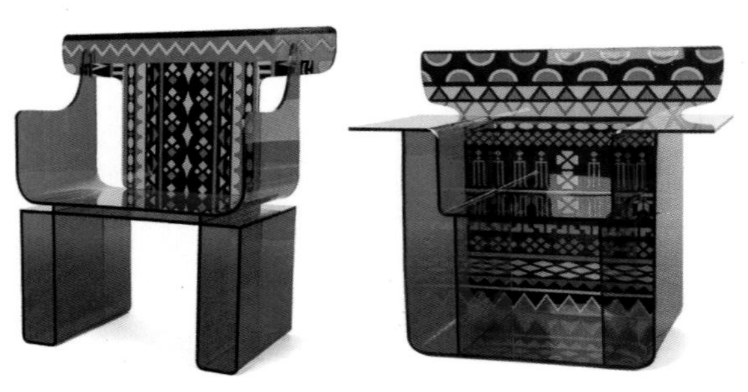

图 4-55　有机玻璃切割 + 热弯 + 榫卯连接
图为四川美术学院刘念的作品《三色彝》。这组作品选用了半透明有色有机玻璃材料和不透明有色有机玻璃材料进行切割和热弯，借鉴了中国传统的抬梁式结构，结合板材的特性，通过榫卯插接的方式对扶手、座面等进行组装。

# 第5章 百变塑性——塑料产品成型基础

教学目标：

（1）了解塑料产品成型的特点，认识塑料产品的外观造型设计与结构设计的关系。

（2）熟悉塑料产品的9大类成型工艺，并且能够灵活选择运用。

（3）深入了解注塑成型等优秀成型工艺的特点。

（4）具备一定的创新应用成型工艺的能力。

教学要求：

| 知识要点 | 能力要求 | 相关知识 |
| --- | --- | --- |
| 塑料产品成型特点 | （1）理解塑料产品外观设计和结构设计一体化的原因；<br>（2）理解塑料产品设计中材料和工艺匹配的原因 | 塑料发展历史 |
| 塑料产品的9大类成型工艺 | （1）充分理解成型工艺的原理、特点和适用范围；<br>（2）能够通过对比、类比等方式推理现有塑料制品的材料和对应的成型工艺；<br>（3）初步具备对设计方案进行材料、工艺选择的能力；<br>（4）初步具备针对某个成型工艺提出创新设计的能力 | 可用性设计<br>人因工程学 |
| 注塑成型工艺 | （1）注塑成型工艺的原理、模具结构；<br>（2）注塑成型工艺的优势 | 注塑机 |

相对金属材料而言，塑料兴起较晚，然而发展迅猛，对应的生产工艺也层出不穷，并且还有发展的空间。20 世纪 50 年代，石油化工产业的发展使得高分子工业迅速成熟；20 世纪 60 年代，塑料、橡胶、化纤三大合成材料的生产走向规模化；20 世纪 70 年代，世界合成高分子材料在总体积上已经超过了金属材料。因此，研究塑料的成型工艺十分必要，随着时代的发展，应当带着前瞻性的眼光去理解塑料成型工艺。

在塑性材料中，塑料和金属的成型工艺各具特色，也有共性。在设计塑料相关产品的过程当中，我们除了去生产现场参观学习外，也要借鉴生活中优秀产品的结构样式，将其应用到自己的设计当中去。

对于一些结构性和功能性比较强的塑料产品或制品，在产品设计开发的早期阶段就必须考虑尺寸、空间结构、力学结构等。很多时候作为壳体的塑料构件最终会参与整个产品的力学结构，或者很多产品本身就是开放性的，一些外观件本身就是结构件，其外观就是工程结构的一部分（图 5-1）。因此，从这个角度来说，塑料的结构设计和外观设计的统一十分重要。

塑料的结构设计与其生产工艺息息相关，可以说，脱离了生产工艺，设计方案根本不可能实现。比如，生产纯净水瓶通常采用吹塑这种生产工艺，倘若使用注塑模工艺，那么这种造型的水瓶根本无法完成脱模。只有熟悉生产工艺，才能设计出合理的产品外观。

塑料的品种多，生产工艺也多，这为设计师提供了广阔的发挥空间，针对某种塑料可以选用不同的生产工艺，同种生产工艺也能用于生产不同的塑料。某个产品、某种塑料在生产工艺上有多种选择，设计师一定要有判断力。对于某一件产品的设计内容和该产品的功能结构，肯定有且只有一种最合适的生产工艺，选择其他生产工艺会导致产品细节的偏差或从根本上偏离设计初衷。

图 5-1　塑料件的设计特点
很多时候塑料的外观设计就是结构设计，结构设计能影响外观设计，二者具有统一性。

# 5.1　吹塑

吹塑也称中空吹塑。吹塑是依靠压力气体吹制熔融的塑料原料，使其在模具中最终成型的生产工艺，一般用于加工热塑性塑料。

吹塑是典型的大批量生产塑料产品的工艺，自动化程度较高，成本较低。吹塑所得的中空制品的容量从数毫升到数千升不等，适合吹塑的塑料品种众多，因此吹塑工艺应用广泛（图 5-2）。适用于吹塑的塑料有聚乙烯、聚氯乙烯、聚丙烯、聚酯等。吹塑制品广泛用作包装容器，使用吹塑工艺可以在产品表面制造较粗糙的细节，比如公司标志和凹凸纹样。

根据型坯制作方法，吹塑可分为挤出吹塑、注射吹塑和吹塑薄膜，新发展起来的吹塑工艺有多层吹塑和拉伸吹塑。多数塑料饮料瓶的成型都采用注射吹塑工艺。

## 5.1.1　挤出吹塑

挤出吹塑（图 5-3、图 5-4）需要用到塑料挤出机，相对注射吹塑而言，挤出吹塑省去了

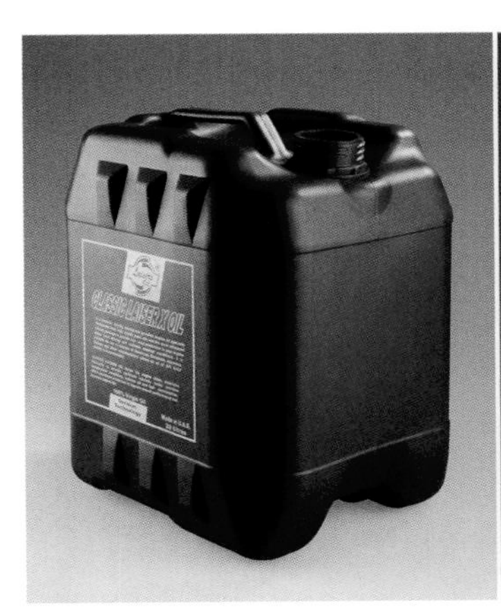

图 5-2　吹塑产品
吹塑工艺多应用于中空容器类产品，这类产品容积范围变化较大，从数毫升到数千升不等。对于中空容器的成型，吹塑几乎是最好、最合适且成本最合理的加工工艺。

【挤出吹塑】

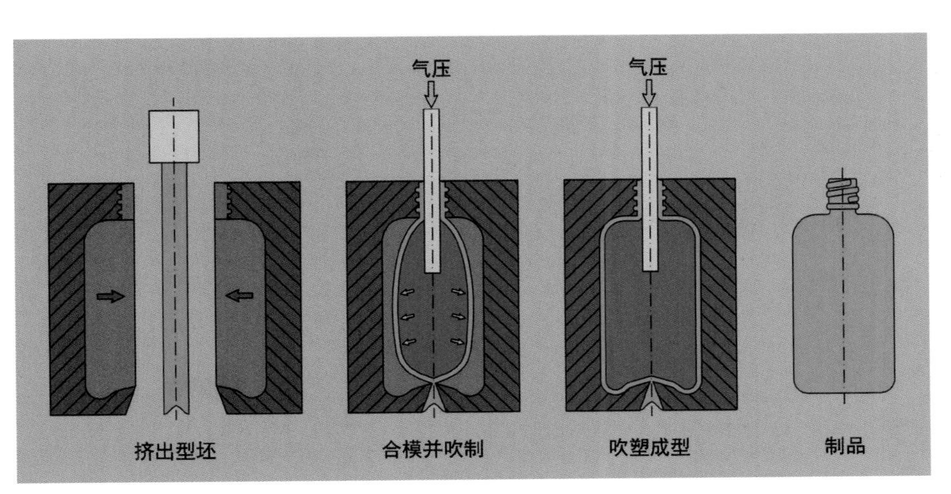


图 5-3　挤出吹塑原理
成型时首先挤出成型一段管材，接着趁热把这段管材夹持在模具中，同时通入压力气体，塑料薄壁在气压作用下扩张并完全贴附在模具型腔内壁，冷却成型后即可取出制品。

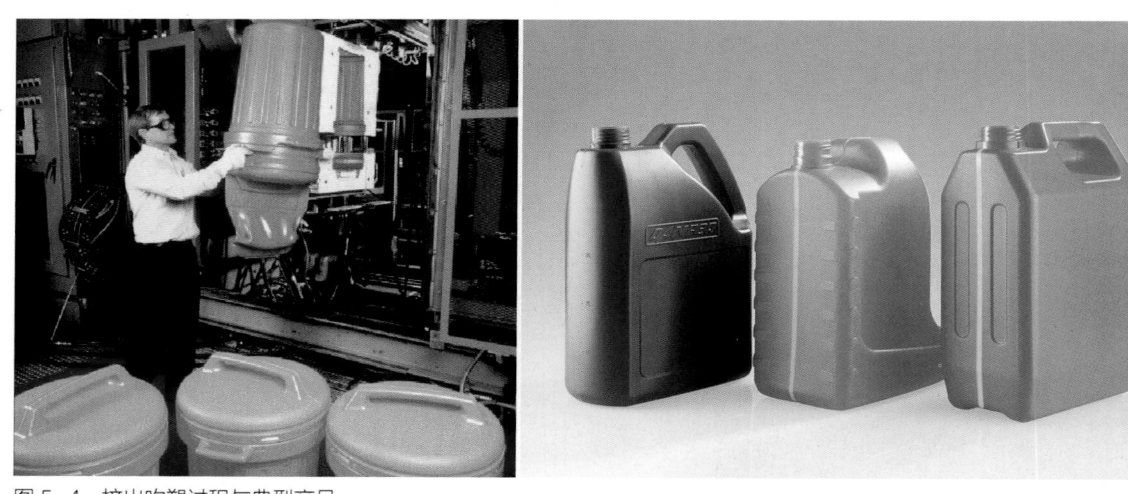

图 5-4　挤出吹塑过程与典型产品
挤出吹塑瓶口的细节精度不如注射吹塑，在脱模后需要去除余料，但它的优点是可以同时挤压多种颜色的原料，形成多色条纹。

注射模具和螺杆式注塑机的费用，因此生产成本相对较低。

## 5.1.2　注射吹塑

注射吹塑（图 5-5）成型方法的优点是制品壁厚均匀无飞边，不需要后加工（图5-6）。由于注射型坯有底，故塑件底部没有拼合缝，制品强度高，产出率高；但设备与模具的投资大，多用于小型塑件的大批量生产（图 5-7、图 5-8）。

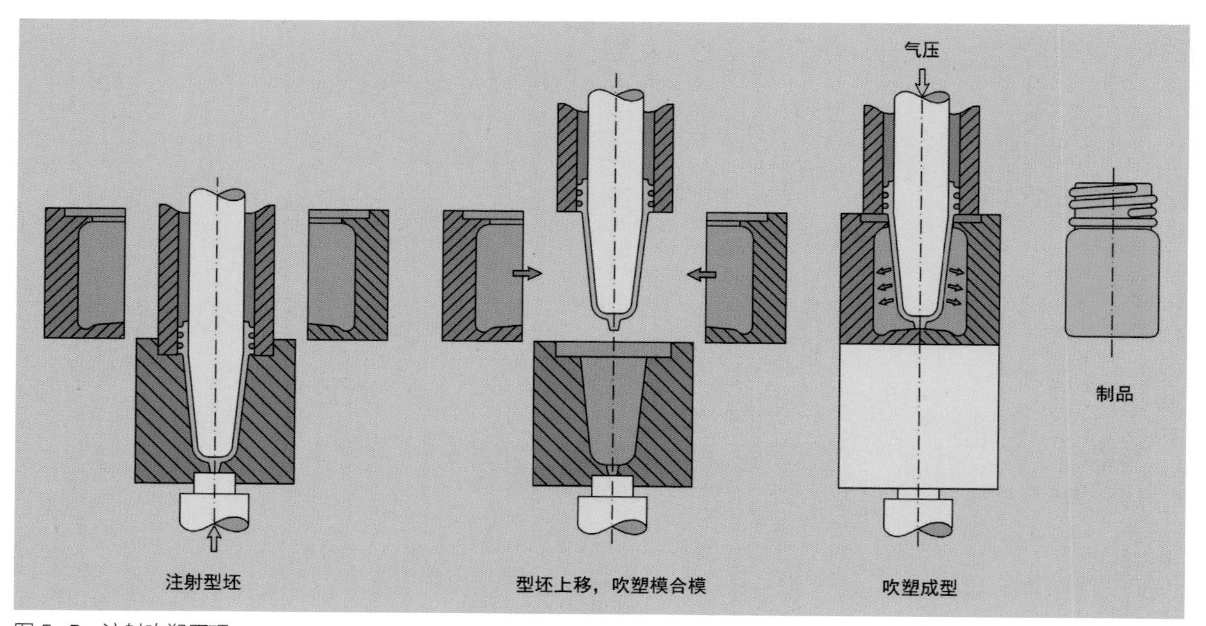


图 5-5　注射吹塑原理
第一步是注射成型半封闭塑料型坯，型坯包括瓶口的螺纹结构；第二步是将型坯从注射模中取出置于吹塑模中，在加热条件下使用压力气体进行吹制，直至塑料膨胀填满整个型腔，冷却后脱模可得制品。

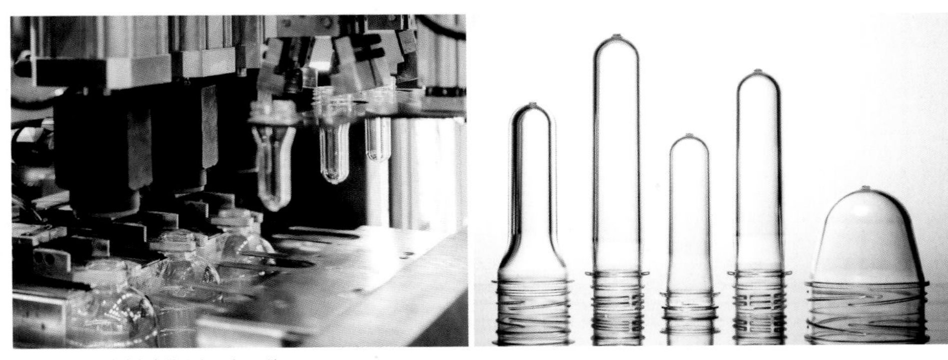

图 5-6 注射吹塑过程与型坯
注射吹塑能够保证吹塑瓶口的成型精度，高精度瓶口能够有效密封液体，因此，注射吹塑适合饮料包装瓶等的生产。换句话说，在综合考虑成本和质量的前提下，适合塑料矿泉水瓶、塑料纯净水瓶等的成型工艺有且仅有注射吹塑这一种。

图 5-7 注射吹塑模具与典型产品
从设计的角度来看，注射吹塑可加入许多产品细节，然而因吹塑的压力不如注射，冷却成型后，材料的收缩会模糊细节特征。此外，因为薄壁受力需要圆润的造型，所以其细节结构不会太清晰锐利。

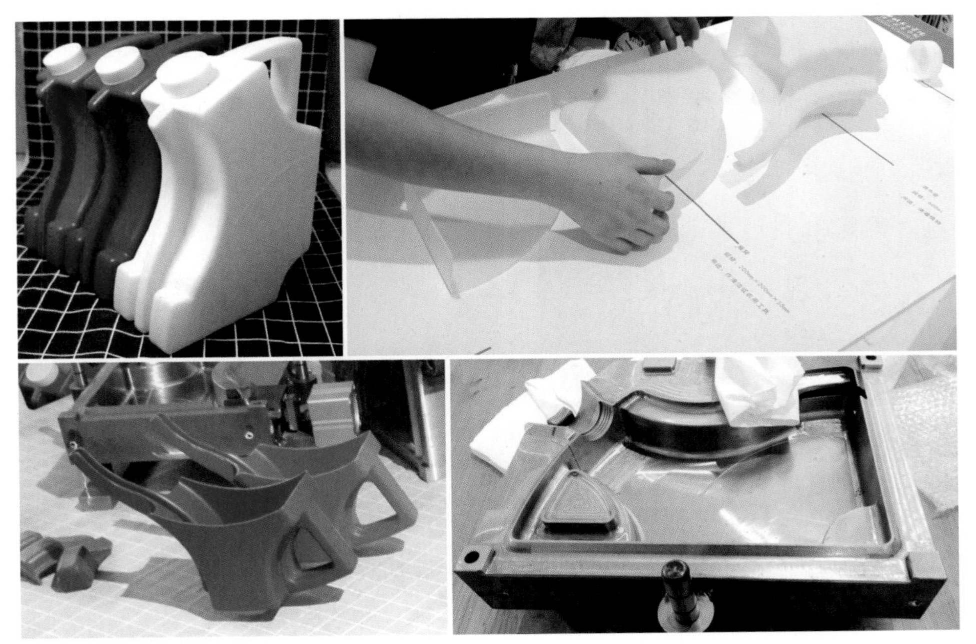

图 5-8 吹塑“剪剪瓶”
图为四川美术学院林倩莹的设计作品《剪剪瓶》。该作品是基于吹塑工艺的创新产品设计，对常见的吹塑瓶进行了再设计，对原本用后即弃的一次性包装产品进行了合理的外观和结构设计。此外，设计者还对瓶身预“分割”，即在瓶身上设计了凹凸线条说明分块结构，沿着这些线条剪切可以得到很多家庭小产品，如浇水壶、量勺、撮箕等。这是一款非常棒的绿色设计作品。

### 5.1.3 吹塑薄膜

吹塑薄膜是塑料薄膜成型方法之一。首先利用挤出机将塑料熔融塑化并挤成薄壁管，然后在牵引装置的作用下，利用熔融塑料良好的塑性，将它吹胀成所要求的厚度，塑料经冷却定型会成为薄膜（图 5-9）。吹塑薄膜和吹塑瓶的差别就在于前者没有定性的模具，成型薄膜的尺寸和厚度都是由温度和压力来控制的。目前，用于吹塑薄膜的原料有聚乙烯、聚丙烯、聚氯乙烯、聚偏二氯乙烯、聚苯乙烯、聚酰胺等。除单层薄膜外，还有多层复合薄膜。

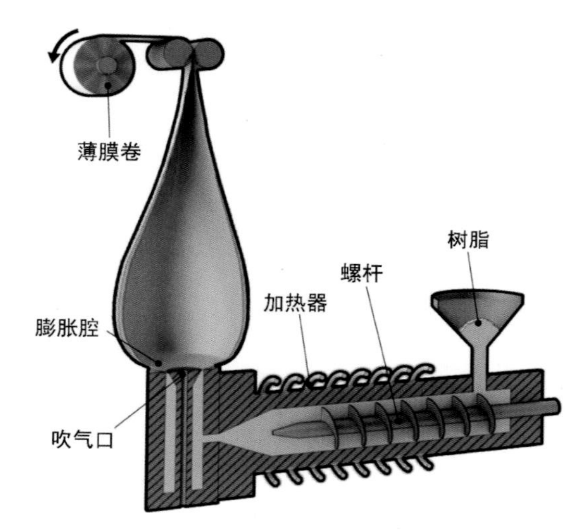

图 5-9 吹塑薄膜工艺
吹塑薄膜制造工艺在原理上和中空制品吹塑十分相似，但它不使用模具。从塑料加工技术的角度分类，吹塑薄膜的成型工艺通常被归为挤出工艺。

与其他塑料薄膜的生产方法相比，挤出吹塑薄膜具有设备简单、投资少、机台利用率高、操作简单、无废边、成本低且便于土法上马等优点。此外，经牵引、吹胀的薄膜力学性能有所提高，因其成品是圆筒形，可省略许多工序直接用于包装。挤出吹塑薄膜的缺点是薄膜厚度均匀性较差、透明度低、冷却速度低，且受冷却速度的限制，卷取线速度一般不超过 10m/min，产量相对较低。

### 5.1.4 吹塑的工艺要素

（1）分型面和飞边：飞边是成型过程中凸显于分型面的制品瑕疵。吹塑成型的分型面一般设置在侧面，成型的制品越大，分型面上的飞边越明显，需手工去除。在制品设计中，也经常采用纵向凹凸筋槽和花纹来掩饰飞边。

（2）收缩：除瓶口外，吹塑制品各部位的尺寸精度要求均不高，其收缩率通常大于注塑成型。因为吹塑模没有型芯，收缩量大，所以不设拔模角也能够脱模。

（3）型坯厚度异化：因为吹制后瓶身的各个部分膨胀度不同，所以最终产品的壁厚会产生差异，要通过调整器型来控制这种差异，也可以在挤出型坯的过程中弱化厚度差异。

# 5.2 热成型

热成型是以热塑性塑料片材为原料加热制造塑料制品的一种工艺，因片材可以通过挤出成型、压延成型等方式获得，所以热成型是一种二次成型技术。

热成型时，先将塑料片加热至软化，再置于模具上，使其在压力的作用下紧贴于模具内腔壁，冷却后即可成型。成型压力可以是机械压力、液压力，也可以是气压力。

热成型的设备成本是注射成型的 1/5 左右，模具成本是注射成型的 1/10 左右，大批量生产的热成型制品成本低，然而总体质量没有注射成型的制品高，壁厚也不均匀。目前，实际生产中采用的热成型方法有数种，最基本的方法包括吸塑（差压成型、覆盖成型、柱塞助压成型、回吸成型）、对模成型、双片热成型（双片复合差压成型）等。

## 5.2.1 吸塑

吸塑是塑料真空成型的通俗叫法，加工时首先将塑料片材加热至软化，然后覆于模具上，同时通过模具表面的小孔抽真空，使得塑料片紧贴于模具表面，冷却后即得到成型制品（图 5-10）。

吸塑成型成本低、工艺相对简单（图 5-11），因此广泛应用于塑料包装的生产。

吸塑工艺成型尺寸范围大，吸塑制品尺寸从数厘米至数米不等，小到皮划艇，大到动车的构件及内饰构件，甚至内衬、仪表台等均可用吸塑工艺生产；其他大型产品如浴缸、家庭整体浴室，也可用吸塑成型工艺生产；此外，家电、灯饰、广告、装饰、体育用品等领域也广泛应用吸塑成型工艺（图 5-12）。

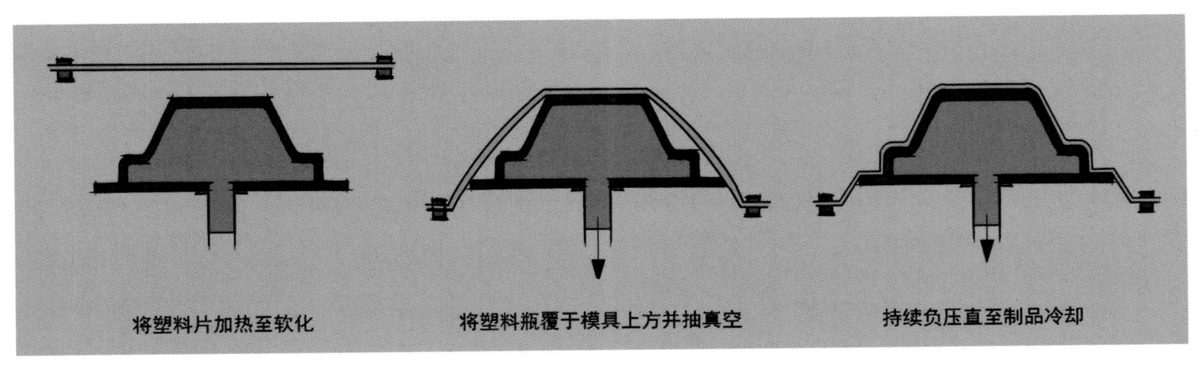


图 5-10 吸塑工艺原理

因为吸塑工艺所需条件相对简单，一般的通用设备都能够投入应用，所以无论手工作业还是机器作业，都容易生产。街边制作广告立体字的店面是一个观察学习吸塑工艺的良好场所。

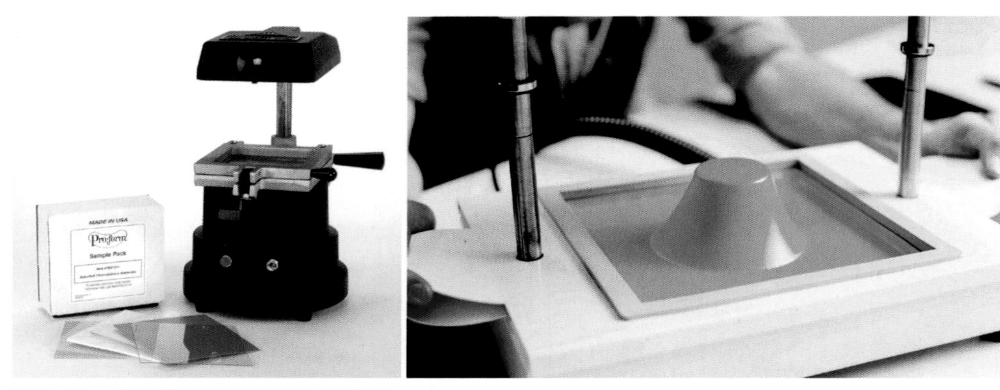

图 5-11 桌面吸塑设备与吸塑工艺实践
实验室可根据教学条件采购成熟的小型吸塑实验设备。这类设备操作简单，可以让学生充分体验到成型过程并掌握成型条件。吸塑工艺是学习设计的整个过程中不可多得的生产制造和实验十分贴近的成型工艺。

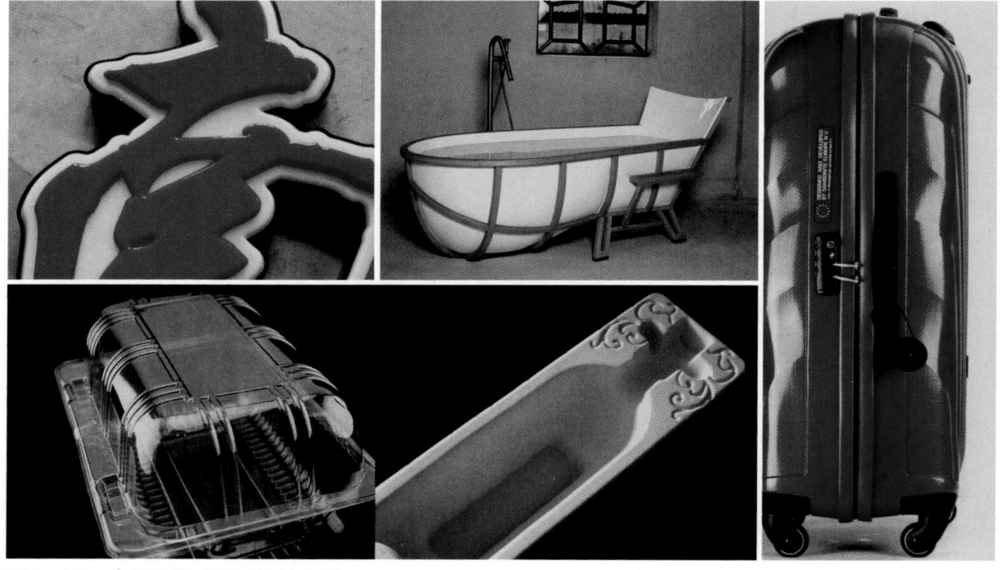

图 5-12 应用吸塑成型工艺的产品
吸塑成型工艺常用在一些对精度要求不高而对外观质量要求较高的产品生产场合。相对于传统的现场切割、拼接装配的方式，吸塑工艺的制品表面没有可见缺陷，没有接缝，几乎不需要后期处理，因此应用较广。

根据吸塑的成型原理，吸塑成型只能生产壁厚比较均匀的产品，不能生产壁厚差异大的塑料制品。小产品包装吸塑的片材最常见的厚度为 0.15～0.25mm，中型及以上制品吸塑成型的壁厚一般在 1～2mm。吸塑成型制品的拉深度受材料自身形变的限制，成型后直径深度比一般不超过 1，极端情况下也不得超过 1.5；此外，吸塑转角处会变薄，不宜设计制作大深度、棱线锋利的产品。吸塑产品会收缩回弹，制品尺寸精度差，相对误差一般大于 1%。

### 5.2.2 对模成型

对模是指凸模和凹模，在凸模和凹模成对的压力和约束作用下的热成型叫作对模成型（图 5-13）。成型时，首先加热片材到足够温度，然后将塑料片材夹持于两模之间，闭合两模并施加一定压力，冷却后即可取出制品。较之吸塑成型后的回弹，对模成型的制品形状和尺寸准确性较高，因此对模成型可用于制作形状较复杂的产品，并可以设计制作精度较高的凹凸图案或纹样。

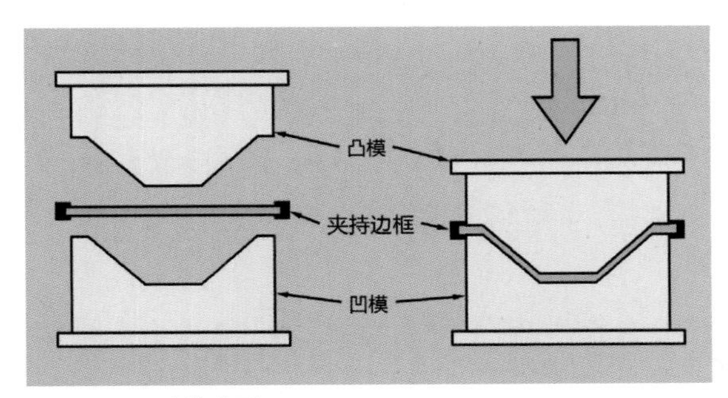


图 5-13　对模成型
对模成型要用到成对的相匹配的模具，因此生产成本更高。对模成型在原理上非常接近模压成型，但二者的原材料品种、形态及工艺条件不同。

## 5.2.3　双片热成型

双片热成型又叫作双片复合差压成型，首先将两块已加热到足够温度的塑料片材放置于半合模具模框上夹紧，然后将吹针插入两块片材之间，通过吹针吹入压缩空气，同时对两半合模进行抽气使其内腔贴合，经脱模修整得到制品（图 5-14、图 5-15）。

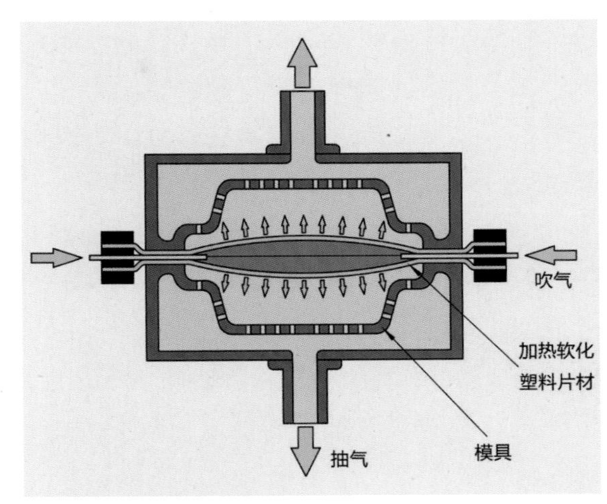


图 5-14　双片热成型原理
双片热成型类似普通的吸塑成型，成型条件和成型过程都很相似，同时也类似吹塑成型。差别在于双片热成型的制品直接就是完整的中空制品，无须装配零部件。

图 5-15　双片热成型产品
从成型工艺原理来看，双片热成型比较容易生产大幅面、浅深度的中空制品。受注塑坯料和挤出坯料的尺寸限制，吹塑在此类产品的生产上不占优势。

## 5.2.4　热成型的工艺要素

工艺要素制约了热成型制品的成型范围，一定程度上决定了热成型制品的设计规则，是设计过程中必须把握和考虑的问题。热成型的工艺要素如下：

（1）制品收缩。热成型制品有较大的收缩率，整个成型过程中制品的累计收缩率有 3.0%～6.0%。

（2）尺寸精度。热成型制品的尺寸通常比注塑件要大，形变后的制品尺寸精度较低，所以热成型工艺通常不能用于精密成型。

（3）切边。片材周边需要夹持和夹紧，设计时应留下所需的边缘，待制品硬化后需切除边缘；小批量生产时可以用铣刀修除，大批量生产时可以用冲模切除。

### 5.2.5 热成型制品的设计要点

热成型制品设计要点如下：

（1）热成型制品无分型面，无溢料、无飞边，也无浇口痕迹；有加持边缘，无顶杆痕迹。因此，热成型工艺适用于对外观质量要求较高而对尺寸精度要求不高的产品。热成型制品表面有光面与毛面的区别，一般来讲，与金属模贴合的面更粗糙，在设计的过程中需要注意这一点。

（2）热成型制品的转角半径一般不小于被加工片材厚度的 4～5 倍，通常选取较大值。

（3）热成型制品应设计足够的拔模角度，对单凸模成型，可选 2°～3°，对单凹模成型可选 0.5°～1°。

（4）热成型制品壁厚不高，在其底平面上设计浅槽、花纹和标志可提高制品刚性。

（5）热成型制品侧面可设计纵向浅槽以提高制品刚性。

（6）因制品收缩，横向环形浅槽脱模困难。

（7）热成型壳体开口周边设计凸缘可增加刚性，凸缘可以作为制品的手持结构，也可以作为片材成型的工艺性结构，有夹持、压紧等作用。

（8）由成型原理可知，热成型制品上不能有开孔和切槽，这种形态特征需在后一步工序中完成。

（9）由于热成型的制品尺寸精度低，因此通常不能用于重要的装配场合，但可以通过后期加工来提升制品精度，比如冲切边缘、包覆装饰材料等。

## 5.3 挤压

挤压又叫作挤出，针对塑料成型的挤压又叫作“挤塑”。挤塑通常采用螺杆塑料挤出机进行成型，挤出机在加热塑料粒状原料的同时，通过螺杆旋转将塑料从特定形状的模口挤出，使之在空气或水中冷却定型（图 5-16）。挤压可实现连续化生产，因此可以生产各种连续制品，如管材、型材、板材、片材、薄膜、电线电缆包覆、橡胶轮胎胎面、内胎胎筒、密封条等。挤塑的生产效率非常高，在连续材料生产上有无可替代的优势（图 5-17）。

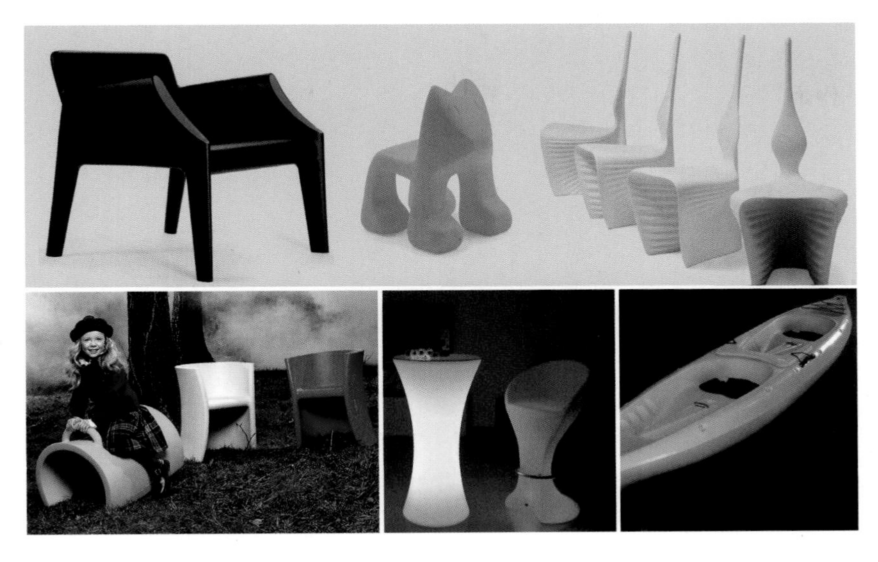

图 5-28　滚塑产品案例
相较于吹塑成型、搪塑成型，滚塑成型的制品表面质量要高很多，力学性能也更好，可用作高端产品，而不只是作为容器来使用。

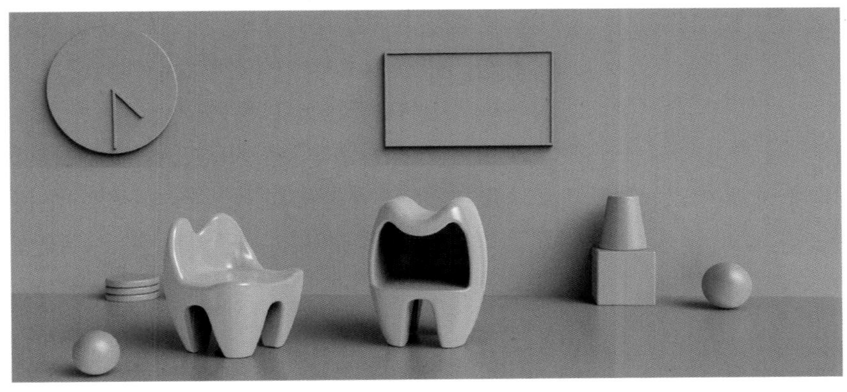

图 5-29　滚塑成型产品设计案例
图为四川美术学院赵利平的设计作品。该设计作品是一组基于滚塑成型工艺的儿童家具产品。滚塑产品成型后强度非常高，同时不包含薄片、尖角结构，自带色彩，无须喷漆，整个设计是对儿童实实在在的呵护且充满童趣。

# 5.8　发泡

发泡是让材料生成夹气或气泡的工艺，发泡后的制品为泡沫材料。工业上的发泡工艺包括挤出发泡、注塑发泡、模塑发泡、压延发泡、粉末发泡和喷涂发泡等，其中注塑发泡是最重要的成型方法（图 5-30）。

热塑性塑料和热固性塑料都可以发泡为泡沫塑料。

塑料的发泡方法根据所用发泡剂可分为物理发泡法、化学发泡法和机械发泡法 3 大类。

（1）物理发泡法就是用物理方法使塑料发泡。
① 物理发泡法的方法。
A. 先使惰性气体在压力下溶于塑料熔体或糊状物中，再减压释放出气体，塑料经冷却凝固后形成气孔完成发泡。

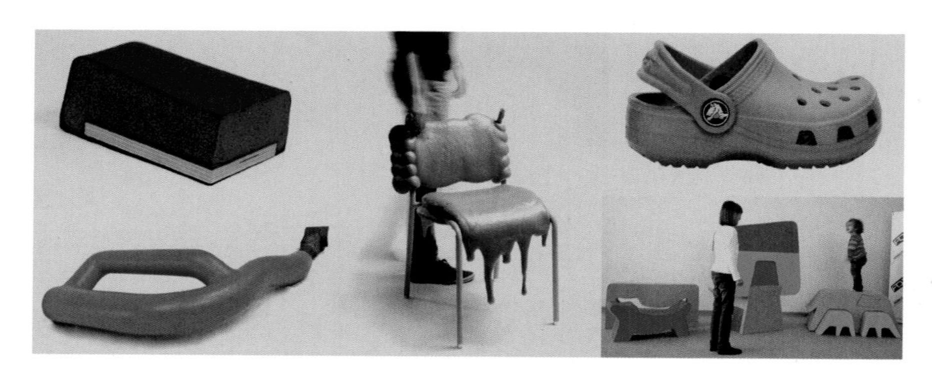

图 5-30 发泡产品
发泡工艺多用于产品的软性包覆、包装缓冲，也可以直接生产最终产品。

B. 加热蒸发溶入聚合物熔体中的低沸点液体，使之汽化而发泡。

C. 在塑料中添加空心球，使之形成发泡体而发泡。

② 物理发泡法的特点。
A. 物理发泡法所用的物理发泡剂成本相对较低，尤其是二氧化碳和氮气，不仅成本低，还能阻燃，而且无污染，因此应用价值较高。

B. 物理发泡剂发泡后无残余物，对发泡塑料的性能影响不大。

C. 物理发泡需要专用的注塑机及辅助设备，技术难度很大。

(2) 化学发泡法是利用化学方法制造气体使塑料发泡，如加热塑料中的化学发泡剂，使之分解并释放出气体而发泡；另外，也可以利用各塑料组分之间的化学反应释放出气体而发泡。采用化学发泡剂的塑料注塑工艺与一般的注塑工艺基本相同，树脂的加热升温、混合、塑化及大部分的发泡膨胀都是在注塑机中完成的。

(3) 机械发泡法是通过机械运动如搅动、吹气泡等向材料内部注入气体完成发泡。

## 5.9 注塑

【注塑】

注塑又称注射成型，此法能加工外形复杂、尺寸精度高或带嵌件的制品，生产效率高。绝大多数热塑性塑料和某些热固性塑料（如酚醛塑料）均可用此法加工。

### 5.9.1 注塑原理

注塑利用的是液体成型的原理，壁厚、圆角等细节的设计可以参考铸造工艺。由于塑料的流动性较差、粘度较大，不能自由流动填充型腔，所以需要通过加压的方式填充型腔（图 5-31）。

注塑机可以分为柱塞式和螺杆式两大类，但总体上都由注射系统、锁模系统组成（图 5-32）。

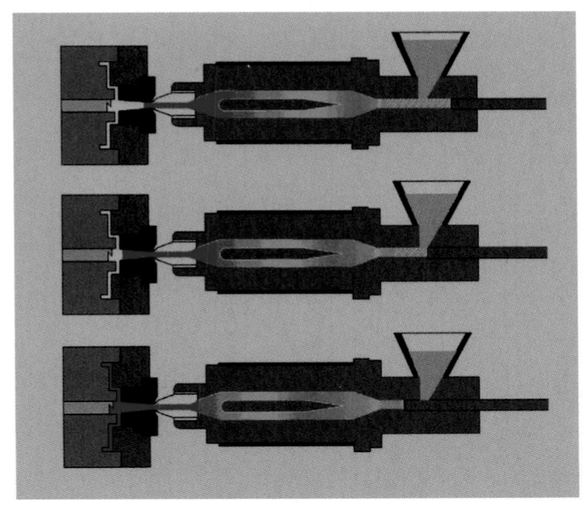

图 5-31　注塑原理
注塑是塑料在注塑机加热料筒中塑化后，由柱塞或往复螺杆注射到闭合模具的模腔中形成制品的塑料加工方法。

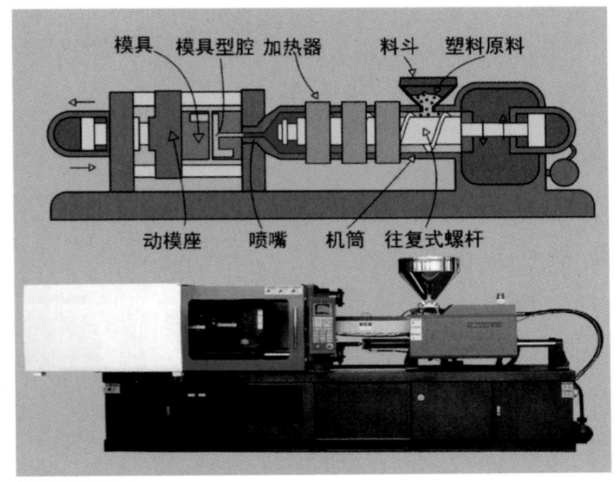


图 5-32　往复式螺杆注塑机
往复式螺杆注塑机可在全自动条件下完成注射成型。

## 5.9.2　注塑工艺的分类

(1) 排气式注塑：排气式注塑应用的排气式注射机，在料筒中部设有排气口，与真空系统相连接。当塑料塑化时，真空泵可将塑料中含有的水汽、单体、挥发性物质及空气经排气口抽走；生产时原料不必预干燥，可提高生产效率，提高产品质量，特别适用于易吸湿的材料的成型。

(2) 流动注塑：流动注塑时塑料原料在注射机螺杆的作用下，不断塑化并挤入有一定温度的模具型腔内。塑料充满型腔后，螺杆停止转动，借螺杆的推力使模内物料在压力下维持固定形态适当时间，然后冷却定型。流动注塑成型突破了生产大型制品的设备限制，它是挤出和注射相结合的加工工艺。

(3) 共注射注塑：共注射注塑成型是采用具有两个或两个以上注射单元的注射机，将不同品种或不同颜色的塑料原料同时或先后注入模具的方法。具有代表性的共注射成型是双色注射和多色注射。

(4) 无流道注塑：模具不设置分流道，流道内的塑料保持熔融流动状态，在脱模时不与制品一同脱出，因此制件没有流道残留物。无流道成型节省原料，减少工序，可以实现全自动生产。

(5) 反应注塑：反应注塑是一种成型过程中有化学反应的工艺，将两种或两种以上液态单体或预聚物，以一定比例分别加入混合头中，混合均匀后注射到闭合模具中，使材料在模具内聚合固化、定型成制品。

(6) 热固性塑料的注射成型：反应注射成型可以完成热固性塑料的注射成型，也可以将热固性树脂粒状或团状原料，在严格控制温度的料筒内通过螺杆的作用塑化成粘塑状态，再在较高的注射压力下，将物料置于一定温度范围的模具内使其交联固化。

## 5.9.3　注塑的工艺控制

注塑的重要工艺条件是影响塑化流动和冷却的温度、压力和相应的作用时间（图 5-33）。

(1) 温度控制。每一种塑料都有不同的流动温度，同一种塑料，由于来源不同、生产批

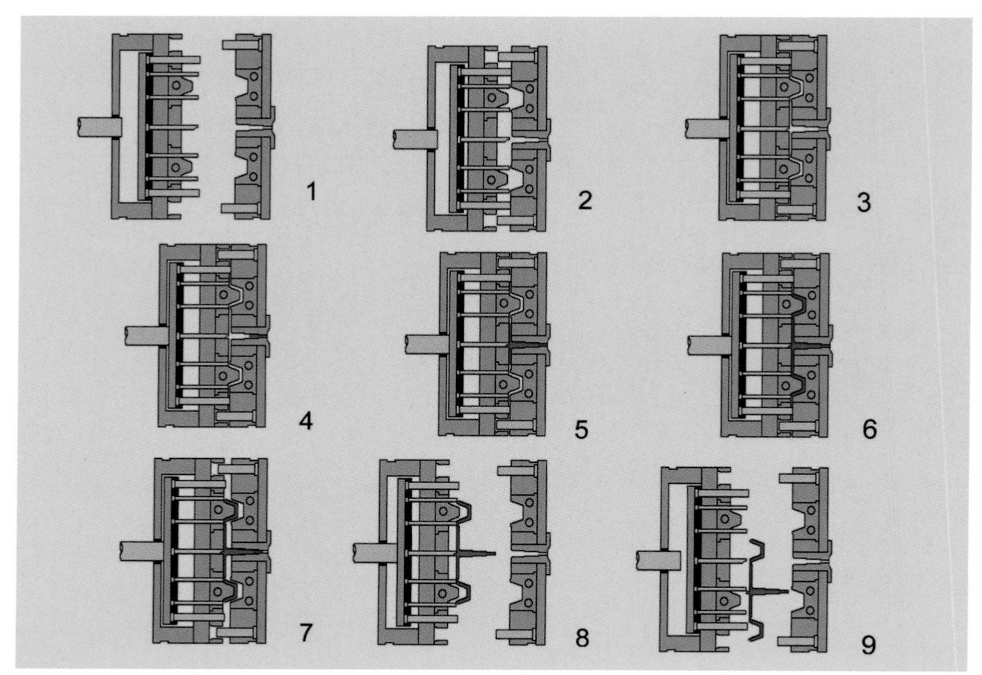

图 5-33 注塑制品从注射到脱模的完整过程
注射模具靠近动模并合模、锁定，注射机向型腔注入塑料原料；冷却后动模开启，塑料制品留在动模端；制品在顶杆的作用下被顶出模具。

次不同，其流动温度及分解温度是有差别的，因此应选择不同的料筒温度。

(2) 压力控制。注塑过程中的压力包括塑化压力和注射压力两种，直接影响塑料的塑化过程和制品质量。使用螺杆式注射机时，螺杆顶部熔料在螺杆转动后退时所受到的压力称为塑化压力，也称背压。这种压力的大小是可以通过液压系统中的溢流阀来调整的。一般操作中，在保证制品质量的前提下，塑化压力越低越好，其具体数值随所用的塑料的品种而变化。

(3) 成型周期控制。完成一次注射模塑过程所需的时间称成型周期，也称模塑周期。在生产时，应在保证质量的前提下，尽量缩短成型周期中各个环节的时间。

成型周期包括注射时间和冷却时间，它们对制品的质量均有决定性影响。注射时间包含充模时间和保压时间。充模时间一般为3～5s。保压时间是维持型腔内塑料的压力的时间，在整段注射时间内占比较大，一般为 20～120s（特厚制件可高达 5～10min）。在浇口处的熔料封冻之前，保压时间对制品尺寸的准确性有影响，在封冻以后则无影响。冷却时间主要取决于制品的厚度、塑料的热性能、塑料的结晶性能及模具温度等。确定冷却时间的终点，应以保证制品脱模时不发生变形为原则。冷却时间一般在 30～120s 之间，无须延长冷却时间，因为这样不仅会降低生产效率，而且会造成复杂制件脱模困难，强行脱模时甚至会产生脱模应力。

## 5.9.4 注塑模具的结构

注塑模的基本结构包含定模和动模两大部分（图 5-34），定模部分安装在注塑机的固定板上，有注口和流道等系统；动模部分安装在

# 第6章 凝固创想——注塑产品结构、工艺与设计

教学目标：

（1）熟悉注塑产品模具简图。

（2）了解注塑产品结构设计、生产工艺技术细节与外观设计之间的统一关系。

（3）掌握注塑产品13项结构工艺性技术细节，并将其熟练应用于具体的设计过程中。

（4）熟悉注塑产品设计过程线路。

（5）了解注塑成型的各种缺陷及解决方法。

教学要求：

| 知识要点 | 能力要求 | 相关知识 |
| --- | --- | --- |
| 模具简图 | （1）学会用工程制图的方式简单表达注塑件和模具之间的关系；<br>（2）学会用模具简图分析注塑工艺的可行性 | 工程制图 |
| 结构工艺性技术细节 | （1）充分认识和理解注塑工艺的13项工艺性技术细节；<br>（2）熟悉注塑产品的设计过程，学会在产品设计过程中应用注塑工艺的工艺性技术细节；<br>（3）初步具备对基于注塑工艺的工艺性技术细节进行创新设计的能力 | 计算机辅助工业设计<br>薄壳结构<br>薄壁折叠结构 |
| 注塑缺陷 | （1）了解注塑产品的缺陷；<br>（2）初步具备从制品缺陷中筛选来自设计过程的原因及规避相关问题的能力 | 皲裂 |

注塑类产品以其无可比拟的质量和成本优势主导了塑料成型工艺。注塑工艺因其在产品成型方面的优势而具有广阔的发展空间。外壳、支架及某些小型机械的零部件等均可采用注塑工艺，全塑的产品也很常见。因此，注塑产品的设计不应局限于外观造型，应从工程的角度把握其结构设计。

# 6.1 注塑产品结构、工艺与设计

产品设计过程中，从设计之初就要着手考虑产品的结构与工艺，并对其进行研究。通过画模具简图（图 6-1）来分析产品是一种很好的设计习惯。

## 6.1.1 拔模角度

拔模角度也称拔模斜度、起模斜度，是制品脱模方向的侧壁与脱模方向的轴向成一定夹角的一种设计规范（图 6-2）。因为材料会冷却收缩，所以要在制品侧壁加入斜度，收缩会导致制品裹覆型芯并造成脱模困难（图 6-3）。通常情况下，如果不给制品设计拔模角度或者设计的拔模角度过小，都会导致生产过程中拔模阻力过大，制品常会被脱模结构顶裂、顶变形或擦伤，废品率升高，产品质量下降（图 6-4）。

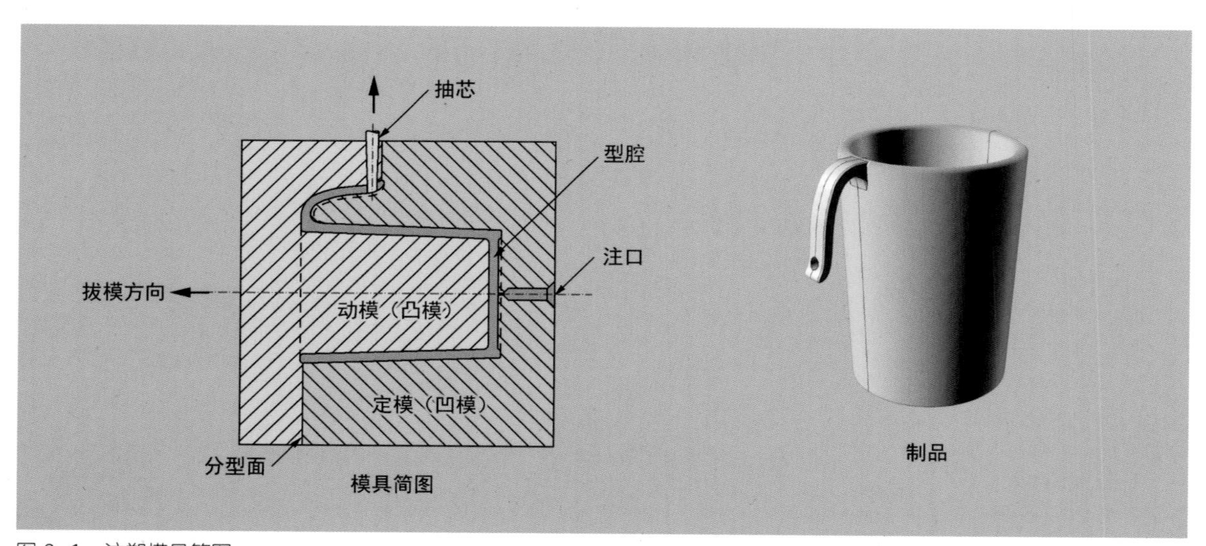


图 6-1　注塑模具简图

注塑模具简图是一种设计表达图样，用以判断制品是否符合生产工艺，判断结构设计是否符合脱模原理，确定浇口、分型面等对外观质量的影响，确定侧分型和抽芯，客观评价工艺优劣及生产成本。

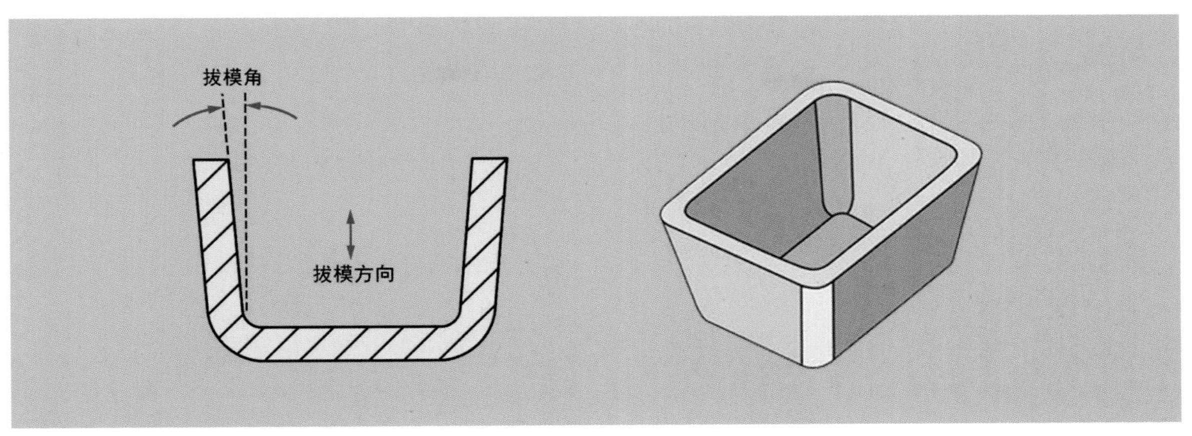


图 6-2　注塑制品拔模角度
拔模角度的存在，使得注塑制品呈“开口大，底部小”的形态。

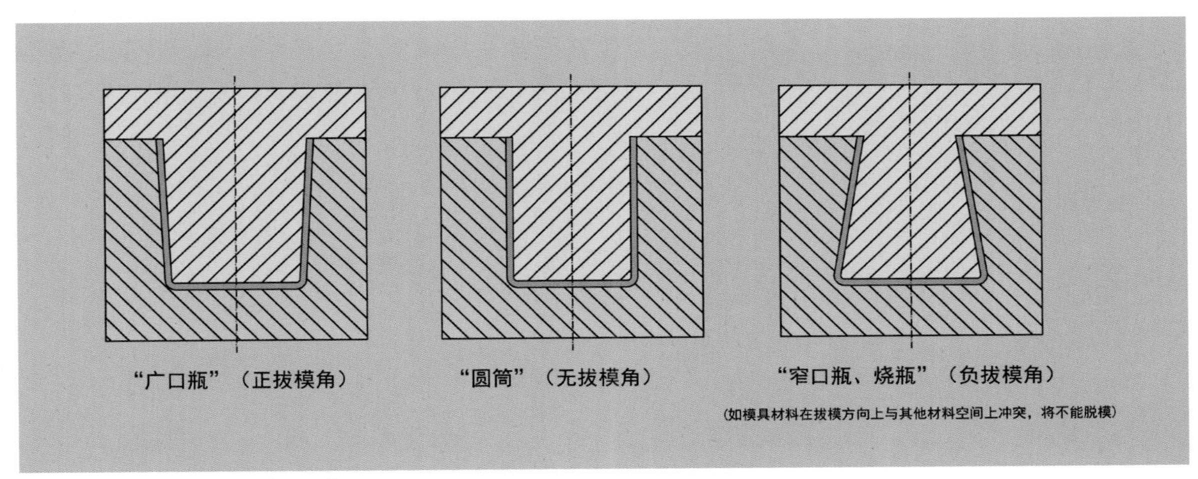


图 6-3　拔模角度带来的造型规范
拔模角度是一种造型的技术规范。

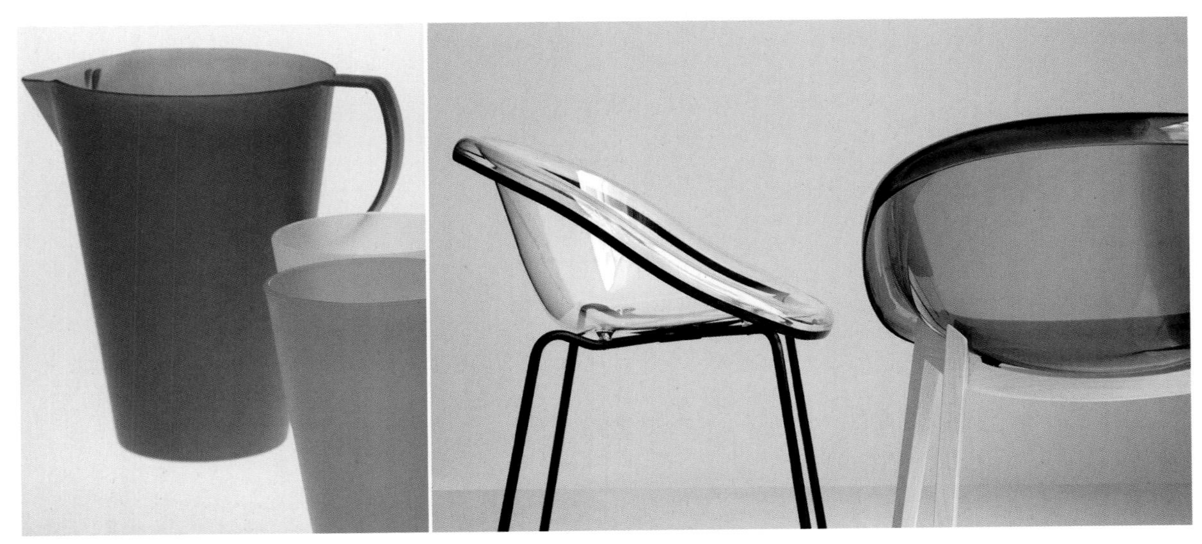

图 6-4　典型注塑产品与拔模角度
注塑产品并不是千篇一律的，在拔模角度等条件的限制下，产品也有其个性。

当然，有时也不设计拔模角度。如果制品高度不高，即在拔模方向上制品表面长度不大，或尺寸精度要求较高，或为了解决开模时制品的去留问题，有时在制品的某一特征面上不仅不设拔模角度，甚至还要设计与拔模方向相反的角度。

拔模角度没有精确的计算公式，设计过程中可以借鉴经验数据（表 6-1）。

**表 6-1　材料与拔模角度**

| 材料 | 拔模角度推荐值 |
| --- | --- |
| 聚乙烯、聚丙烯、软聚氯乙烯 | 30′～1° |
| ABS、尼龙、聚甲醛、氯化聚醚、聚苯醚 | 40′～1°30′ |
| 硬聚氯乙烯、聚碳酸酯、聚砜、聚苯乙烯、有机玻璃 | 50′～2° |
| 热固性塑料 | 20′～2° |

拔模角度值的设计 / 选取原则:

（1）设计对尺寸精度和外观要求不高的产品，可以适当选取较大的拔模角度，以便于制品脱模，实际上也提升了外观质量。

（2）收缩率越大的材料，包裹型腔凸起部分的力量越大，那么制品的拔模角度也应当越大，以减少脱模力。

（3）壁厚越厚则收缩率越大，相应要加大拔模角度。

（4）热固性塑料拔模角度高于热塑性塑料。

（5）（纤维等）增强塑料的拔模角度应取大值。

（6）润滑性较好的材料，拔模角度取小值，含有润滑剂的材料也取小值。

（7）大尺寸制品脱模时产品侧壁易变形，拔模角度可以相应减小；而当制品脱模角度很小的时候，因为侧壁与型腔凸起部分的接触面积小，包裹力小，所以可以不设计拔模角度。

（8）如果要求拔模后制品保持在型芯一边，可将制品内表面的拔模角度设计得小于外表面。

对曲面而言，拔模角度是沿着曲面表面的动态变化的量，这导致设计者不容易找到最小的拔模角度的位置，从而影响制品的脱模效果。计算机辅助工业设计软件一般有检测拔模角度的功能，设计者可以据此找到制品的最佳分型线（图 6-5）。

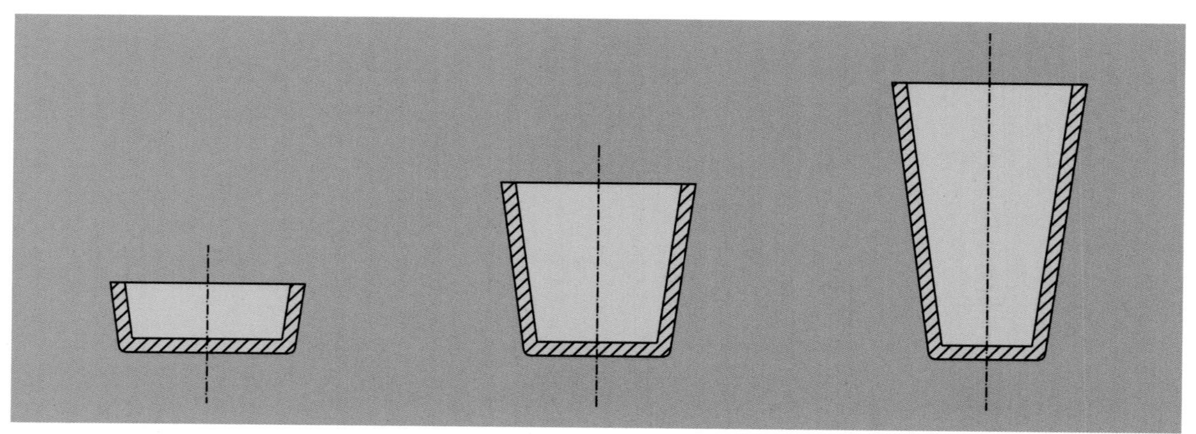

图 6-5　拔模角度与产品造型设计

图中三个杯子具有相同的开口尺寸，相同的拔模角度，然而观感差异巨大。拔模角度的存在，使得杯子随着深度的增加，逐渐变得纤细（开口直径不变的情况下）。这种情况是设计师始料未及的。

### 6.1.2 分型面、分型线与制品设计

分型面的设计非常重要，一方面，如果分型面不正确，产品将不能脱出；另一方面，注塑模或其他模具至少由两个部分拼接而成，而拼接处不可能做到绝对平整，也不可能完美拼合，实际上是有细小的缝隙存在的。在完成注射成型后，制品的相应位置会有细小的边突起线条，形成明显的分型线（图 6-6）。如果模具质量不高，则有可能产生溢边（图 6-7）等缺陷。所以，需要选择合适的位置设计分型面，以保证缺陷出现在制品外观不重要的地方。明显的分型线和溢边可以通过手工削除，也可以通过打磨去除，然而不管怎么操作，终究会多出一道工序，也会增加一些成本。

不同的产品模具设计并不相同，所以分型线的位置也不同，可以设计合理的制品造型，也可以让分型线处于设计师的把控范围内（图 6-8）。同时，复杂的制品形态可能会有

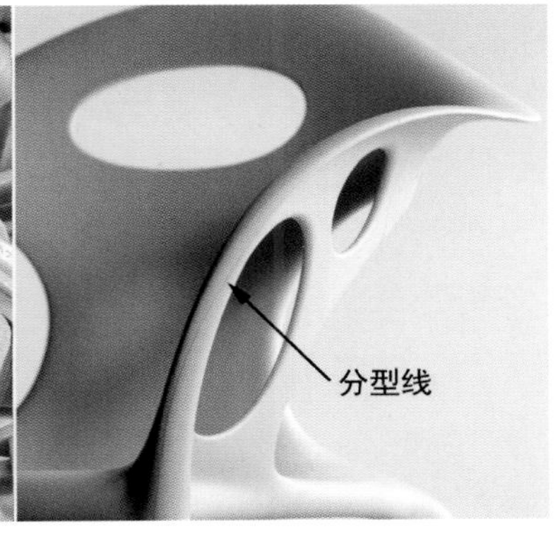


图 6-6 分型线
注塑制品的分型线往往呈现在制品的表面，甚至外凸的最显眼的地方，因此设计师需要考虑如何合理设计分型面。

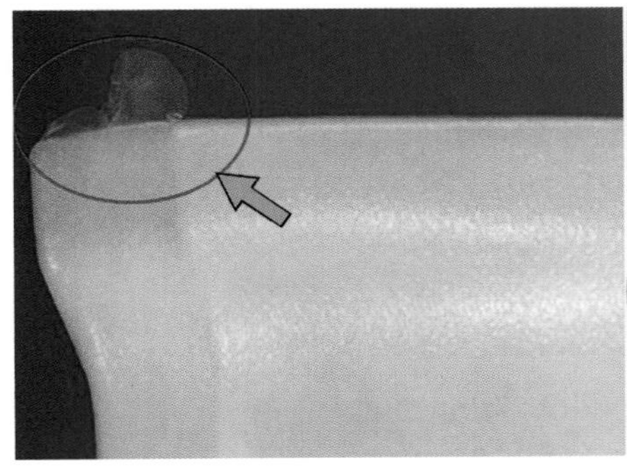

图 6-7 分型线和注塑溢边
精度不高的模具会使制品带有比较明显的分型线，严重的时候会影响制品外观；而粗糙的模具甚至会在分型面处产生溢边，这是不可容忍的产品缺陷。

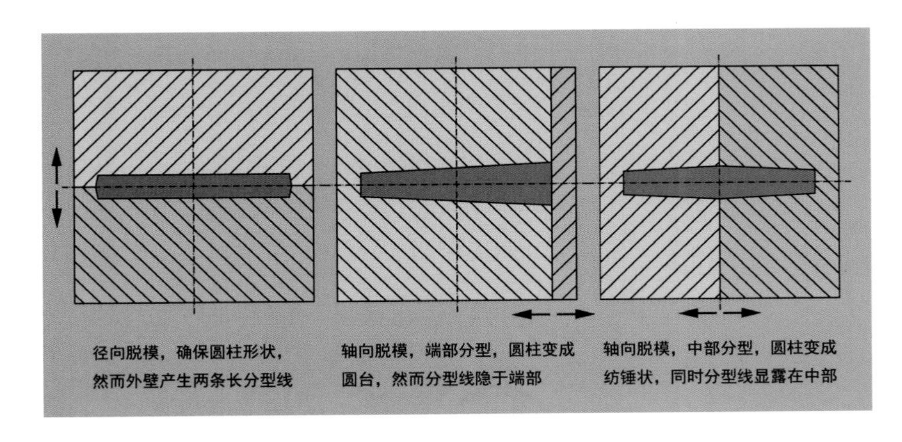


图 6-8 分型线与外观设计
由于引入了拔模角度和分型线这两个技术参数，产品外观设计受制约甚至无解。如果制作标准的圆柱结构，最好的生产工艺是挤出，而不宜采用注塑。

多个分型面，合理的设计可以适当减少分型面，也会减少分型线。

分型面的设计直接影响产品质量、模具结构和操作的难易程度，是决定模具设计成败的关键因素。

确定分型面时应遵循以下原则:
(1) 应尽量选取结构简单的制品和模具，避免或减少侧向分型，避免采用异型分型面，减少动、定模的修配，以降低加工难度（图 6-9、图 6-10）。

(2) 便于塑件脱模。如开模后尽量使塑件留在动模边以利用注塑机上的顶出结构，避免侧向长距离抽芯，以减小模具尺寸等。

(3) 保证产品的尺寸精度。如尽量把有尺寸精度要求的部分设在同一模块上，以减小制造和装配误差等。

(4) 不影响产品的外观质量。分型面处不可避免会出现飞边，因此应避免在外观光滑面上设计分型面。

(5) 保证型腔的顺利排气。分型面应尽可能与最后充填满的型腔表壁重合，以便于型腔排气。

分型线选取（设计）的案例见图 6-11。

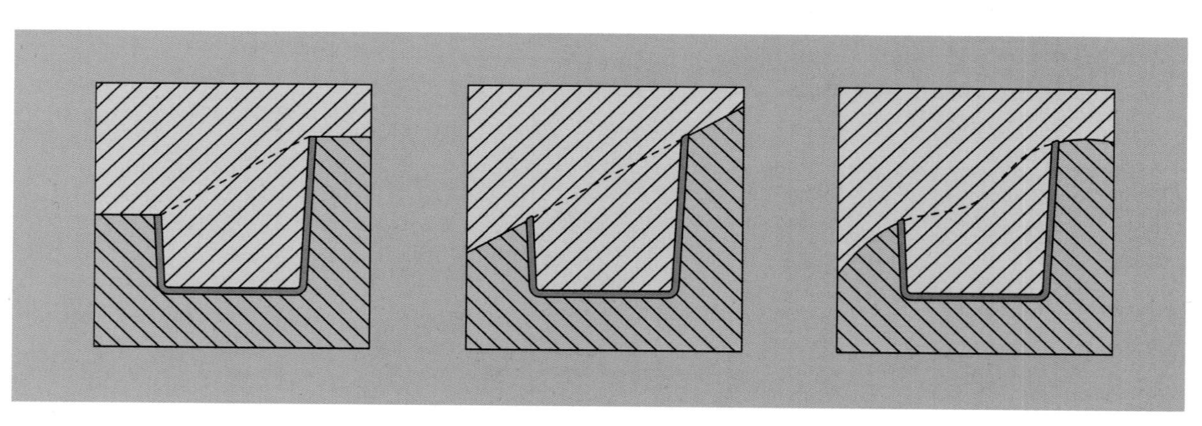

**图 6-9、图 6-10　由制品设计带来的不规则分型面**
成熟设计产品的风格往往比较平和，产品设计过于强调个性可能会提高制品造价。比如，非平面型的分型面会提高整个模具的价格。上图为斜边杯口模具简图，分型面的选择有多种方案，然而就每种方案而言，模具的造价都不会太低。下图为数控加工模具型芯。

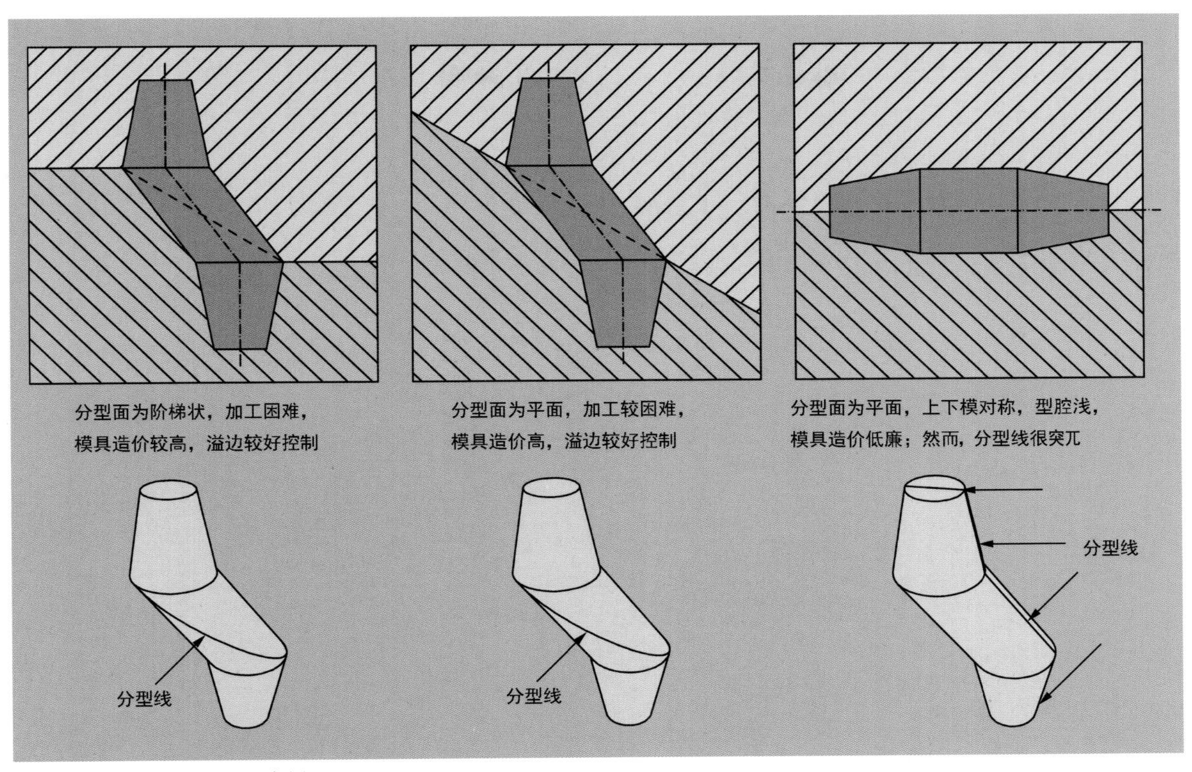


图 6-11　分型线选取实际案例
虽然分型面的选取是在工程设计的阶段进行的，但是设计师必须敏锐地认识到分型面选择给产品设计本身带来的影响。在综合考虑模具造价和制品质量的前提下，工程师一般会选择稳妥的技术方案。

### 6.1.3　分模线

当某个塑料制品因形态或结构原因，不能用一个（套）模具完成成型时，需要先将该制品拆分成数个零件进行成型，然后将其装配起来（图 6-12）。将该制品拆分成零件的分界线叫作分模线，而分型线则是单个零件外表由模具分型面产生的痕迹线，二者有区别。

图 6-12　单模成型与分模成型
无论多么复杂的注塑产品，只要是开放性的结构，设计得当都可以做到只需要一副模具即可以成型（如左图）；而对于中空结构的注塑产品，必须通过合理的手段将之分割成开放结构，分割后会产生零部件，每个零件都需要用一副独立的模具来成型（如右图）。

注塑产品设计、生产的难易程度取决于连接结构的设计、装配过程、外观质量控制等方面。因此，分模线有时是衡量产品是否值得投产的决定性因素。分模线的划定与设计决定了整个注塑形体成型的工艺设计、生产的难易程度，决定了注塑零件的数量及所需模具的套数，一定程度上也就决定了生产成本；而分型面（线）则决定了单个零件的结构设计和外观质量，也决定了单个模具的生产成本。

分模线的选取（设计）案例见图 6-13、图 6-14。

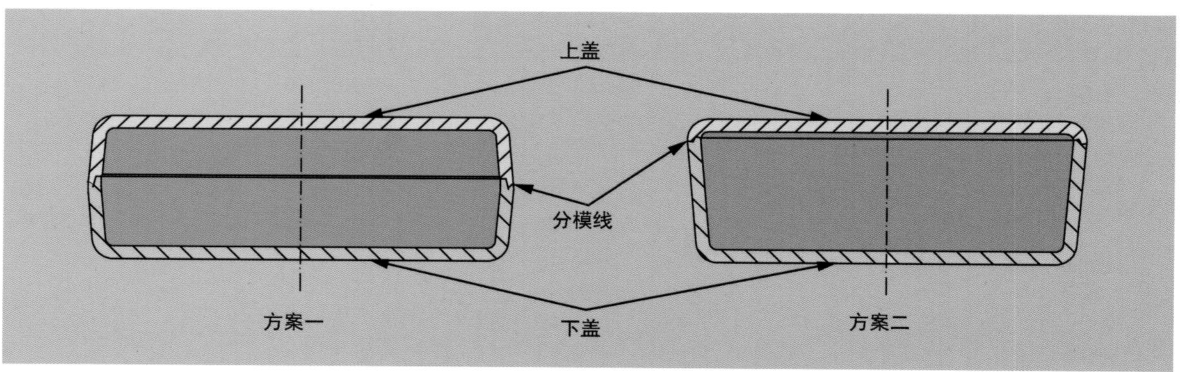


图 6-13　分模线的选取案例
如果是相同的宽度与厚度，在拔模角度和其他设计原则的影响下，不同位置的分模线给最终产品带来的视觉感受是不同的，设计师应根据所需产品效果设置分模线。

图 6-14　分模线的设计
好的分模线兼顾外形、运动空间和生产成本。因此，拆分板块、划分分模线是设计中期必要的工作之一。

## 6.1.4　薄壁构造

从力学的角度来看，材料堆积并不能完全起到对结构的加强作用；相反，如果材料过度堆积，重力作用也许会破坏整个结构。把材料用到合适的地方才是我们应当着重考虑的事，一般来讲，薄壁构造如果设计得恰当，在节省材料和成本的同时，也可以提高外观质量。塑料件特别是塑料成型的制品的设计也应遵循这一原则（图 6-15）。

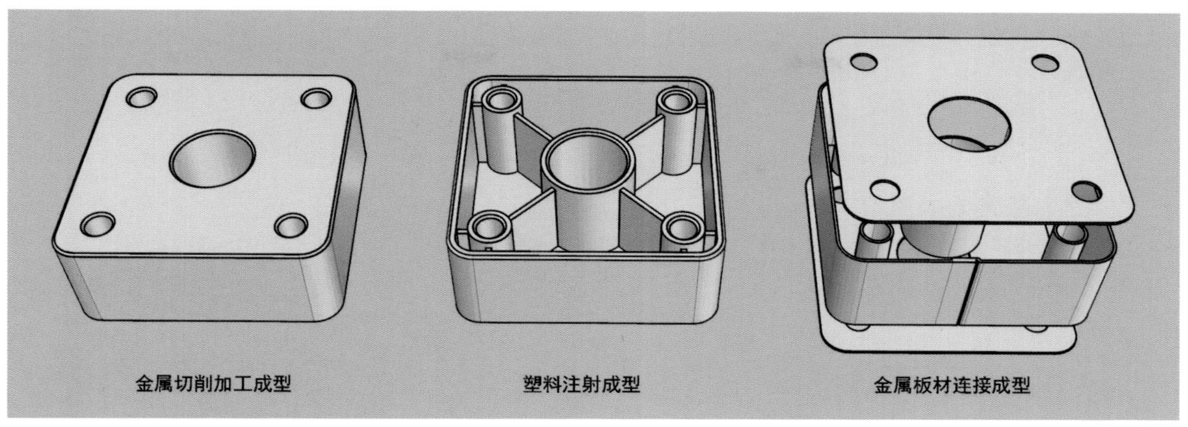


图 6-15　几种成型方式的设计细节对比
对于同样的造型特征，切削成型、注塑成型和连接成型的设计方法是不同的。对切削成型而言，切削加工量和加工工时决定了加工成本，因此加工量越小越好；对注塑成型而言，零件是一次性脱模而成的，细微的结构并不会提升单次注塑的成本，同时薄壁结构降低了材料消耗量，也降低了成本；连接成型制品由多个部分组成，成型过程复杂，成型质量不如前两者。

塑料在凝固后会收缩，会影响产品外观甚至产生缺陷，比如产生缩松和缩孔、塑料的力学各向异性和松弛现象等。因此，在设计注塑件的过程中，要设计相应结构以减轻或消除此类缺陷。注塑件壁厚的轻薄化和均匀化就是为了规避材料收缩后在外表面产生的收缩缺陷。

在设计过程中，一开始就将塑料结构做成薄壁结构是不容易的，通常可以先根据功能特征完成实心构造，再对其进行薄壁化处理，“剔除”多余材料，在计算机辅助工业设计中，这一技术叫作“抽壳”(图 6-16)。

抽壳的计算依据是在保留使用特征的前提下，根据设定壁厚去除多余材料。壁厚是根据制品的尺寸、功能、材料性能、造价等因素来确定的，最合理的方法是从优秀的案例中借鉴数据，可以参见表 6-2。

“抽壳”的常用方法和实际案例见图 6-17～图 6-21。

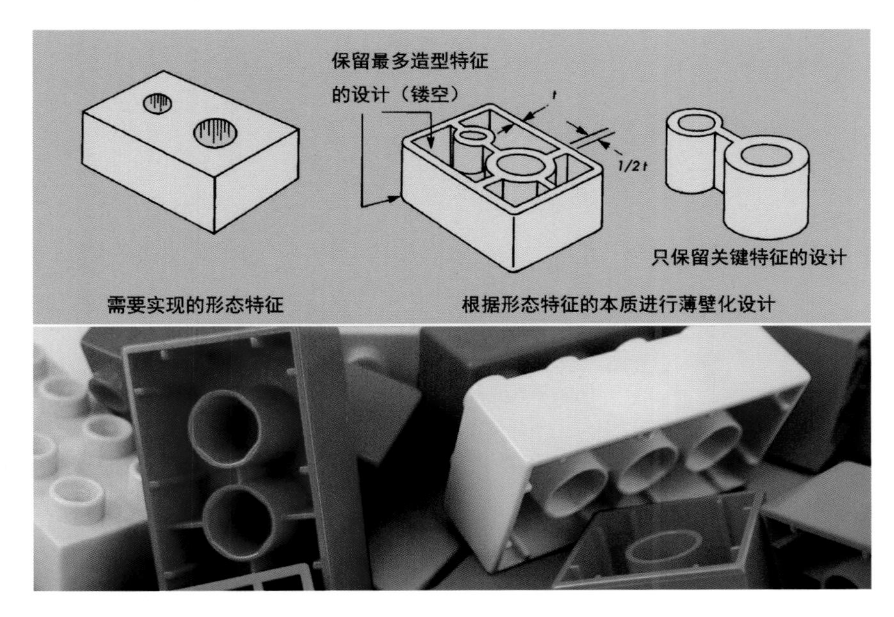


图 6-16　“抽壳”技术
在保留功能性形态特征的前提下，对塑料制品进行薄壁化设计，使其符合注塑工艺的要求。

表 6-2　常用塑料最小壁厚及常用壁厚推荐值

单位：mm

| 塑料种类 | 最小壁厚 | 小型件推荐壁厚 | 中型件推荐壁厚 | 大型件推荐壁厚 |
|---|---|---|---|---|
| PA | 0.45 | 0.76 | 1.5 | 2.4～3.2 |
| PE | 0.6 | 1.25 | 1.6 | 2.4～3.2 |
| PP | 0.6 | 1.25 | 1.6 | 2.4～3.2 |
| PS | 0.75 | 1.25 | 1.6 | 3.2～5.4 |
| PC | 0.95 | 1.8 | 2.3 | 3～4.5 |
| POM | 0.8 | 1.4 | 1.6 | 3.2～5.4 |
| HIPS | 0.75 | 1.25 | 1.6 | 3.2～5.4 |
| PMMA | 0.8 | 1.5 | 2.2 | 4～6.5 |
| PPO | 1.2 | 1.75 | 2.5 | 3.5～6.4 |
| PSF | 0.95 | 1.8 | 2.3 | 3～4.5 |
| 硬质 PVC | 1.2 | 1.6 | 1.8 | 3.2～5.8 |
| 测量图示 | 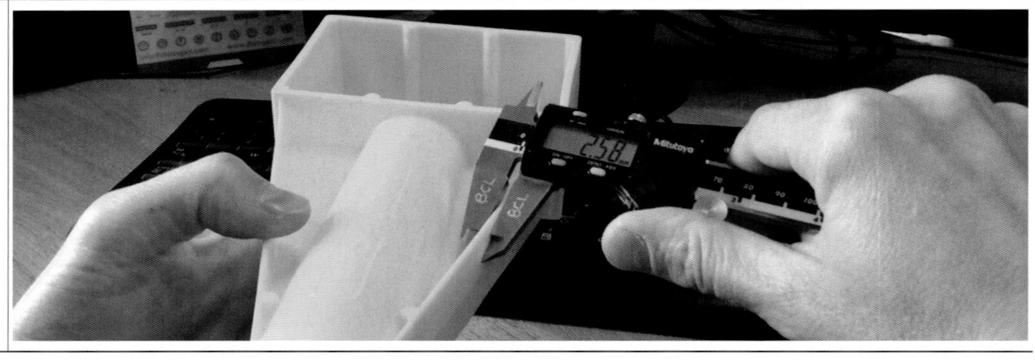 | | | |

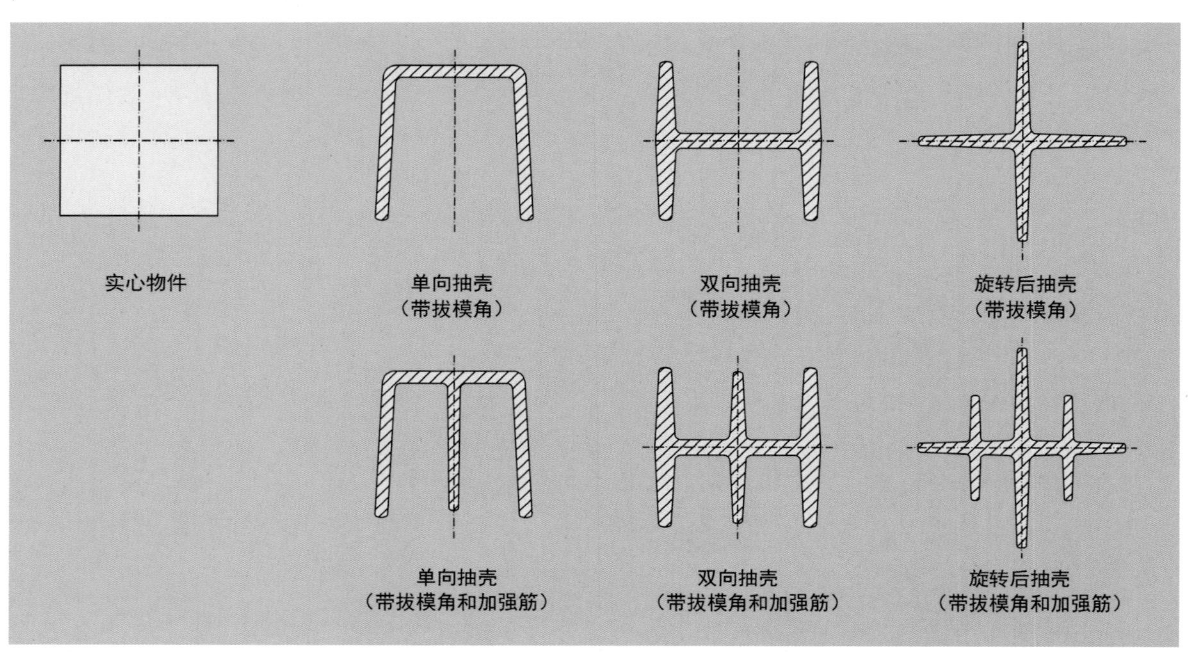


图 6-17　“抽壳”的常用方法

“抽壳”指的是剔除多余材料的过程，这一过程需要保留原有的造型特征和功能结构。因此，设计师可根据外观要求和使用情况选择抽壳方式。

合理的抽壳设计能够降低设计成本和工艺难度。

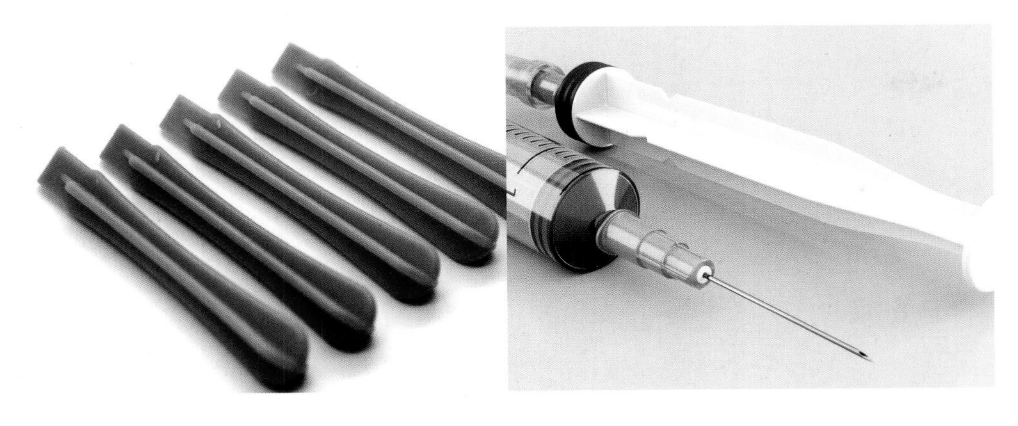

图 6-18 “抽壳”设计案例一
在不影响产品的功能的前提下，“抽壳”无疑是生产注塑制品的合理方案，它不仅大量减少了零部件，而且降低了生产成本。

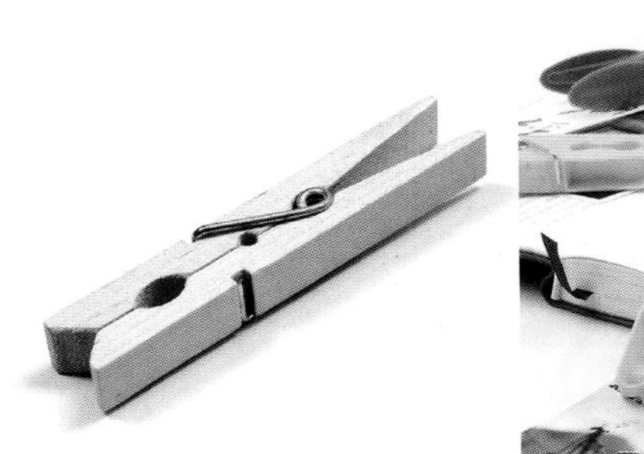

图 6-19 “抽壳”设计案例二
不同的材料和成型工艺可以生产相同结构和功能的制品，但所得制品在细节上仍有差别。对于注塑而言，必须采用薄壁化设计，而“抽壳”后的状态能不能满足使用要求则取决于设计师对制品形态、空间布局和力学强度的研究和应用的基本能力，达到注塑产品结构细致入微的设计要求，则需要大量设计实践。

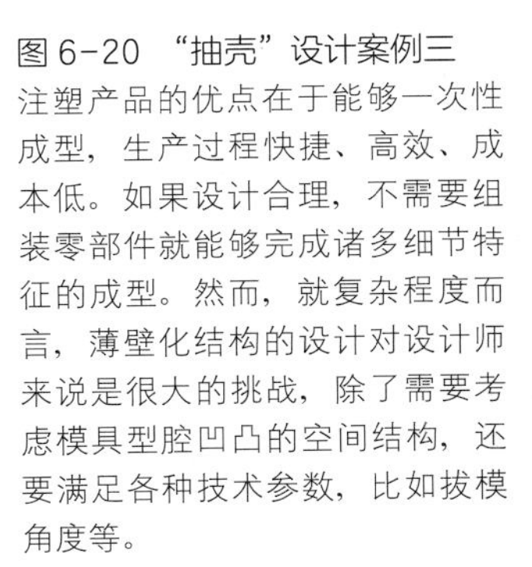

图 6-20 “抽壳”设计案例三
注塑产品的优点在于能够一次性成型，生产过程快捷、高效、成本低。如果设计合理，不需要组装零部件就能够完成诸多细节特征的成型。然而，就复杂程度而言，薄壁化结构的设计对设计师来说是很大的挑战，除了需要考虑模具型腔凹凸的空间结构，还要满足各种技术参数，比如拔模角度等。

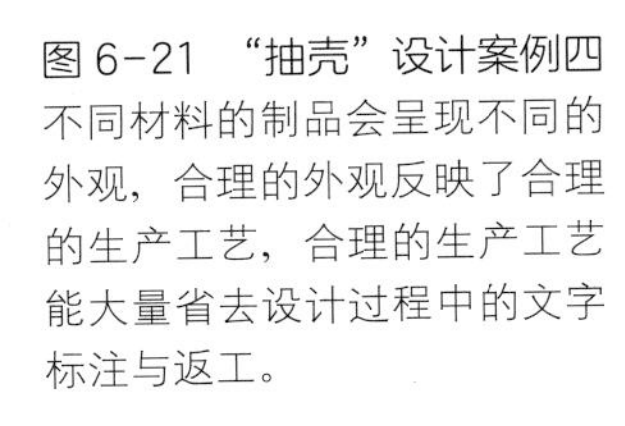

图 6-21 “抽壳”设计案例四
不同材料的制品会呈现不同的外观，合理的外观反映了合理的生产工艺，合理的生产工艺能大量省去设计过程中的文字标注与返工。

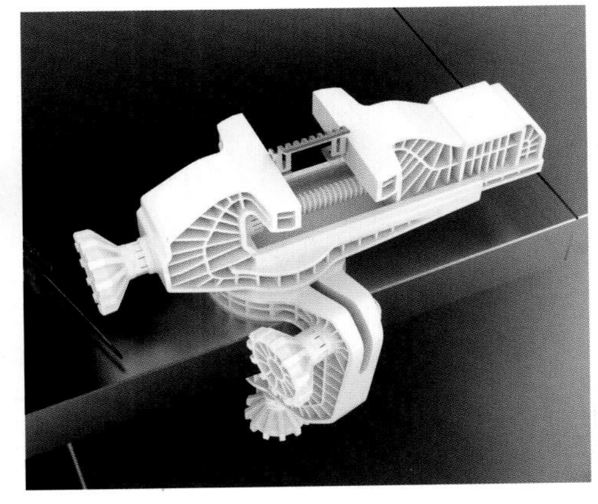

## 6.1.5 壁厚均匀化设计

如上文所述，注射的熔化塑料在冷却过程中会收缩，材料堆积得越多，其收缩量的累加值也越大。如果产品的壁厚不均匀，那么产品中越厚的地方收缩会越明显。收缩现象反映到产品表面会产生高低不平的收缩痕迹，影响整个产品的外观质量（图 6-22）。

均匀薄壁结构结合圆润过渡结构可以保证产品的表面质量。所以，在产品的整个设计过程中，均匀的薄壁需要一直被关注，因为它涉及力学结构、产品内部的零部件安装空间等（图 6-23）。

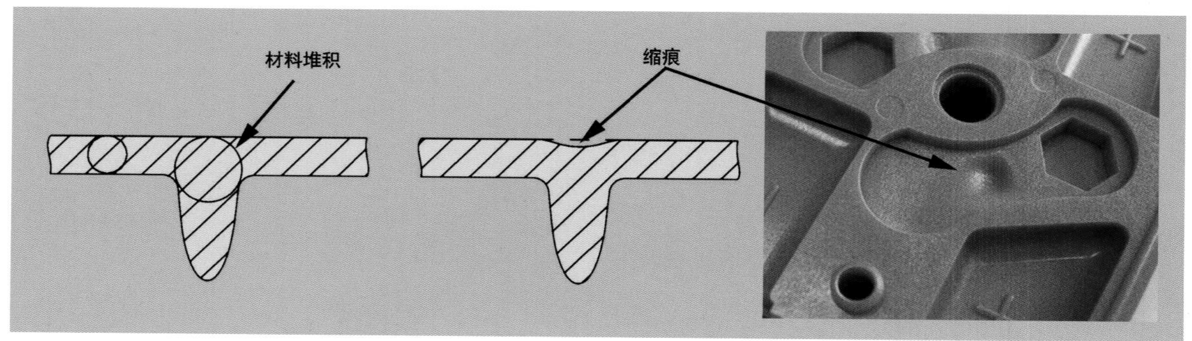


图 6-22　壁厚不均匀影响制品外观

如果注塑件的内部构造造成材料的堆积，那么累加收缩量会反映到制品外观上，从而影响制品质感。

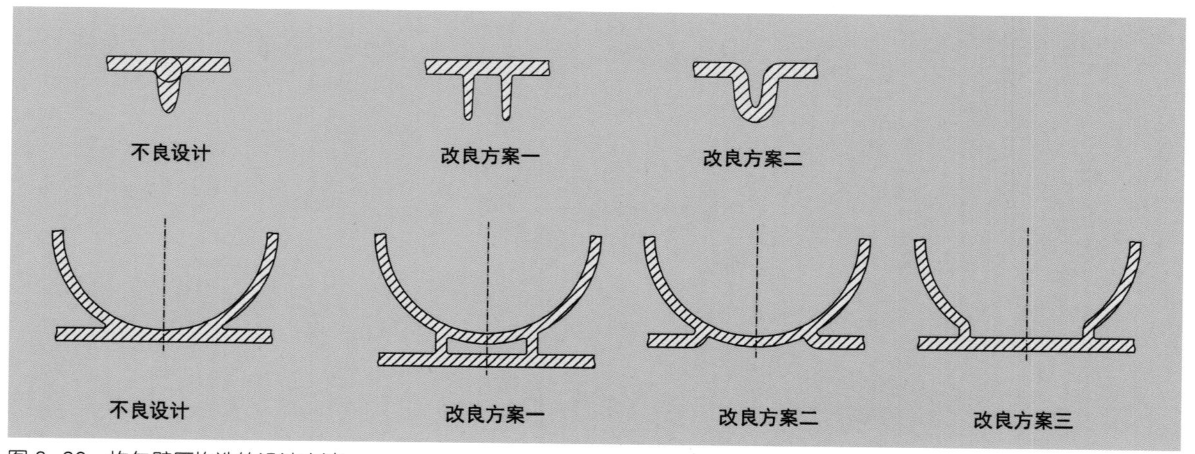


图 6-23　均匀壁厚构造的设计方法

注塑产品结构中的材料堆积都被视为不良设计，通常可以通过更改细节结构来避免材料的堆积。为保证使用功能，设计师常常需要对形态设计做出一定妥协。

## 6.1.6 圆润（圆角）过渡构造

注塑是一个流动的材料填充型腔的过程，而流动的材料在流动的过程当中遇到额外阻力，会加速冷却并提前凝固。如果铸件的形态设计得不好，使得材料流动的过程不顺畅，提前凝固的部分构造会让制品出现缺陷。所以，型腔应该是一个适宜流体流动的空间，应当没有尖角、细隙、微孔等结构，而注塑的产品也应该没有尖角、薄壁、毛刺等结构。塑料在注射时存在流动阻力，也需要一个圆润的过渡来连接塑料产品不同特征的结构。总体来讲，这些要求是圆润构造的要求（图 6-24）。

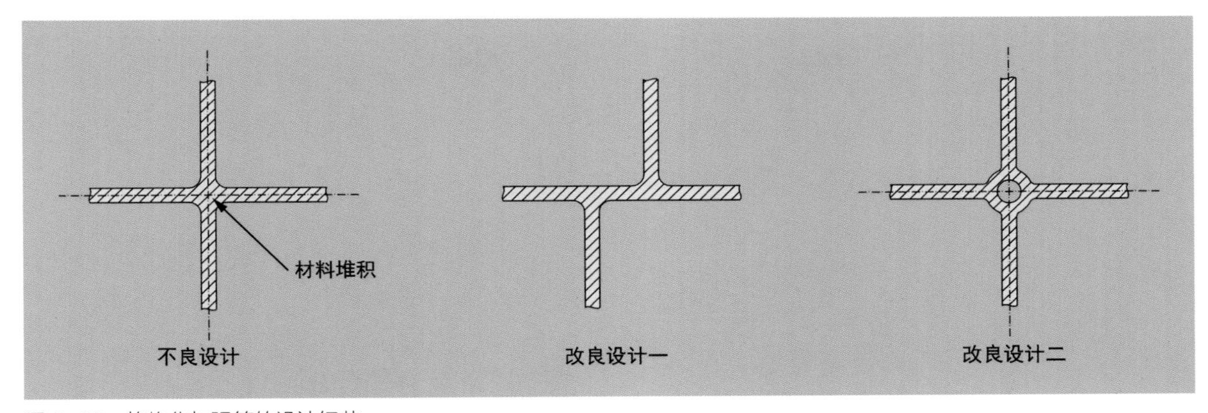


图 6-36　格构化加强筋的设计细节
在提高外表面质量、保证增强效果的基础上，应尽量使加强筋在平面上交错分布，以减少材料的堆积、防止在产品的外观面产生可见的凹坑。

图 6-37　加强筋的艺术化处理
针对不同的设计需求，可对裸露在外的加强筋做艺术化处理以提升产品的外观品质，同时也使产品中的工程结构元素显得更人性化。

## 6.1.9　产品支撑面

塑料制品与地面或桌面接触的平面称为支撑面。将整个底面作为支撑面是不可行的，因为制造工艺的影响因素较多，塑料制品底面不可能绝对平直，所以不能保证整个支撑面稳当地坐落在地面或桌面上。如果支撑面发生形变成为外凸曲面，那么将难以发挥支撑作用，会给用户带来不良体验（图 6-38）。

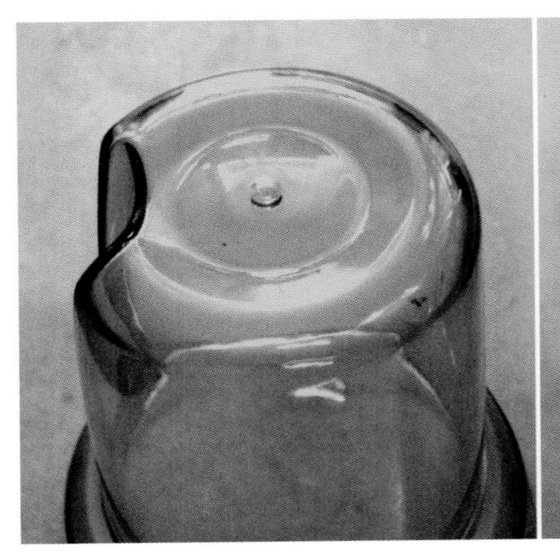

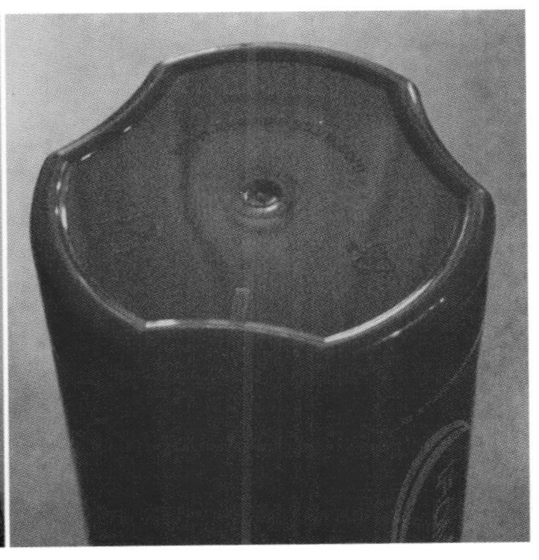

图 6-38　注塑产品支撑面的设计
制品底面的稳定性问题靠设计凸边、底脚等来解决，让支撑结构与地面之间变为线接触或点接触。

## 6.1.10 注塑浇口

浇口可以理解为熔融塑料通过浇注系统进入型腔的最后一道“门”，它是连接分流道和型腔的进料通道，对塑料熔体流入型腔起着控制作用（图6-39）。此外，当注塑压力撤销、型腔被封锁后，浇口的存在保证型腔中尚未冷却固化的塑料不会倒流。对注塑工艺而言，塑料因发生取向而在流动的方向上产生各向异性是塑件产生各种问题的原因之一。如何消除这种各向异性，是浇口设计的关注重点。

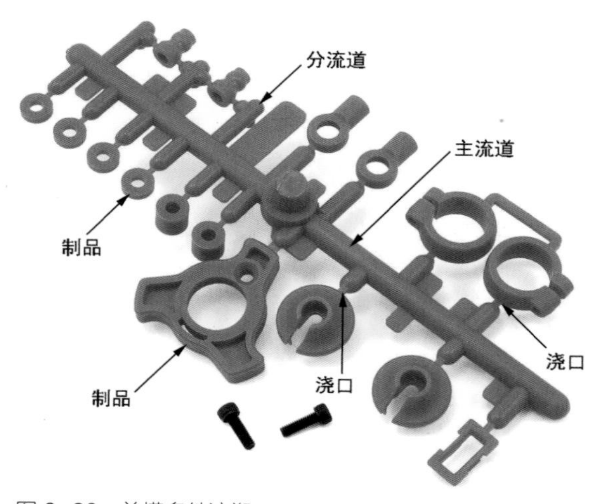


图6-39 单模多件注塑
图中红色的物品是从注塑模具中脱模而得到的制品，其中流道、浇口中凝结的材料和注塑件成品形成了“组树”结构。剪下的主流道和分流道内凝结的材料会被当作工业废弃物回收利用。

此外，浇口的位置决定了型腔填充的过程，浇口如果设计得不好，熔融塑料在流动的过程中会加速冷却，到型腔末端流动性降低，填充型腔的能力降低，最终造成产品缺陷。合理的浇口设计还可以避免熔接痕的影响。

浇口类型取决于制品外观的要求、尺寸和形状及所使用的塑料的种类等，一般分为直接浇口、侧浇口（又称矩形浇口）、点浇口（又称针浇口）、潜伏浇口（又称隧道浇口）、耳型浇口（又称护耳浇口或翼状浇口）。

注塑产品的浇口在凝固脱模后需要和产品主体分离，会留下缺陷（图6-40）。

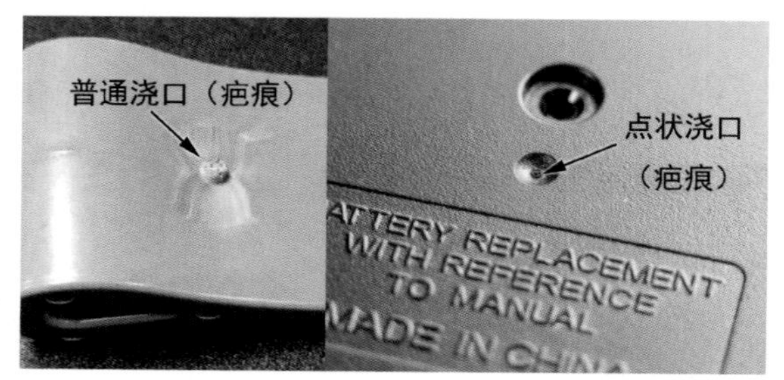


图6-40 注塑产品的浇口（疤痕）
设计时可将疤痕隐藏在产品的非外观面，以避免产品出现外观瑕疵。

## 6.1.11 注塑熔接痕

如要在注塑件上设计开孔，模具上孔的位置就必然有型芯的存在。塑料熔体遇到型芯时被分成两股料流，绕过型芯后重新汇合，然而前段料流温度已经较低，并且含有一定杂质（如模具中的脱模剂等），因此它们不能较好地熔合在一起，形成了熔接痕（图6-41）。

制品熔接痕处强度较低，外观较差（图6-42）。一般情况下，熔接痕主要影响制品外观质量，并且影响后续的涂装、电镀工序；严重时，熔接痕会对制品强度产生影响，特别是在纤维增强树脂成型时产生的熔接痕，对强度的影响非常大。孔与边壁之间、孔与孔之间都是熔接痕产生的地方，为了保证塑料件的强度，应在这些地方留有足够的尺寸（即熔接痕“焊接”在一起的长度）。

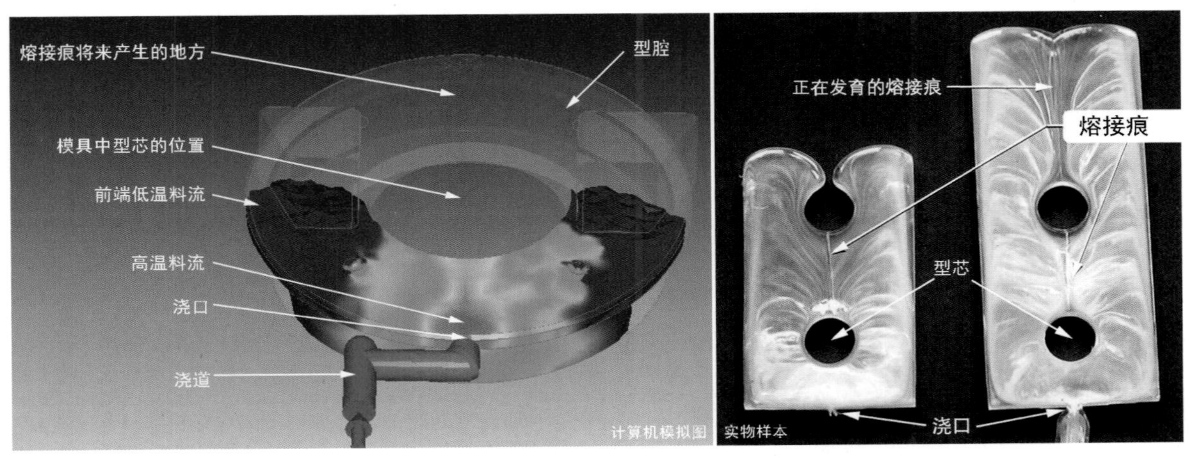

图 6-41 熔接痕产生
熔接痕必然会出现在注塑构件的某些地方，可以通过计算机模拟找到熔接痕的位置，也可以通过改变浇口位置、增加浇口等方式来调整熔接痕的位置和影响范围。

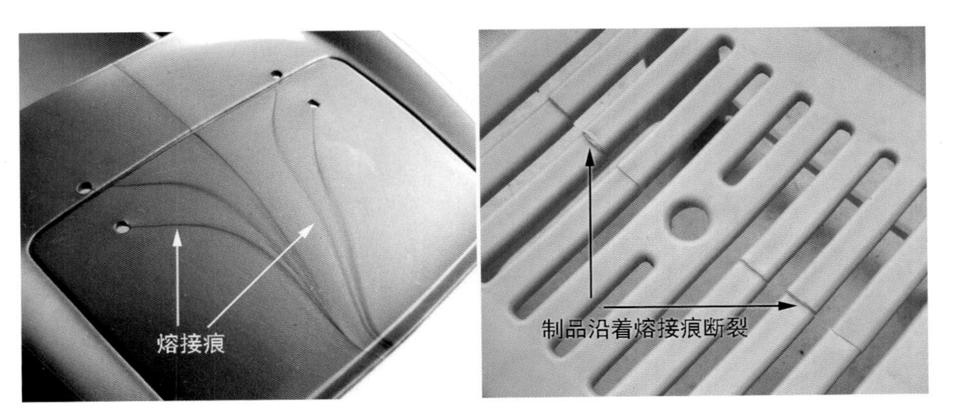

图 6-42 熔接痕缺陷
熔接痕在某些颜色和材质上会非常明显，这影响了制品的外观品质；同时，熔接痕如果处在受力较大的部位，那么它的缺陷会引起应力集中，进而破坏产品。

## 6.1.12 注塑产品的立体感

优秀的注塑产品一般都有非常合理的空间构造，这种构造兼顾了外观、结构及工程力学的要求；相反，如果用注塑工艺生产大尺寸薄壁的塑料板材，那么将很难控制塑料板材的形变。不难看出，制品产生形变的原因在于注塑成型后高分子材料的各向异性。注塑件冷却时，流向和径向收缩不均匀，制品的各个部分之间会产生作用力，也就是残余应力。如果空间结构设计得不合理，残余应力会使制品变形、翘曲，甚至开裂、损坏（图 6-43）。

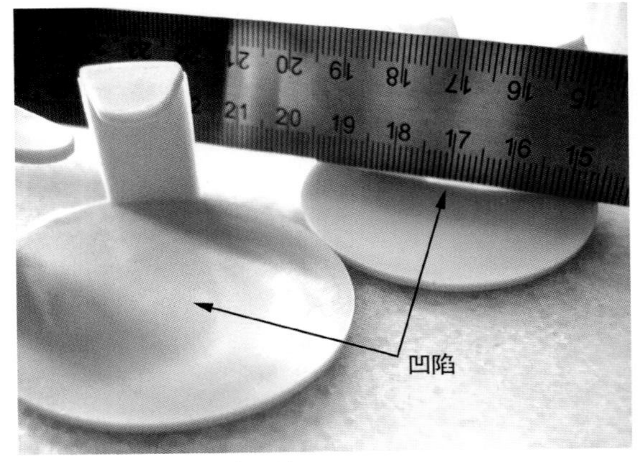

图 6-43 注塑件不良设计
如果设计不兼顾工艺条件，产出的制品往往会存在问题。

判断注塑件的空间结构是否合理，可以观察其结构分布是否均衡、是否有立体感（图 6-44）。所谓的立体感其实就是平衡了材料的各向异性，让残余应力分散或者相互抵消，将形变控制在可以接受的范围内。

### 6.1.13 无装配性要求、无曲面质量要求与无力学要求的注塑产品

单模制品、无装配性要求和无曲面质量要求的产品，如玩具、器皿和装置等，无须特别考虑其收缩后尺寸的变化和形态的改变，因此可以不采用薄壁结构（图 6-45）。

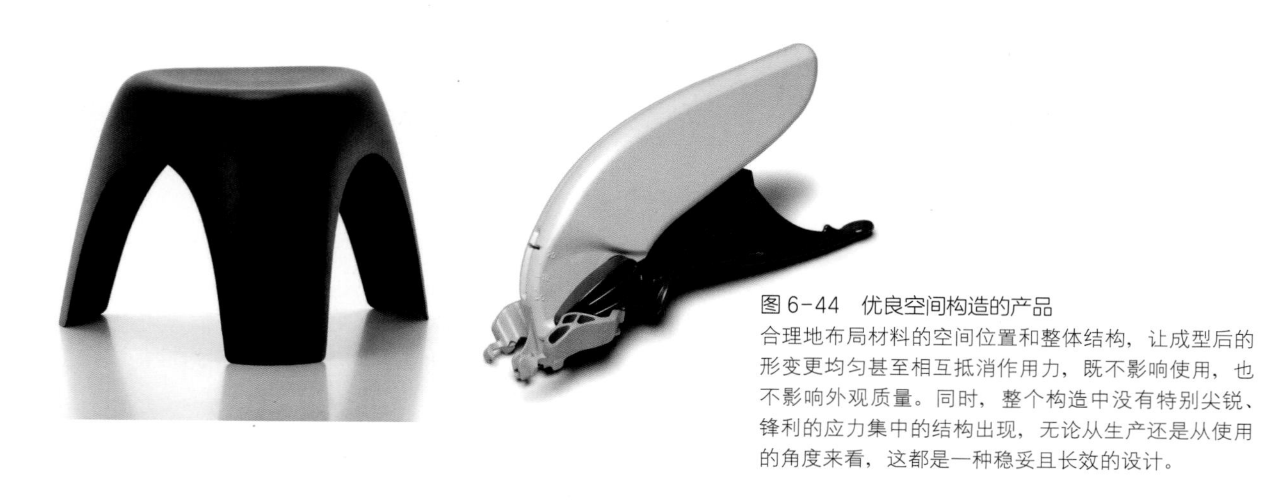

图 6-44 优良空间构造的产品
合理地布局材料的空间位置和整体结构，让成型后的形变更均匀甚至相互抵消作用力，既不影响使用，也不影响外观质量。同时，整个构造中没有特别尖锐、锋利的应力集中的结构出现，无论从生产还是从使用的角度来看，这都是一种稳妥且长效的设计。

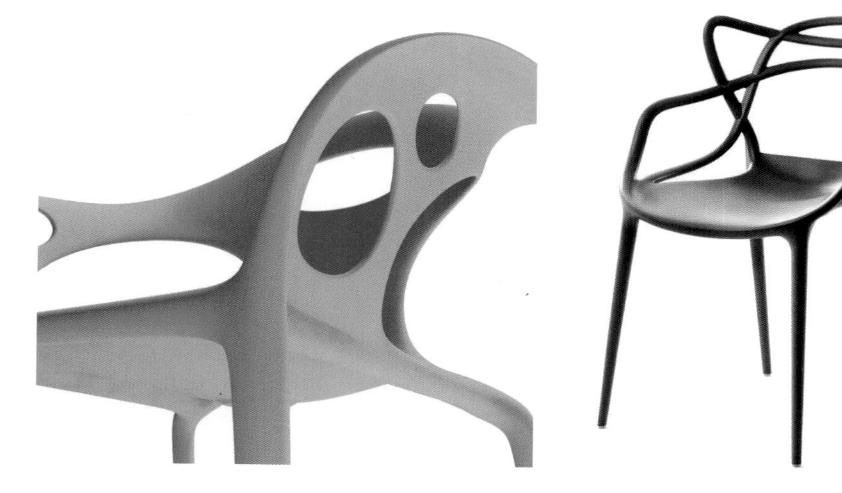

图 6-45 无装配性要求的产品
针对制品冷却后产生的收缩现象，在不影响脱模的前提下，单模无装配性要求的产品对于壁厚没有强制性要求，总体重量和成本符合设计需求即可。

不受重力以外的力作用的产品，对形态无严格要求，也不一定使用薄壁结构。

对于柔性塑料或橡胶，拔模角度的设计要求不高，甚至可以是负角度。柔性材料可以采用外力强制脱模，设计自由度较大。

### 6.1.14 注塑产品设计过程线路图

注塑产品设计过程线路图见图 6-46。

### 6.1.15 注塑产品结构、工艺与设计知识小结

注塑产品结构、工艺与设计知识小结见图 6-47。

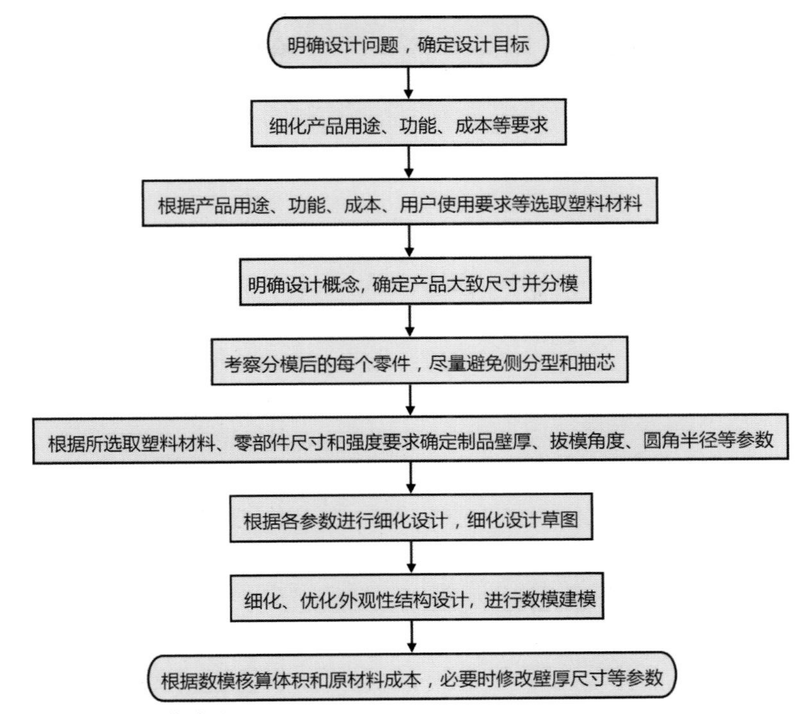


图 6-46　注塑产品设计过程线路图

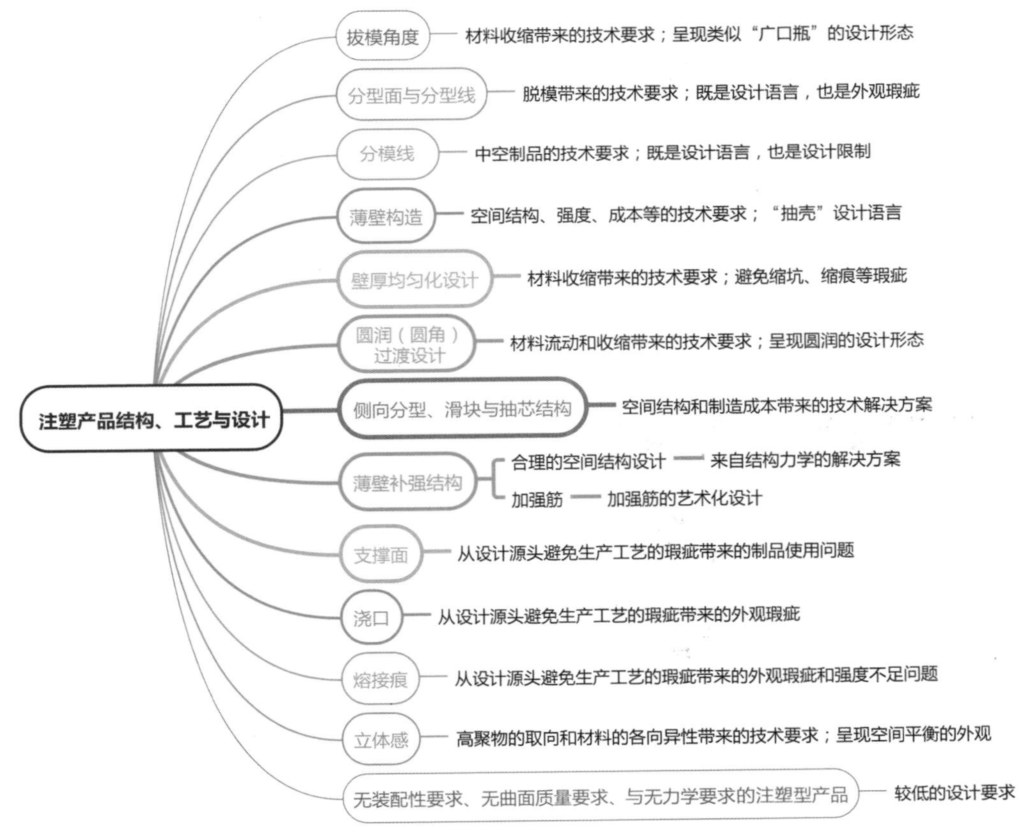


图 6-47　注塑产品结构、工艺与设计知识小结

# 6.2 注塑成型的各种缺陷及解决方法

从产品研发、生产的规律来看，倘若产品出现了缺陷，那么既可能是生产过程中产生的，也可能是在工程化、结构设计阶段产生的，还有可能是在产品设计的早期产生的。产品的缺陷不可能完全避免，因为这既不符合科学地处理问题的原理，也不符合哲学原理。然而，从设计的源头去规避低水平的缺陷和错误却是有可能的。

为避免产品缺陷，除了在产品的研发过程中遵循合理的研发路线，通过计算机辅助工业设计、模型制作、样机验证等方式来完善设计外，在设计过程中也应尽量考量设计成果对后续工作的影响，不要抱有侥幸心理或规避问题的思想。设计阶段产生的缺陷危害巨大，且很难完全避免，这种缺陷往往会使后期工作非常被动。调整工艺手段可以在一定程度上弥补工程缺陷、改良设计，甚至完全避免此类缺陷。

因此，从设计的源头去避免被动的工程化工作是非常有必要的，不要把所有难以解决的问题都留给后续的工程化作业（图 6-48）。

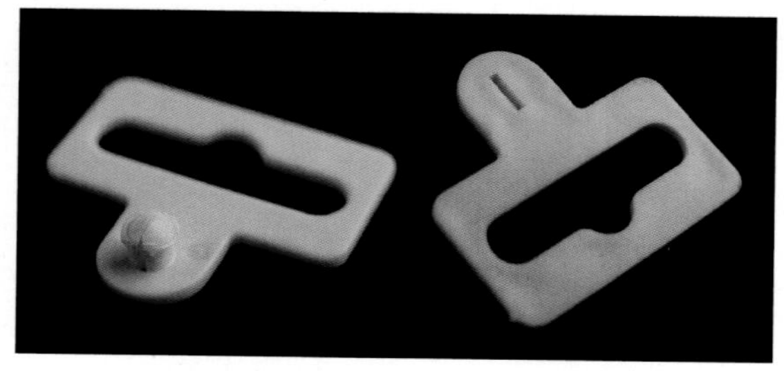

图 6-48 注塑产品缺陷

此塑料件的弹性卡扣溢边严重，这种缺陷来源于模具。模具中的滑块和抽芯结构过多，是造成此缺陷的原因之一。同时，此塑料件外观面上有严重的缩水现象，缩痕直接影响了制品的质量。缩痕产生的原因是制品设计不合理（壁厚及材料选择）、注塑条件没有达到要求（温度、压力等因素）。

### 6.2.1 皲裂

皲裂是塑料制品上较为常见的一种缺陷，产生这种缺陷的主要原因是注塑过程中产生的各种应力超过注塑件的承受范围。究其本质，一部分是因为设计不良，另一部分是因为工艺控制不良。外部应力产生皲裂主要是因为设计不合理造成了应力集中，不合理的尖角设计更容易出现这种情况；化学药品、吸潮现象引起降解，以及原材料中再生料过多引起物性劣化，也会使制品产生皲裂；充填过剩、脱模推出和金属镶嵌件引起残余应力同样会造成皲裂。

如果皲裂主要产生在直浇口附近，可考虑改用多点分布点浇口、侧浇口及柄形浇口；在保证树脂不分解、不劣化的前提下，适当提高树脂温度可以降低熔融粘度，提高流动性，随之可以适当降低注射压力，也就减小了残余应力；模具温度较低时容易产生应力，应适当提高模具温度；注射和保压时间过长也会产生应力，将其适当缩短或进行多次保压切换效果较好；非结晶性树脂如 AS、ABS、PMMA 等，较结晶性树脂如 PE、POM 等更容易产生残余应力，应予以关注。脱模推出时，如果制品设计的脱模斜度小、存在模具型胶或凸模粗糙，会导致推出力过大，在推出杆周围会产生白化或破裂现象。解决的办法主要是更改设计，调整设计细节，去除或减弱影响因素。注塑制品中金属嵌件的应用最容易产生残余应力，而且过一段时间后才会产生皲裂，危害极大，成型前预热金属嵌件，可有效削减残余应力。

### 6.2.2　充填不足

充填不足是指注塑过程中各种原因影响造成的模具型腔未被注塑材料填满的现象，属于比较严重的质量问题。充填不足的主要原因有树脂容量不足、型腔内加压不足、树脂流动性不足、排气效果不好等，基本都属于工艺问题。

### 6.2.3　皱褶及麻面

产生这种缺陷的原因在本质上与充填不足相同，只是程度不同而已。因此，解决方法也与上述方法基本相同。对于流动性较差的树脂（如 POM、PMMA、PC 及 PP 等），更需要适当增大浇口和延长注射时间。

### 6.2.4　缩坑

缩坑的原因也与充填不足相同，原则上可通过过剩充填加以解决，但有产生残余应力的危险，设计时应注意壁厚均匀，尽可能地减少加强筋、凸柱等地方的壁厚。

### 6.2.5　溢边

处理溢边应重点改善模具，而在改善成型条件方面，则可以从降低流动性入手。处理溢边可采用以下几种方法：降低注射压力；降低树脂温度；选用高粘度等级的材料；降低模具温度；研磨溢边发生的模具面；采用较硬的模具钢材；提高锁模力；调整模具的结合面等部位；增加模具支撑柱，以增加刚性；根据材料确定排气槽的尺寸。

### 6.2.6　熔接痕

改善熔接痕可以考虑以下几种方法：调整成型条件，提高流动性，如提高树脂温度、模具温度、注射压力及速度等；增设排气槽，在熔接痕的产生处设置推出杆；尽量减少脱模剂的使用；设计工艺溢料并将其置于熔接痕的产生处，成型后再予以切断去除；若仅影响外观，则可改变浇口位置，以改变熔接痕的位置，或者将熔接痕产生的部位处理为暗光泽面等，予以修饰。

### 6.2.7　烧伤

塑料制品的烧伤是因为注塑过程中局部产生高温，树脂分解裂化使制品产生缺陷。如果注射压力过高、螺杆转速过高造成料筒过热，树脂在高温中分解、劣化、变色，使得制品带有黑褐色的烧伤痕，应通过清理来解决；如果主要是因为模具排气不良导致的烧伤，可采取加排气槽、反排气杆等措施。

### 6.2.8　银线

银线是塑料制品上比较明显的显白条纹，这种条纹不一定与浇口流动方向一致。银线主要是由材料的吸湿性引起的，解决方法是：将原材料烘干。料筒内材料滞留时间过长也会产生银线；不同种类的材料混合时也会产生银线，如聚苯乙烯树脂和 AB 树脂、AS 树脂、PP 树脂等都不宜混合。

### 6.2.9　喷流纹

喷流纹是从浇口沿着流动方向，弯曲如蛇行一样的痕迹。它因树脂从浇口开始的注射速度过快所致，解决办法一般是扩大浇口横截面或调低注射速度。另外，提高模具温度也能降低与型腔表面接触的树脂的冷却速度，减轻喷流纹。

### 6.2.10　翘曲、变形

注塑制品的翘曲、变形通常是成型工艺中棘手的问题，如果不能更改产品设计，则应从模具设计方面着手解决，而成型条件的调整效果则是非常有限的。

由成型条件引起残余应力造成变形时，可通过降低注射压力、提高模具温度并使模具温度均匀、提高树脂温度或采用制件退火热处理的方法消除应力；脱模不良引起应力变形时，可通过增加推杆数量或面积、设置脱模斜度等方法加以解决；冷却方法不合适导致冷却不均匀或冷却时间不足时，可调整冷却方法或延长冷却时间；针对成型收缩所引起的变形，必须修正模具的设计，其中最重要的是使制品壁厚一致；应避免使用收缩率较大的树脂，主要是结晶性树脂，另外，玻璃纤维增强树脂变形也大。

在最极端的情况下，只能先测量制品的变形，然后按相反的方向修正模具。

### 6.2.11 气泡

气泡是制件泡状缺陷。当制品壁厚较大时，其外表面冷却速度比中心部快，随着冷却的进行，中心部的树脂逐渐向外表面凝结，导致中心部材料空虚，这时候产生的缺陷称为真空气泡。

真空气泡的解决方法主要有：根据壁厚，确定合理的浇口、浇道尺寸，一般浇口高度应为制品壁厚的50%～60%；至浇口封合为止，留一定的补充注射料；注射时间应略长于浇口封合时间；降低注射速度，提高注射压力；采用熔融粘度等级高的材料。

针对挥发性气体产生的气泡，主要有以下解决方法：充分进行预干燥；降低树脂温度，避免产生分解气体；流动性差造成的气泡，可通过提高树脂及模具的温度、提高注射速度予以解决。

### 6.2.12 白化

白化现象主要发生在树脂制品的推出部分，脱模状况不佳是其产生的主要原因。白化现象通常会造成明显的产品缺陷，尤其容易出现在深色制品上。如果产品有白化现象，那么用户会直观判断这是一个缺陷产品。

解决白化问题可采用降低注射压力，加大脱模斜度，增加推杆的数量或面积，减小模具表面粗糙度等方法。另外，使用脱模剂也是一种方法，但应注意不要对后续工序如烫印、涂装等产生不良影响。

## 6.3 简易模具

现代社会的发展使得产品的个性化越来越明显。产品设计和生产发展到今天，在市场竞争非常激烈的条件下，如果某款产品市场前景良好，预估销售量较大，所获利润可以分摊模具的成本，那么也会有厂家投资、投产。

在计算产品销售价格的时候，一般将模具费用分摊到每件产品中，变成产品生产成本之一。从这个角度看，要降低产品成本有两种方法：一种是降低模具自身的费用；另一种是扩大产品销售数量。后者不容易实现且不容易预测，所以降低模具费用成为降低产品成本的有效手段之一。在试销阶段，将销量控制在 1000 单位以内，简易模具便可投入使用（图 6-49）。

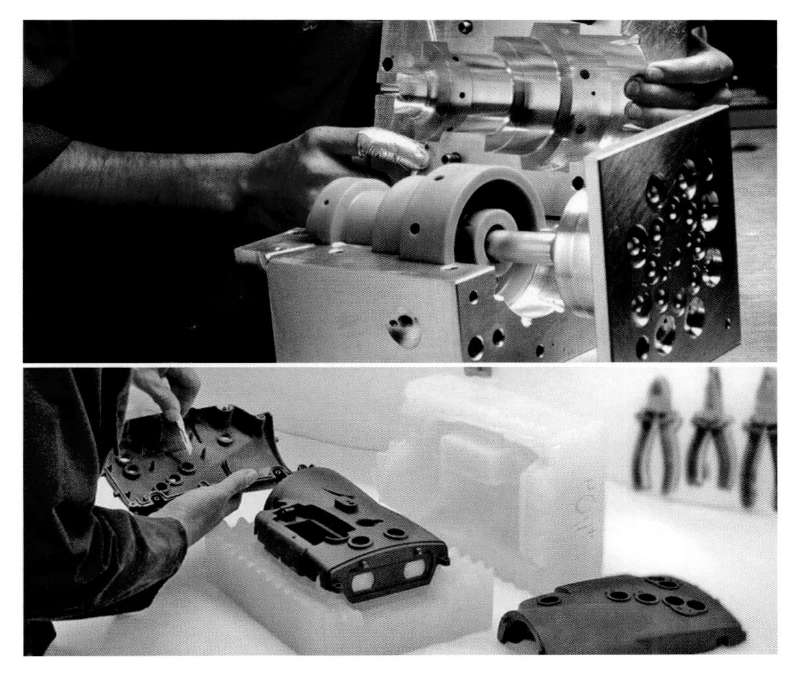

图 6-49 简易模具
简易模具主要是去除了一些适合大批量、自动化生产的结构，如自动锁模结构、顶出结构、冷却水道等，代之以手工操作。此外，传统注塑模具因为追求高效、大批量生产，所以对模具的材料要求非常高，通常是选用专用模具合金钢材来制作型腔。而简易模具可以采用廉价材料，如石膏、低熔点合金、硅橡胶甚至热固性塑料，并且不一定需要采用注塑机来完成注射成型。

# 6.4 练习与实践

**一、填空题**

1. 注塑产品结构工艺性设计包含________、分型面的设计、分模线的设计、________、壁厚均匀化设计、圆润（圆角）过渡设计、侧向分型结构考量、薄壁补强结构设计、支撑面设计、浇口设计、熔接痕考量、立体感目标的实现等若干内容。

2. 拔模角度也称拔模斜度、起模斜度，是制品脱模方向的侧壁与脱模方向的轴向成一定夹角的一种________。

3. 注塑制品的________往往呈现在制品的表面，甚至外凸的最显眼的地方，因此设计师需要考虑如何合理设计分型面。

4. 分模线的划定与设计决定了注塑零件的数量及所需模具的套数，一定程度上也就决定了________。

5. 浇口类型取决于制品外观的要求、尺寸和形状及所使用的塑料种类等，一般分为________、侧浇口、________、潜伏浇口、耳型浇口。

6. 注塑产品充填不足的主要原因有树脂容量不足、型腔内加压不足、树脂流动性不足、排气效果不好等，因此基本都属于________问题。

7. 在计算产品销售价格的时候，一般将

________费用分摊到每件产品中，变成产品生产成本之一。

## 二、选择题

1. 注塑薄壁结构的力学增强设计有（　　）。（多选）

A. 边缘设计卷边结构

B. 壁厚任意加厚

C. 选用高强度材料

D. 设计加强筋结构

E. 对制品进行扁平化设计

2. 针对注塑材料冷却收缩变形问题提出的解决方案有（　　）。（多选）

A. 制品设计拔模角度

B. 制品设计均匀薄壁构造

C. 模具采用侧向分型结构

D. 制品采用圆角过渡构造

E. 选用收缩率低的注塑材料

F. 制品设计分布式加强筋用以平衡造成变形的各种应力

3. 注塑制品熔接痕处强度较低，外观较差的原因有（　　）。（多选）

A. 材料冷却速度不均衡

B. 材料受潮劣化

C. 前端料流混有杂质

D. 影响后续表面涂装工序

4. 注塑制品的外观需要呈现很均衡的立体感，这种看似感性的设计要求本质上是解决了（　　）。

A. 熔融树脂材料流动过程中阻力太大的问题

B. 注塑生产成本太大的问题

C. 注塑后制品力学表现各向异性的问题

D. 薄壁构造承重能力差的问题

5. 制品本身设计不合理而带来的注塑产品缺陷有（　　）。（多选）

A. 翘曲变形　　B. 溢边

C. 熔接痕　　D. 白化

E. 缩坑

## 三、课题实践

本章的练习围绕塑料工艺来进行，涵盖了工程技术和设计原理，因此有较高的难度。

练习 1：注塑水杯分型面的设计优化（图 6-50、图 6-51）

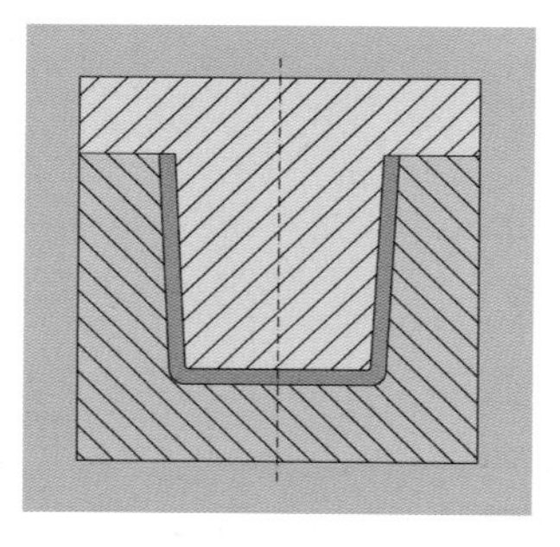

◀ 图 6-50　注塑水杯分型面的优化设计

一般情况下，注塑水杯的分型线会出现在水杯口的外缘，恰好是喝水时嘴唇接触的地方，如果这里有溢边等瑕疵，那么可能会对使用者造成伤害。

尝试更改设计或更改分型面的位置，减轻溢边对使用者的影响。

▼ 图 6-51　练习 1 参考答案

方案一：将潜在溢边从尖角处移开，降低溢边控制难度；方案二：将分型面下移至制品中部，制品外观改变，模具成本增加；方案三：将分型面下移至制品底部，制品壁厚不均，模具难以加工；方案四：将制品改成双层结构，实用性强、安全性强、成本增加。

方案一　　方案二　　方案三　　方案四

练习 2：分模线的规划与设计一（图 6-52）

练习 3：分模线的规划与设计二（图 6-53）

练习 4：注塑产品薄壁化设计（图 6-54）

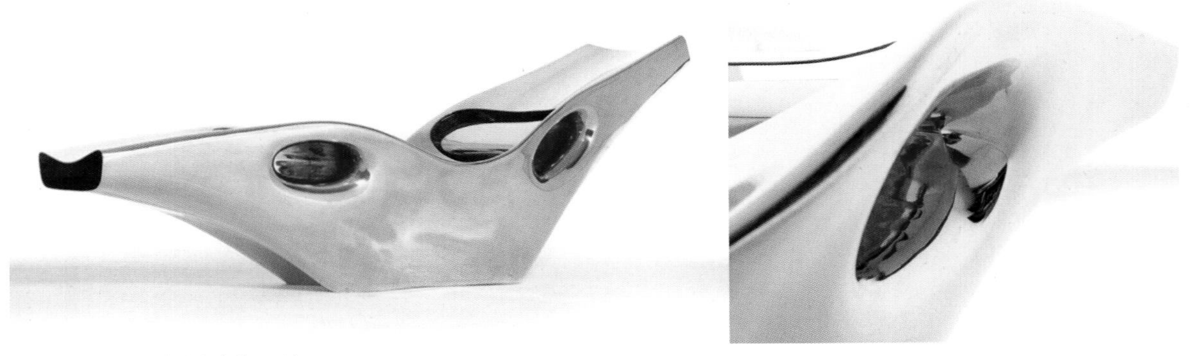

图 6-52 分模线的规划与设计一

尝试将图中薄壳金属躺椅改造成塑料结构，按照注塑工艺进行分模设计，注意正常使用条件的限制，如零件的分型线和零件的拼合缝应尽量远离肌肤等。要求分模后每个零件都便于脱模，零件尺寸不能过大或过小，不能过长，不能过深。注意整体结构的力学要求。画成爆炸图。

图 6-53 分模线的规划与设计二

尝试将动物形态按注塑工艺进行分模，要求分模后每个零件便于脱模，零件尺寸不能过大或过小，不能过长，不能过深。拆分时尽量根据解剖结构，表达出活动关节。参考右图。画成爆炸图。

图 6-54 注塑产品薄壁化设计

尝试将木质产品改成注塑结构，要求尽量用较少的模具去完成（也就是说产品零件数量少），或者直接用单模成型。注意保留原产品的主要形态特征，可以适当调整细节结构，抓住形象特点。

练习 5：注塑产品综合设计一（图 6-55、图 6-56）。

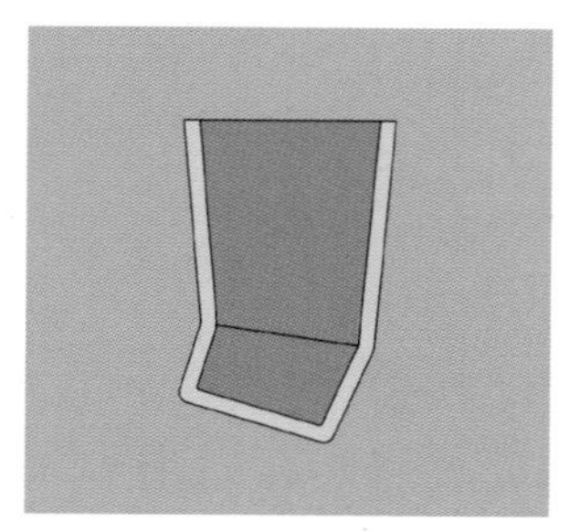

图 6-55 弯曲的注塑水杯成型设计

通过合理调整杯子形态、结构或模具分型（画出模具简图），让杯子能够顺利脱模。
需要满足水杯的正常使用要求。

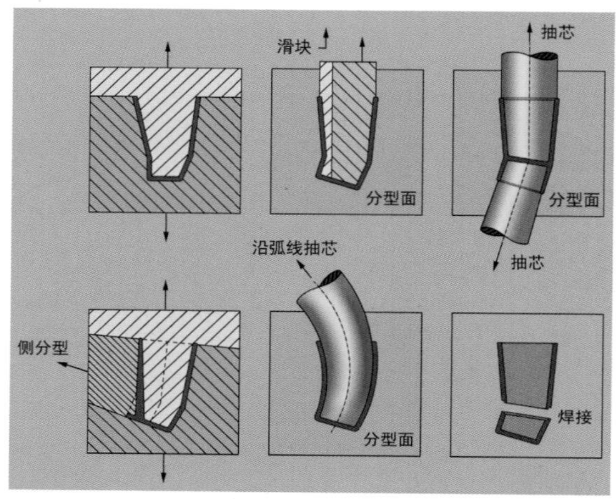


图 6-56 练习 5 参考答案

练习 6：注塑产品综合设计二（图 6-57、图 6-58）。

练习 7：注塑产品综合设计三（图 6-59、图 6-60）

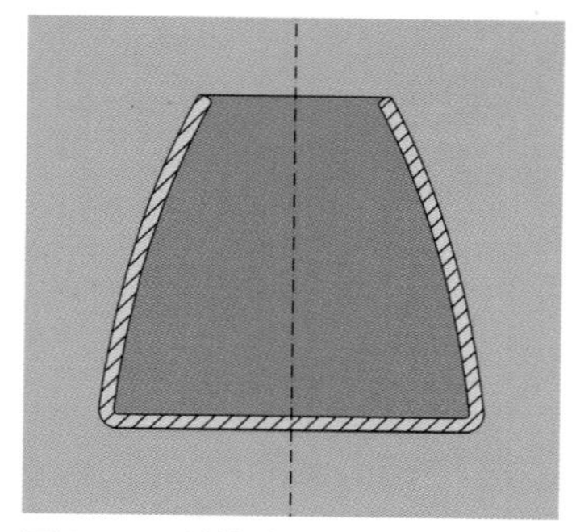

图 6-57 注塑窄口杯设计

通过合理调整杯子结构（画出模具简图），完成窄口杯造型。
要求模具不能侧分型，不能抽芯。

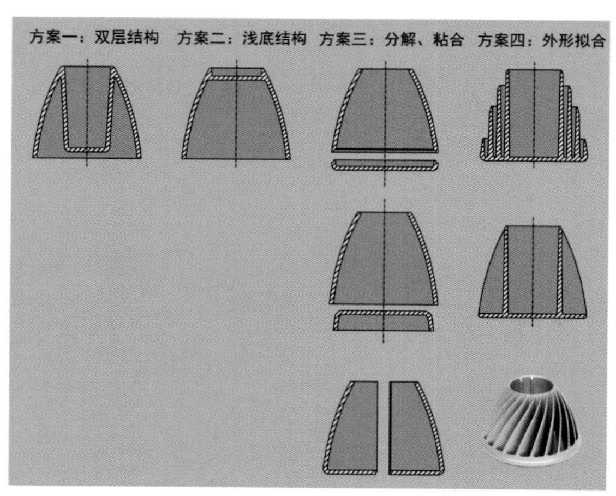


图 6-58 练习 6 参考答案

图 6-59 注塑带柄杯简化设计

设计带柄的杯子，用注塑模具完成成型。（图为参考）
模具不能侧分型，不能抽芯，单模。

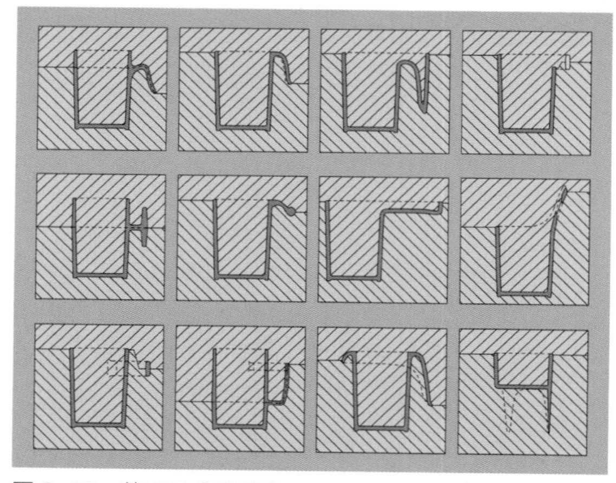

图 6-60 练习 7 参考答案

练习 8：模具成型实践

本练习实践性较强，在学习之前必须掌握前两章的相关知识。此外，本章可以不设计全新产品，只复制已有的简单塑料产品，或把塑料产品按一定比例缩小进行模具设计。

在设计模具时，首先要了解该参考产品的信息，比如分型面的位置、浇口的位置、顶出点的位置，这些信息都可以通过仔细观察塑料件得到，可以根据这些信息进行模具设计。在了解模具的结构后，可以简化模具，比如取消锁模结构和冷却系统等，还可以适当减少顶出杆的数量。

在普通实验条件下实践制作砂型模具和金属型模具非常困难，原因首先是技术要求高，其次是成本高。

实践内容与过程：

1. 以某品质较差的塑料产品为例，分析其形态，在教师的指导下找到分模线、浇口、收缩等的痕迹，拍照并加以说明。

2. 从中低端塑料产品上找出注塑成型的缺陷，分析其原因。

3. 了解注塑成型的各种缺陷现象，并分析产生缺陷的原因，分析哪些缺陷是由设计不合理造成的，以及如何去解决。

4. 模具设计和浇铸实践步骤（须在教师的指导下完成）。

(1) 搜集较典型的注塑成型塑料件，尺寸控制在 50～150mm；找到其分型线，找到拔模方向。

(2) 用石膏、硅橡胶、玻璃钢树脂、玻璃钢树脂加玻璃纤维、环氧树脂或是石蜡等材料来翻制模具，注意脱模剂的使用。可以在材料完全固化后沿分型线切割制成凹模和凸模，也可以预先在塑料工件上粘结塑料片形成工艺边，分别翻制凹模和凸模，型腔面建议用 2000 目砂纸打磨。

(3) 在凹模和凸模上设计浇口和浇道，通过钻孔加工成型。

(4) 在型腔上均匀涂抹脱模剂或脱模蜡，拼合凹模和凸模，并用夹钳固定其位置防止位移，尝试用熔化的石蜡、玻璃钢树脂、环氧树脂等材料来浇铸，固化后脱模得到所复制的产品。

(5) 观察成型过程中制品的收缩、制品对模具的包裹力及制品缺陷，并分析原因。

5. 塑料小产品及模具设计实践（须在教师的指导下完成）。

(1) 完成塑料小产品设计，包括一切细节结构，自己定义分型线。

(2) 用计算机辅助工业设计完成简易模具的设计，适当设计顶出结构和合模定位结构，可以取消冷却系统。模具材料可以选用合适厚度的 PMMA、ABS、EP、PF、PVC 板材，有条件可以用铝材，用数控铣床或广告精雕机完成加工。选用透明材料可以在浇铸过程中观察充填状况和固化状况，因此建议采用 PMMA 制作型腔。数控加工过程类似真实模具的加工，可全程跟踪并记录。

(3) 修饰、打磨。

(4) 合模后在重力条件下浇铸，或用注射器注射树脂（添加固化剂和催化剂）或熔融的石蜡完成产品生产。

(5) 观察成型过程中制品的收缩、制品对模具的包裹力及制品缺陷，并分析原因。

# 第7章 大巧若拙——塑料工程结构设计

教学目标：

（1）掌握10类塑料连接结构的原理、特点，有能力检索、交流并将其应用于具体的设计案例中。

（2）熟悉塑料产品密封结构、铰链结构、弹性结构，初步具备将其应用于具体的设计案例中的能力。

教学要求：

| 知识要点 | 能力要求 | 相关知识 |
| --- | --- | --- |
| 塑料连接结构 | （1）掌握10类塑料连接结构的原理、特点、适用范围；<br>（2）掌握查询、类比等筛选方式并将其应用于设计中；<br>（3）有能力和专业结构设计师进行相关交流 | 可用性设计<br>材料力学 |
| 密封结构<br>铰链结构<br>弹性结构 | （1）充分了解塑料的密封结构、铰链结构和弹性结构的原理；<br>（2）和其他材料的类似结构进行比对，了解塑料产品中这3类结构的特点；<br>（3）有能力基于这些结构的实现原理进行一定的创新设计 | 柔铰<br>仿生设计 |

通过研究材料工艺可知，不同的材料会采取不同的方式实现同一种功能、形态。相比较起来，塑料和金属对于产品功能结构的实现有非常大的优势，因为这两类材料有很好的可塑性能。充分利用塑料的可塑性，可以简单结构实现复杂功能；充分利用塑料注射工艺可生产结构复杂的产品，用单一零件实现复合零件的结构功能，做到事半功倍，游刃有余。

# 7.1 塑料连接结构设计

塑料产品在装配的过程中，需要连接各零件。连接方式是可拆卸的连接或永久性的连接，视产品的功能而定。反复拆卸的连接，比如产品的上盖和下盖之间的连接，可以用自攻螺钉、弹性扣合或预埋螺钉 / 螺母实现连接；不需要拆卸的连接，比如某壳体的分色 / 套色造型，就可以粘结两种不同颜色的零件，使其形成一个整体。

塑料薄壁件的强度不如相同厚度的金属板材，塑料薄壁件的连接有其自身特点。适用于金属板材的焊接、铆接、螺纹连接等方式均不适用于塑料薄壁件。

塑料零件和金属零件之间也需要设计相应的连接结构，同样存在不同的连接方式。

在设计连接结构时会出现许多问题，比如因为连接结构的存在，材料会产生堆积，导致缩痕的产生，处理不当会影响外观质量。对于自攻螺钉连接结构、卡簧扣合连接结构、弹性扣合连接结构，反复的拆卸会破坏这些结构，最终使其失效。

在设计过程中，重复使用两种以上连接方式，可以增强连接的可靠性。比如电器产品的塑料外壳连接，先用弹性扣合连接方式进行连接，再用自攻螺钉进行连接，可以增强连接的可靠性。

## 7.1.1 自攻螺钉连接

自攻螺钉连接属于螺纹紧固件连接，是在金属或非金属材料的预制孔中自行攻钻出所配合阴螺纹的一种有螺纹紧固件（图 7–1）。

塑料件采用自攻螺钉连接有如下优点：安装和拆卸简单快捷；所用零部件少，易于组织生产；自攻螺钉是标准件，易购；自攻螺钉有导引结构，可以使用电动螺丝刀，便于快速装配；整个连接结构占用空间小，便于减小产品体积；自攻螺钉与塑料紧固后摩擦力较大，在塑料件装配中有较强的自锁能力，在震动条件下不容易松动，连接可靠性高。

同时，自攻螺钉连接有如下缺点：由于塑料件的螺纹由自攻螺钉强制攻出，塑料螺纹本身强度不高，反复拆卸会减弱紧固力甚至不

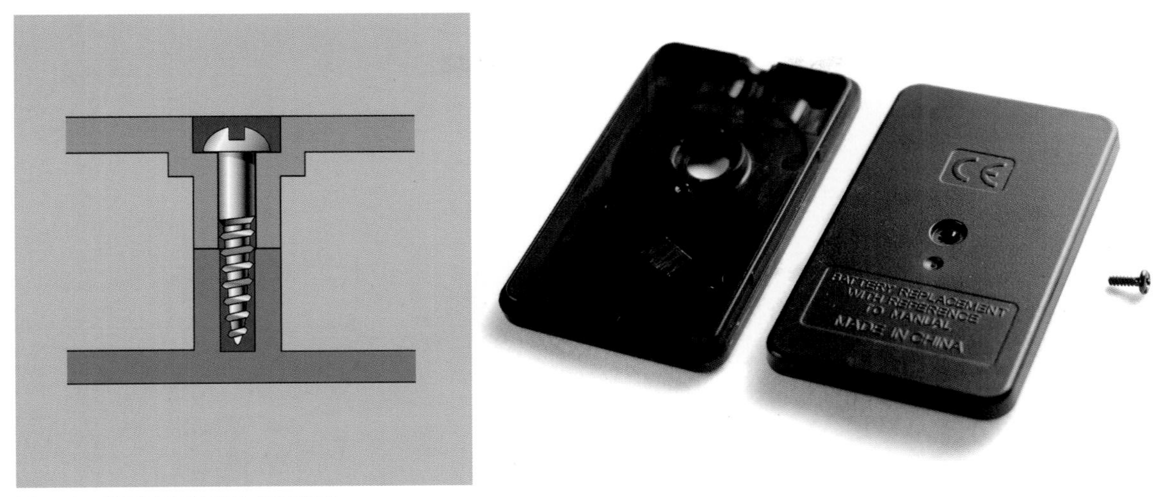


图 7-1 塑料产品的自攻螺钉连接
由于金属自攻螺钉相对塑料具有较高的强度，可在装配过程中将被连接件的螺柱孔攻出内螺纹，因此不需要配合螺母使用。

可逆转地破坏整个连接结构，使得塑料连接件失效（图 7-2）；自攻螺钉的自攻特性容易导致因定位不准而造成的误装配，也会降低重复装配的可靠性；紧固力随自攻螺钉和塑料螺柱的配合长度增加而增加，但是配合长度限制在产品的尺寸以内，因此紧固力不可能做到非常理想。

图 7-2 螺孔破坏
自攻螺钉反复拆卸会导致塑料螺柱材料发白、螺纹脱落甚至胀破，最终导致连接失效。

塑料产品自攻螺钉的螺柱设计有以下要点（图 7-3）：

（1）自攻螺钉连接中，塑料螺柱设计尺寸比较重要，关系到连接的可靠性。

（2）螺柱的设计应注意避免材料的集中，以降低冷却收缩时产生的缩痕对塑料外观的影响。

（3）螺柱过高需要在周围添加加强筋，用以结构的补强。

（4）塑料壳体设计中，螺柱的数量和空间分配，以及螺孔和侧壁、定位等其他结构特征的关系都需要非常考究的设计，可从大量成功产品中汲取经验。

### 7.1.2 螺栓连接

螺栓连接属于螺纹紧固件连接，需要和螺母配套使用，螺栓连接靠螺栓和螺母锁紧时产生的压力来紧固结构件（图 7-4）。

塑料件采用螺栓连接有以下优点：紧固作用力大，适合支架型、底座型受力产品；螺栓螺母是标准件，易购；能够反复拆装而不影响塑料结构件的性能。

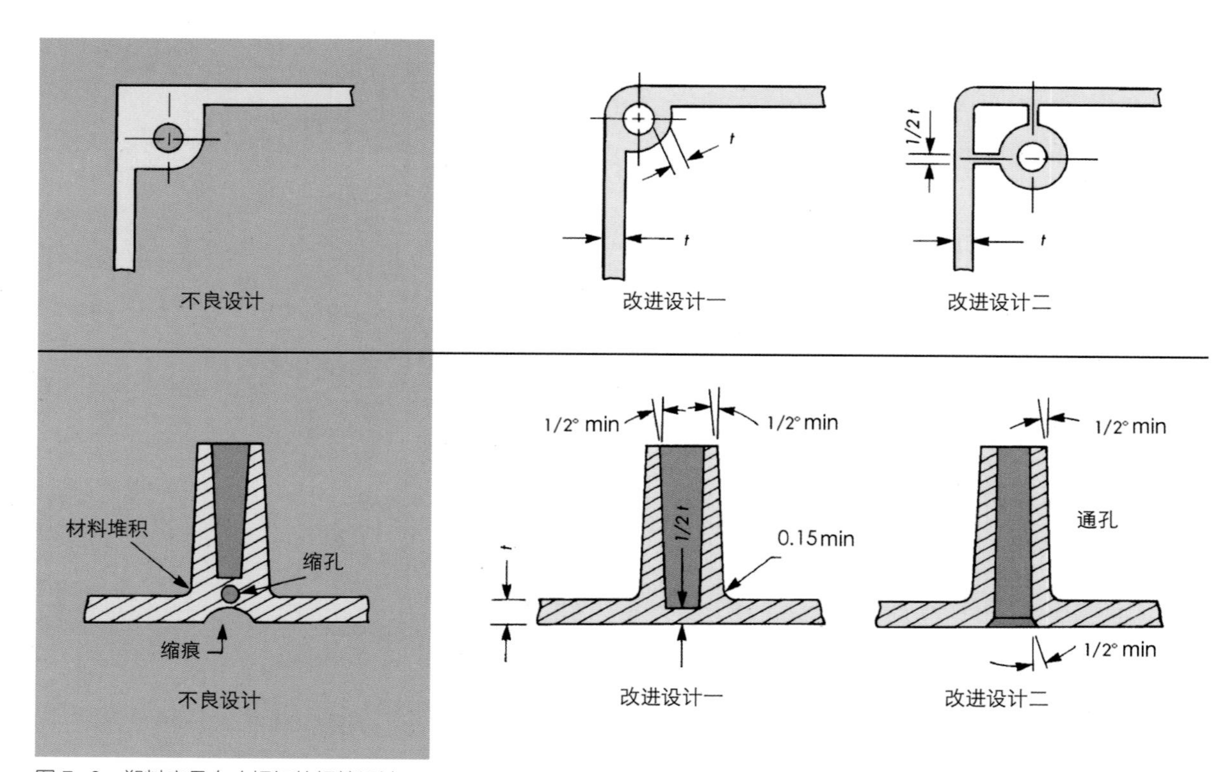


图 7-3 塑料产品自攻螺钉的螺柱设计

首先螺柱有强度要求（壁厚和高度），其次需要考虑拔模角度、材料是否有堆积现象及加强筋的分布方式。

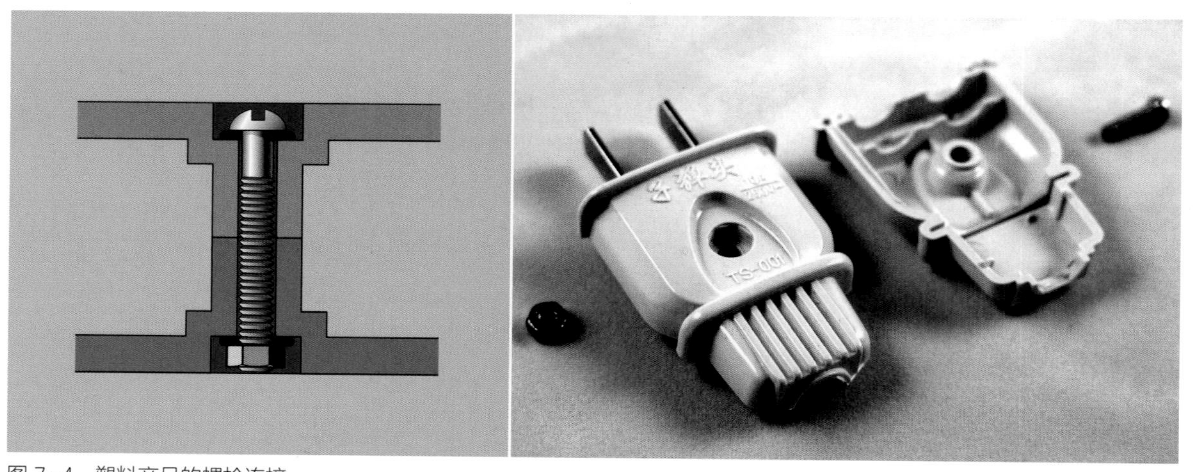

图 7-4 塑料产品的螺栓连接

螺栓连接应用广泛，只要设计得当，大部分材料和大部分场合都可以采用螺栓连接。

同时，螺栓连接有以下缺点：需要设计螺栓或螺母定位结构，否则需要同时使用两种工具进行装配；若连接件之一为金属结构，则紧固力可能过大以致损坏塑料连接件；螺栓和螺母必须成对出现，这对物流和零部件管理提出了更高要求，在检修过程中也容易丢失；整个连接结构体积庞大，需要设计螺栓、螺母的沉孔及垫片的空间；螺栓连接本身不抗震，长时间震动会造成螺母松动脱落，如要抗震，需要用到弹簧垫圈，所需紧固力也较大，因此螺栓不常用于大功率电动设备和移动设备的装配连接。

由螺栓连接的优缺点可以总结出其设计要点:

(1) 塑料螺柱必须根据螺栓和螺母的尺寸进行设计，需要在塑料件上做出凸台或沉孔。

(2) 构件上需要留足扳手等工具的活动空间。

(3) 螺母端或两端需要用到金属垫片以分散紧固力(图 7-5)。

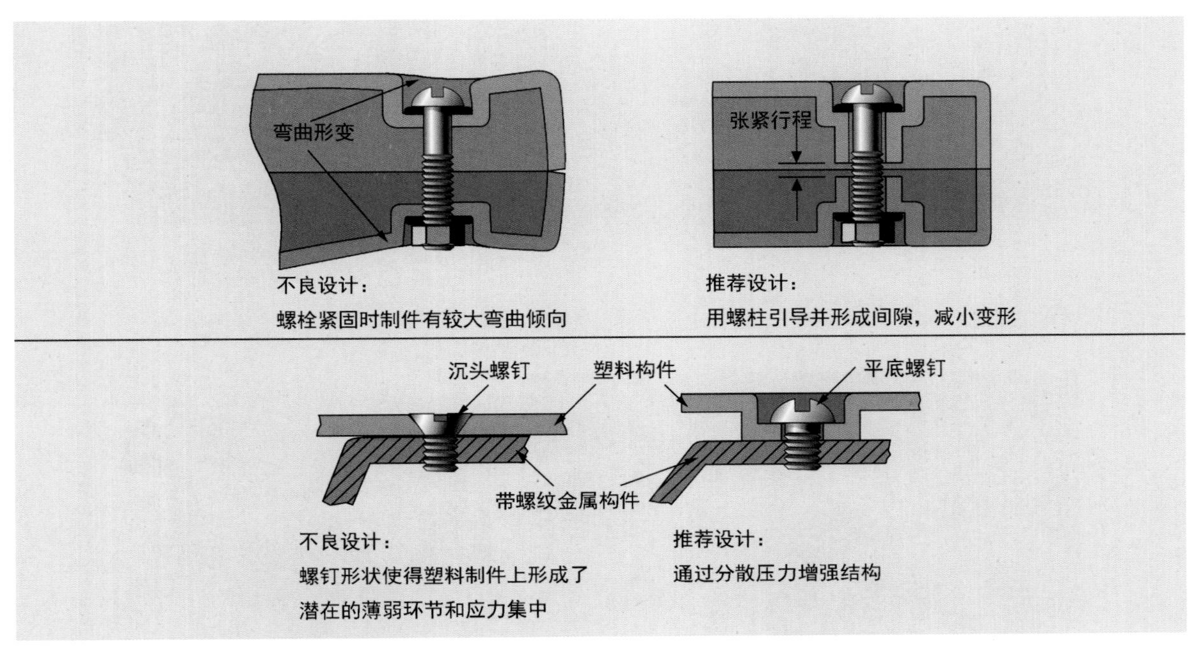


图 7-5　塑料产品螺栓、螺钉连接的设计
螺栓、螺钉连接需要考虑塑料制品和金属螺栓、金属底座之间的力学关系和空间关系。

## 7.1.3　预埋螺钉、螺母连接

预埋螺钉、螺母属于螺纹紧固件连接，可以理解为特殊情况下的螺栓连接。预埋件即预制埋件，此术语来自建筑工程，指预先安装(埋藏)在工程内的构件，用作砌筑上部结构时的搭接，利于外部工程设备基础的安装固定。预埋件大多由金属制造。

对注射成型而言，预埋件也叫作嵌件，嵌件就是将带有螺纹且外部有滚花或者其他摩擦纹的零件埋置在塑料件内，让其形成有效螺纹的构件(图 7-6)。

塑料件采用嵌件连接有以下优点：连接牢固可靠，紧固力大；所用零部件少，易于组织生产；可以反复拆卸而不会破坏塑料结构件。

同时，嵌件连接有以下缺点：需要在塑料模具中预先置入金属件，模具结构复杂，生产效率低；螺栓端占用空间往往比较大，结构细小的产品不适合使用连接结构；在回收利用产品时，预埋件分离困难。

## 7.1.4　塑料自身螺纹连接

通过注塑、滚塑等方式可以直接在塑料制品上生成螺纹（图 7-7），如饮料瓶的瓶盖和瓶身就是采用螺纹连接的。但是由于塑料强度不如金属，生成的螺纹通常模数较大，因此塑料螺纹显得粗大，常被设计成梯形以增加强度(图 7-8)。

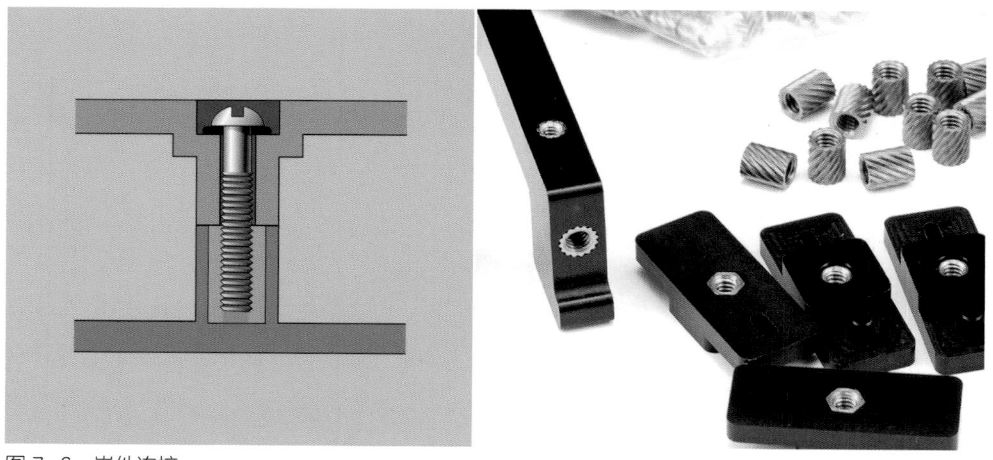

图 7-6 嵌件连接
针对各类热塑性塑料、热固性塑料零件有专用嵌件，适用于不同使用要求，包括热熔嵌件、超声波嵌件，模内注塑嵌件和冷压嵌件。

图 7-7 塑料螺纹连接
塑料螺纹连接有螺纹连接的一切优点，比如易拆卸、可重复使用、强度较好等。但是，相对于塑料的低强度，塑料螺纹结构就显得较为粗大，不易在精细的结构中完成连接。然而，粗大的塑料螺纹连接结构恰好可以用来作无工具拆装结构，如瓶盖等。

图 7-8 塑料螺纹连接产品设计
本设计巧妙利用了螺纹的工程特性，让产品重新组合，提高了产品的使用价值和趣味性。

### 7.1.5　金属卡簧连接

金属卡簧又称弹簧卡子、金属卡扣(图 7–9)，用于连接塑料的弹簧卡子多用金属冲压成型。它的存在使塑料的连接成本低且高效。

塑料件采用金属卡簧、金属卡扣连接有以下优点：安装方便、快捷；卡簧本身具有防脱落功能；塑料件结构简单。

同时，塑料件采用金属卡簧、金属卡扣连接有以下缺点：连接较难拆卸，拆卸时对塑料件有非常大的损伤；卡簧长时间使用会因失去弹力而失效，造成连接失效；卡簧不如螺栓和螺钉易购。

### 7.1.6　塑料弹性扣合连接

塑料弹性扣合又称塑料卡扣、扣位。有学者认为，对于塑料成型零件来说，各种类型设计完美的卡扣都可以提供可靠且高质量的紧固配置，它使得产品的装配效率极高。毫不夸张地讲，卡扣的装配结构已经使几乎所有种类的消费产品的制造效率发生了很大变革。

塑料卡扣是利用塑料的柔韧性，在塑料件的局部做的锁紧功能结构，是定位结构、锁紧结构和增强结构协调配合，在零件间起到机械连接作用。塑料卡扣在各零件之间形成弹性扣合(图 7–10)。

塑料件采用塑料弹性扣合有以下优点：使用

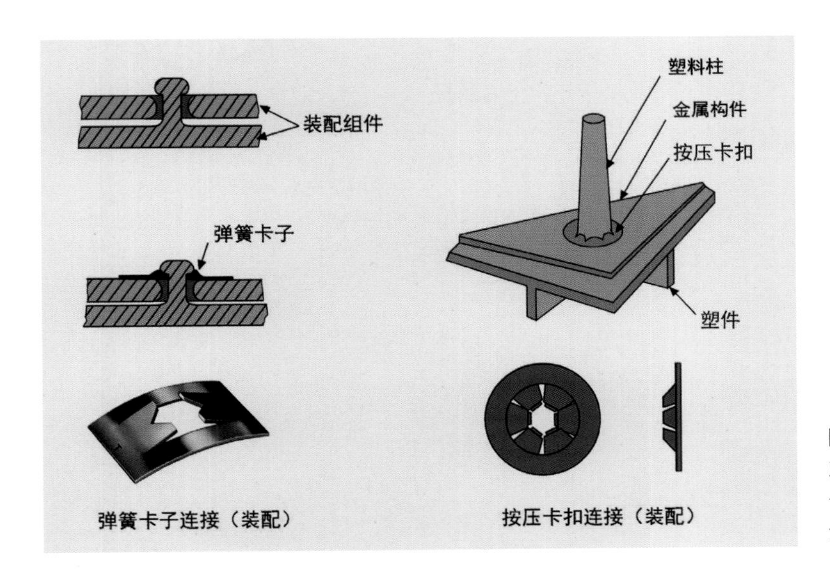


图 7–9　金属卡簧、金属卡扣连接
对于构件粗大、对外观要求不高、需承受一定震动、需要拆卸的连接，通常会用到金属卡簧、金属卡扣。

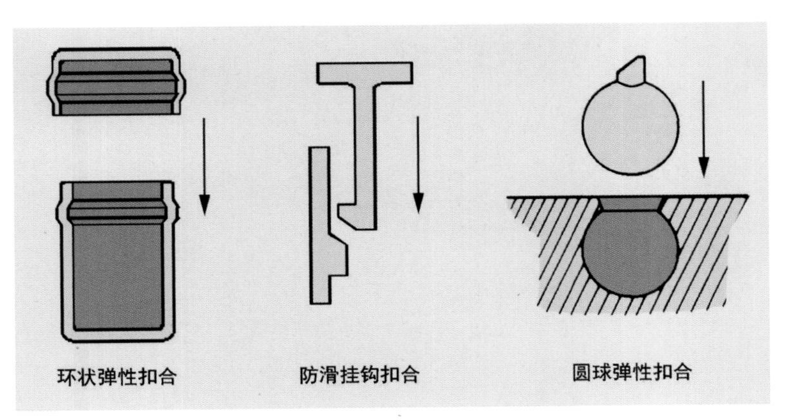


图 7–10　弹性扣合
弹性扣合在金属与金属、塑料与金属及塑料与塑料的连接场合都有效。

范围广泛，适用于绝大部分产品；连接隐藏性好，易于设计出外观质量高的产品；连接结构体积小，易于布置产品结构空间；弹性扣合产生的应力，有利于密封和吸噪；扣合结构本身也属于定位结构，不需要额外设计定位结构；装配到位时有扣合音产生，不容易产生误装配；扣合结构特征和塑料件是一体的，不需要额外的零部件，降低了采购和物流成本；使用方便，装配效率高，装配过程无须使用工具；可重复使用，可反复拆卸；产品回收再利用时省工省时，属于比较环保的设计。

同时，塑料弹性扣合有以下缺点：拆卸时需要一定技巧或专用工具，否则容易损伤塑料制品；拆装次数有限，反复拆卸可能造成损坏，“死扣”则基本不能拆卸，除非破坏整个结构；一些弹性结构连接力有限，需要配合螺钉使用，或者同时使用多个扣合结构；模具结构较为复杂，需要用到滑块结构，增加了产品成本（图 7-11）。

### 7.1.7 塑料防滑钉、塑料膨胀钉连接

塑料防滑钉也称塑料铆钉、塑料卡钉、棘齿塑料钉等（图 7-12），利用塑料的韧性连接构件。塑料膨胀钉是靠安装的时候产生的防滑倒钩结构紧固、连接构件。

塑料钉连接有以下优点：连接快捷方便；有防滑功能；可用于连接柔性材料而不损伤制品；塑料钉色彩多样，方便选择。

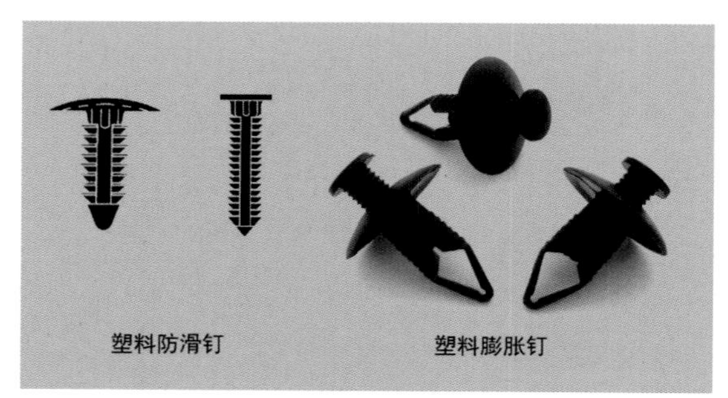


图 7-12 塑料防滑钉、塑料膨胀钉
塑料钉安装时无须使用安装工具，被按压入安装孔后，铆钉利用自身弹性胀开，紧紧扣牢需要紧固的面板，用于连接塑料壳体、毛毡、轻质板材、绝缘材料、电路板或其他轻薄的材料。

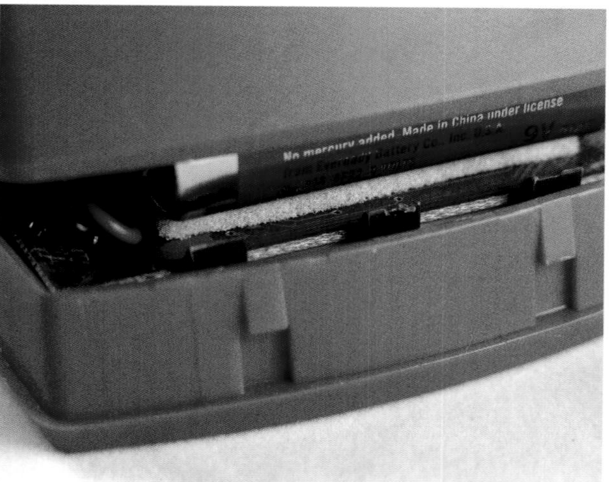

图 7-11 卡扣在产品结构中的应用
通过倒扣类形状的相互配合使两件或两件以上的部件能够扣在一起的结构，会使装配变得更简单快捷。

同时，塑料钉连接有以下缺点：有些拆卸后的塑料钉接近报废，必须更换新的，不够环保和节约；连接强度不高，适用于不重要的场合；外观不如其他连接；不容易拆卸。

### 7.1.8　过盈连接

过盈连接是利用零件间的过盈配合来实现连接，即靠零件的强制变形带来的应力锁紧材料，以实现连接。

过盈连接有以下优点：连接可靠；结构简单，定心精度好；可承受转矩、轴向力或两者复合的载荷，而且承载能力强，在冲击振动载荷下也能较可靠地工作；可用于金属材料和塑料的连接。

同时，过盈连接有以下缺点：结合面对加工精度要求较高；装配需要借助特殊工具；配合面边缘处应力集中较大；拆卸后塑料件接近报废。

### 7.1.9　粘结

粘结有以下优点：适合众多场合，灵活性高；接触面可以很大，连接强度高；与传统的机械紧固相比，粘结组件内的应力分布更均匀；粘结的组件结构比机械紧固（铆接、焊接、过盈连接和螺栓连接等方式）强度高、成本低、质量轻；用胶粘剂粘结的组件外观平整光滑，功能特性不下降（相对焊接而言）；可应用于大型塑料结构的生产。

同时，粘结有以下缺点：特定的塑料要用到特定的粘结剂，有些塑料几乎不能用粘结的方式连接，如特氟龙、聚乙烯和聚丙烯等；工艺费时费力，工序复杂；对工件表面的清洁度要求比较高，一般都需要预处理；必须保证一定的粘结面积，否则影响粘结强度；不易实现标准化作业，质量难以控制；一般情况下，粘结后不能够拆卸。

### 7.1.10　焊接

按照所采用的加热方式，塑料的焊接（图 7-13）通常有以下几种方式：

（1）采用接触加热方式的焊接技术有热板焊接、热棒、脉冲焊接。

（2）采用非接触加热方式的焊接技术有热风焊接、红外线焊接、激光焊接。

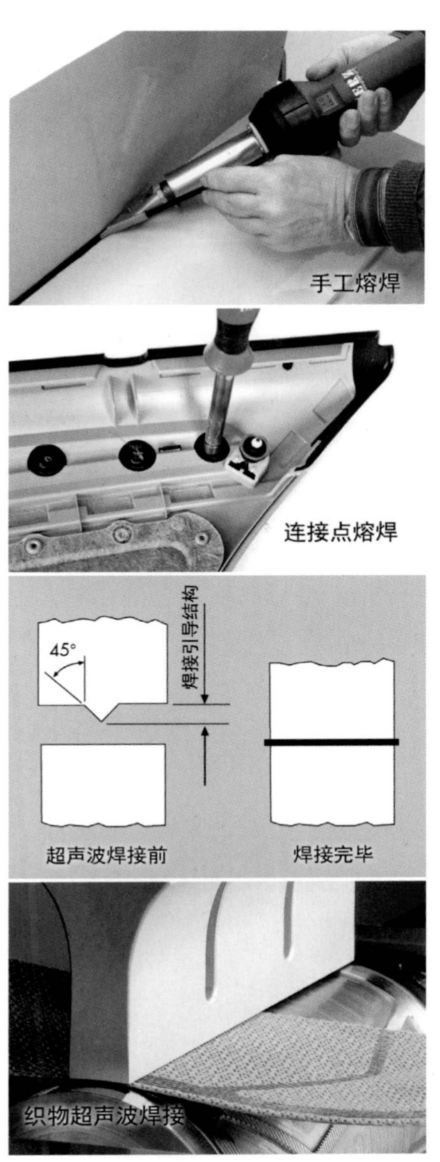


图 7-13　塑料焊接
塑料的熔焊常应用于非大批量生产的特殊场合。目前，超声波焊接已得到广泛应用。

(3) 采用机械换能方式的焊接技术有摩擦焊接、超声波焊接。

(4) 采用电磁感应的焊接技术有高频（感应）焊接。

塑料焊接工艺有以下优点：焊接的连接强度高，焊接部位的强度几乎等同于构件材料本身的强度；结构简单，占用空间相对螺钉连接等要小；可用于生产大型塑料结构；可用于密封连接结构。

同时，塑料焊接工艺有以下缺点：需要使用专门设备；无法拆卸；一般不能应用于外观面。

### 7.1.11 塑料连接结构设计知识小结

塑料连接结构设计知识小结见图 7-14。

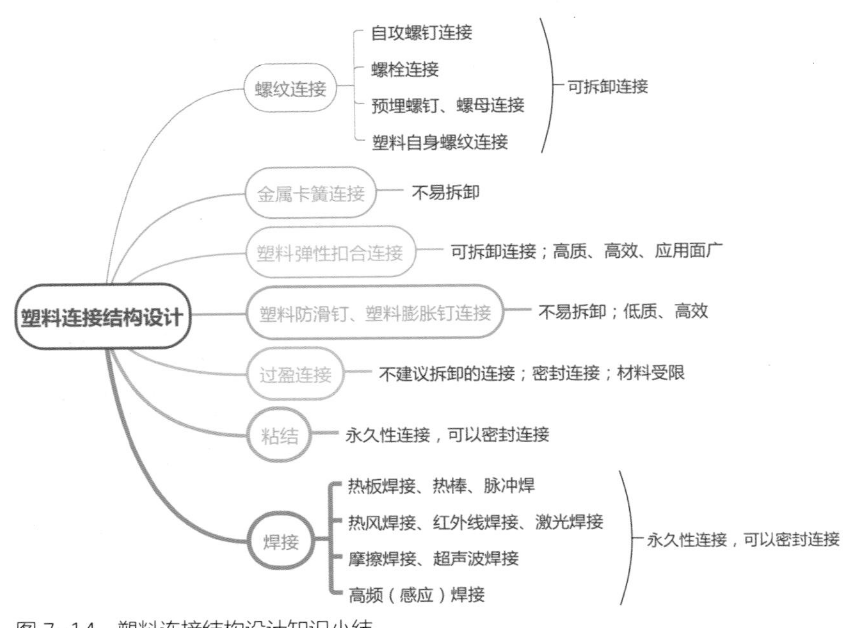

图 7-14　塑料连接结构设计知识小结

## 7.2 塑料密封结构设计

塑料的密封结构（图 7-15）多用在容器、管道上，通常有 3 种设计：第一种是采用填料进行密封，比如橡胶密封圈、生胶带等，对塑料主体进行密封连接；第二种是利用塑料自身的弹性形变，在外力的作用下封堵细微间隙（内密封），比如矿泉水瓶盖和瓶身之间的密封；第三种是利用塑料件之间的过盈配合进行密封，比如洗发水挤出口和瓶盖柱塞之间的密封。

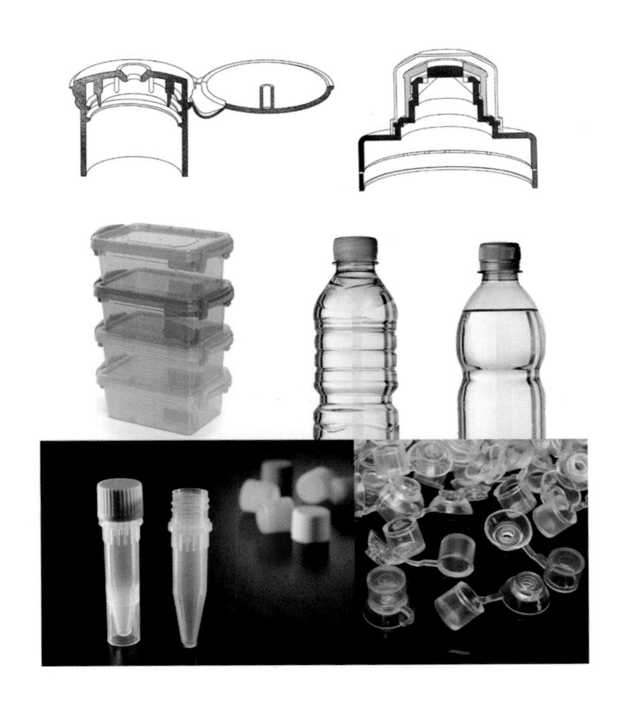

图 7-15　塑料密封结构
密封连接对连接尺寸的精度控制比较严格，同时对模具的要求也非常高。此外，由于密封结构主要应用在反复开合的场合，因此对塑料本身的要求也非常高，比如抗弯疲劳强度及吸水膨胀性等。
在设计时，需要检索相关资料，选择合适的材料和尺寸公差，并选用合理的密封结构，以求万无一失。

# 7.3　塑料铰链结构设计

铰链又称合页、肘结、活动关节，是产品的运动结构元素之一，工程结构上可以把铰链理解为转动副（图 7-16）。通常转动副由轴和轴套组成，精密的转动副需要用到轴承等体积庞大的结构，对于体积小巧且精密的产品而言，很难设计转动副。

在注射或挤出成型的过程中，塑料的长链高分子发生了取向，分子间结构趋于平行，这种取向结构具有非常优良的抗弯疲劳强度，可以反复弯折数万次甚至数十万次而不断裂。可以把这种取向结构设置在需要反复开合的部位，代替普通铰链（图 7-17）。

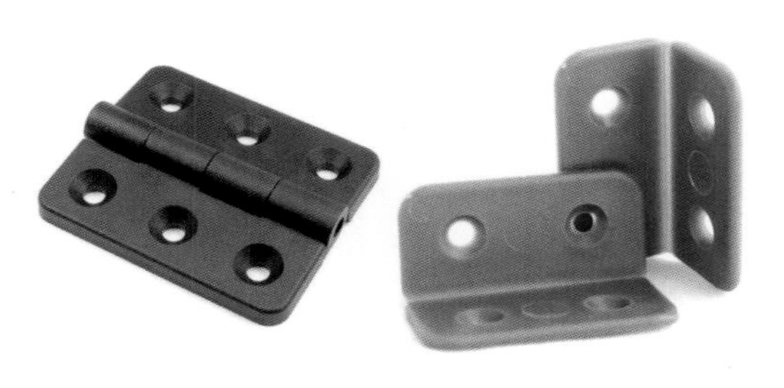

图 7-16　塑料铰链
塑料制品的铰链结构有两种实现方式：第一种是采用与普通机械产品类似的转动副，即一个轴加上一个轴套的结构；第二种是利用热塑性塑料自身的特点，即热塑性塑料在注塑过程中的取向，得到薄壁铰链结构。

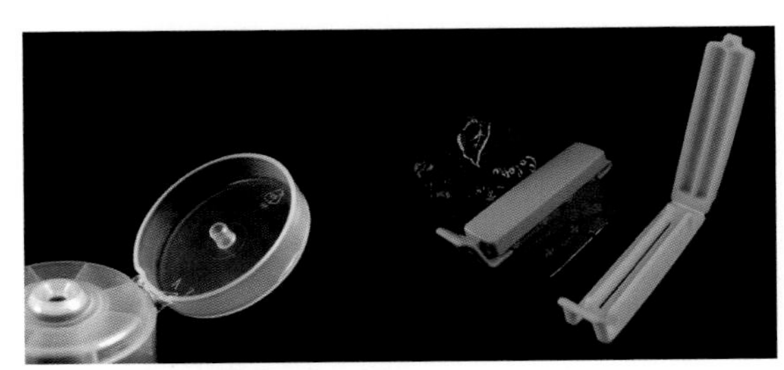

图 7-17　塑料铰链结构的应用
薄壁铰链结构设计已经得到全面应用，其优异的性能和简洁的形态征服了设计师，激发出源源不断的设计创意。薄壁铰链结构可以说是大巧若拙，充分体现出塑料结构设计的特色。

# 7.4 塑料弹性结构设计

塑料具有高弹性和高韧性，除了用于设计完美的扣合结构和铰链结构以外，也广泛应用于特殊的力学结构（图 7-18）。好的设计可以用一个塑料零件代替多个金属零件，简单而朴实。从这个方面来说，塑料特殊结构的设计可谓大智若愚，智慧体现在看似拙朴的结构中。

图 7-18 塑料弹性结构应用
许多产品应用了塑料的弹性结构，细节精妙。塑料的这种弹性结构已经成为其他材料不可替代的专属结构。

# 7.5 练习与实践

**一、填空题**

1. 自攻螺钉连接属于________连接，是在金属或非金属材料的预制孔中自行攻钻出所配合阴螺纹的一种有螺纹紧固件。

2. ________就是将带有螺纹且外部有滚花或者其他摩擦纹的零件埋置在塑料件内，让其形成有效螺纹的构件。

3. 塑料卡扣是利用塑料的________，在塑料件的局部做的锁紧功能结构，是定位结构、锁紧结构和增强结构协调配合，在零件间起到机械连接作用。

4. 与传统的机械紧固相比，粘结组件内的________分布更均匀。

5. 铰链又称合页、肘结、活动关节，是产品的运动结构元素之一，工程结构上可以把铰链理解为________。

**二、选择题**

1. 不易回收再循环利用的塑料连接结构是（　　）。

A. 焊接

B. 预埋螺母连接

C. 塑料弹性卡扣连接

D. 自攻螺钉连接

2. 塑料薄壁铰链是柔性铰链的一种，它通常是利用（　　）成型工艺来制造的。

A. 吹塑　　B. 编织

C. 挤塑　　D. 注塑

3. 塑料结构的（　　）隐藏性好，易于设计出外观质量高的产品。

A. 嵌件连接　　B. 自攻螺钉连接

C. 弹性卡扣连接　　D. 焊接

## 三、课题实践

课题实践以本章所讲内容为主，用塑料及注塑成型工艺完成小产品的设计，重点突出塑料结构的巧妙性和不可替代性，并尽量用最简单的结构去实现复杂的设计要求。

1. 设计过程

(1) 研究设计要求，根据设计要求选定塑料。

(2) 根据塑料类别和功能要求确定技术参数，如壁厚、拔模角度、倒圆角半径等。

(3) 根据技术参数和设计要求绘制草图、效果图、工程图，完成使用说明。

2. 提交内容

(1) 每个设计提供一套效果图方案，展现出产品的使用状态。

(2) 编写功能说明，使用说明。

(3) 每个零件绘制一张标准零件图，用最详尽的剖视图表达清楚。

(4) 绘制装配图。

3. 评价方式

(1) 设计可实现度（40%）。

(2) 设计要求符合程度（30%）。

(3) 主观审美和设计表达（20%）。

(4) 设计思想和设计概念（10%）。

4. 设计内容（选做）

(1) 设计便携式电池收纳盒。设计要求如下：

① 能够一次性容纳 4 节 5 号（AA）电池，电池置于电池盒后无晃动感。

② 取出 5 号电池后，能够一次性收纳 4 节 7 号电池，也无晃动感。

③ 能够在不打开装置的情况下看到收纳了多少节电池。

④ 不借助工具就能够打开该装置。

⑤ 密封防水，成本低廉。

(2) 设计硬币收纳盒。设计要求如下：

① 能够一次性容纳 20 枚 1 元人民币硬币，收纳硬币后无晃动感。

② 取出硬币和放入硬币的过程都比较简单，整个过程不借助工具，最好能够单手操作。

③ 能被稳定地放置于桌面，且方便携带。

④ 能够很直观地看出收纳的硬币数。

⑤ 成本低廉，设计有防摔结构。

(3) 设计熟鸡蛋起锅器。设计要求如下：

① 能够从热锅中夹起熟鸡蛋（而不是舀起），无须再借用其他工具。

② 不会因为受力过大而破碎（高可靠性）。

③ 夹好熟鸡蛋后可作为盛具放置在餐桌上，而不会使鸡蛋到处滚动。

④ 用最少的零件。

⑤ 清洁卫生，没有清洗死角。

(4) 设计徒步旅行用鸡蛋携带器。设计要求如下：

① 一次携带 10 枚生鸡蛋，兼具背负、手持功能。

② 剧烈晃动或落地不会损坏鸡蛋，盒盖被摔开后鸡蛋不会散落。

③ 不用打开盖子就能看到还剩几枚鸡蛋。

④ 结构简便、轻巧，可靠性高，便于携带。

(5) 设计圆珠笔。设计要求如下：

① 测绘一支圆珠笔芯。

② 根据此圆珠笔芯设计一支圆珠笔，满足笔的一切功能。

③ 外观新颖、简洁。

④ 结构合理，可实现性高。

5. 塑料工程结构设计案例(图 7-19～图 7-21)

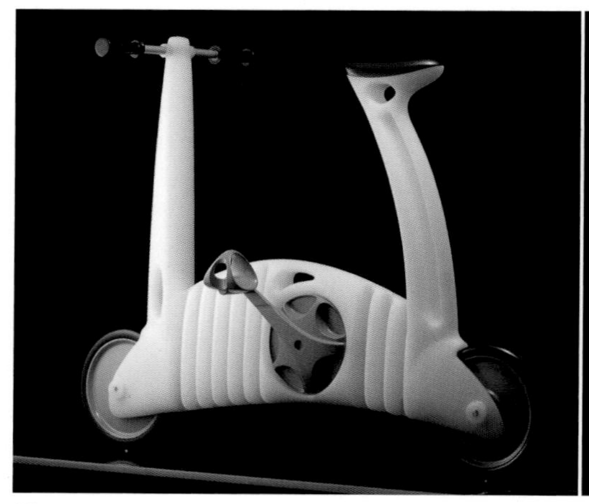
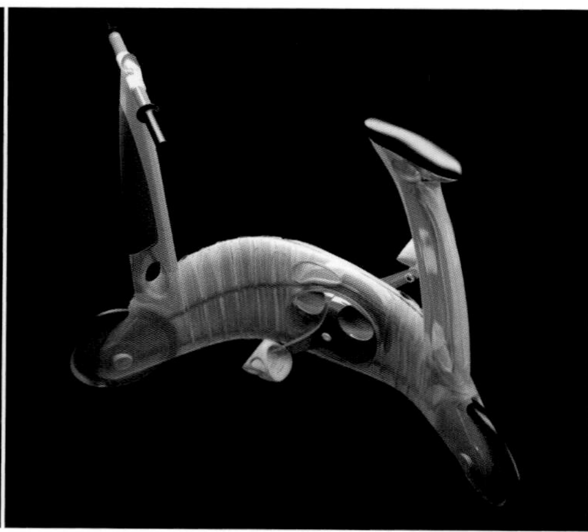

图 7-19　Swimming Hour 自行车
本设计利用了塑料弹性形变的特点，以及工程塑料在强度、韧性、减摩性等方面的优点，打造了一款可以随骑行者肢体摆动的自行车。这种“摆动”的转向方式，恰似游鱼自由穿行，简化了传统自行车复杂的转向结构，同时给使用者带来了特殊的趣味性。

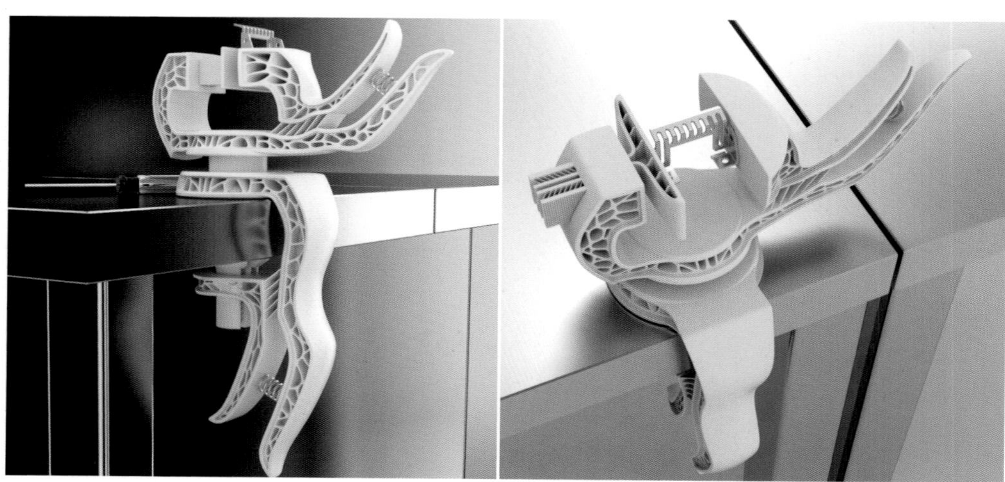

图 7-20　桌面塑料台虎钳设计
台虎钳是钳工工具之一，用于夹持工件并对工件进行各种加工操作。传统的台虎钳结构比较成熟，但一般是针对生产而设计的，对于业余人员和手工爱好者而言并非一种非常方便的工具。本设计利用塑料高弹性、高韧性的特点，简化了钢铁台虎钳复杂的传动机构，以简单的塑料结构实现了传统台虎钳的诸多零部件配合才能够实现的功能，同时简化了操作步骤，让手工劳动富有趣味。

图 7-21　塑料时装
以工程塑料和铰链工程结构完成的时装设计，设计者强调了特殊工程结构的美感，同时也让随机的花朵图案“工程化”。难度颇高的设计让整个时装显得神秘感十足。

# 第8章
# 平面构建立体——薄壁结构和冲压成型产品设计基础

教学目标：

（1）了解薄壁结构的力学构造。

（2）熟悉以冲压成型为主的金属板材成型加工工艺，熟知其分类、原理、优势和适用范围。

（3）了解基于成型工艺的金属板材制品的结构原理和外观造型设计之间的关系。

（4）掌握金属板材结构设计基础，初步具备将其应用于具体的设计案例中的能力。

（5）了解模压胶合板工艺及其造型、结构设计基础。

教学要求：

| 知识要点 | 能力要求 | 相关知识 |
| --- | --- | --- |
| 薄壁结构 | （1）了解薄壁材料的一些力学结构设计；<br>（2）了解薄壁材料力学结构的工程化应用 | 结构力学 |
| 冲压成型工艺 | （1）熟悉冲压成型工艺的原理、优势；<br>（2）熟悉冲压成型下属各成型工艺的原理和适用范围；<br>（3）熟悉冲裁、折弯、拉伸等重要冲压工艺的技术要点和设计要点，掌握简单的工程设计方法，如展开图的画法 | 设计史<br>画法几何<br>包装工程 |
| 金属板材结构设计 | （1）了解金属板材结构设计和外观造型设计之间的关系；<br>（2）熟悉金属板材壁厚选择和结构设计、外观造型设计之间的应用案例；<br>（3）熟悉金属板材连接结构设计；<br>（4）初步具备运用上述知识进行金属板材的产品设计和创新设计的能力 | 力学实验<br>模型表现 |
| 模压胶合板 | （1）了解模压胶合板的成型原理和适用范围；<br>（2）了解薄壁结构相关知识，初步具备运用成型原理设计胶合板产品的能力 | 设计史 |

结构力学中有两个比较典型的应用，一个是薄壁结构，另一个是薄壳结构。薄壁化的材料在工业生产中比较容易获得，它是现代工业的产物，比如，钢材的薄壁结构在现代社会中应用广泛，原因在于冷轧钢板生产高效且低廉（图 8-1）。对片状、板状结构的设计、分析和计算都十分复杂，尤其是当片状结构被裁剪、组合、编织之后。通常情况下，并不是每个设计方案都要通过计算去实现或校核。设计师可以通过观察积累经验，在实践中创新，掌握片状、薄壁结构的设计要领。

图 8-1 工业薄壁原材料
钢板、有色金属板、木板、塑料板和包装纸等都是工业上成熟且用量较大的原材料，也是能够以合理价格采购到的、基础建筑和产品都要用到的工业原材料。这些材料有些已经处于使用状态，有些经简单加工即可使用。同样的，这些原材料经过精心设计与深加工，能够形成丰富多彩的产品。

## 8.1 薄壁板材的工程化设计

薄壁板材和杆件材料的力学性能相似，在组成整个结构之前它们都显得比较“柔弱”。然而，通过实践可知，柔弱的杆件经设计与组合后，承载能力成倍增加，远远超乎我们的想象。对薄壁板材而言，合理的设计同样能大幅提升其力学性能。

薄壁板材的工程结构形式，有类似飞行器设计的薄壁结构，也有类似建筑设计的壳体结构。

与杆件受力不同，薄壁板材的受力非常复杂，远不是分析受拉和受压就能弄清楚的。因为薄壁板材二维展开的尺寸范围比其壁厚大得多，所以对薄壁板材形成的以杆件为主的实用结构件而言，弯曲受力会成为主要研究对象。如果要研究弯曲，则应引入截面惯性矩这一概念。

截面惯性矩是衡量截面抗弯能力的一个几何

参数，指截面各微元面积与各微元至截面上某一指定轴线距离二次方的乘积。也就是说，构件受力情况的好坏跟材料在空间上的分布有关，最好能够将其与弯曲中性面的距离放在一起考察。比如椭圆形截面的钢管，把椭圆长轴水平放置形成梁，这种情形下材料的抗弯强度是比不上椭圆长轴竖直放置的。

一般研究薄壁板材，都以普通纸张为例来考察。普通纸被水平放置的时候，很难具备抗弯力学性能，基本不能作为受力结构件使用。然而，可以改变纸张形态和放置方式，以得到所需的力学性能。在设计的实际应用中，可以用各种空间结构加强纸质平面薄板，比如波纹板、瓦楞纸、蜂巢板。这些做法实质就是改变了材料在使用的时候的截面惯性矩。事实证明，虽然它们结构轻巧、价格低廉，但是其力学性能也能达到使用要求。而在建筑或大型产品的设计制造中，薄壁结构还是通过各种加强结构来完成加强，形成复杂的空间组合结构。因为受到模具体量的限制，不容易在薄壁材料上直接形成加强效果。在一般产品中，可以增强薄壁板材力学性能的设计有：

(1) 弯折和重复弯折，形成 L 型结构和瓦楞结构，让二维的纸张变化为三维空间结构。

(2) 交错放置数层瓦楞结构，可以改变瓦楞结构的各向异性，优化和提升力学性能。

(3) 通过搭建板材的三维空间结构提升力学性能。

(4) 通过塑性变形形成空间体，通过弯折在结构的边缘形成凸缘和翻边结构。

(5) 通过卷曲让板材形成圆弧或圆筒。

(6) 搭建其他细微的空间结构，比如蜂巢板的夹层结构。

(7) 把薄板加工成杆件，再按照桁架结构进行设计。

(8) 通过隆起或凹陷形成卷折效果，构成加强筋结构。

(9) 有条件可以焊接或粘结加强筋结构。

# 8.2　钣金成型工艺

金属板材是一种比较特殊的材料，由冷轧或热轧工艺生产，可以批量化、连续化生产，成本低廉。此外，冷轧的金属板材由于存在冷作硬化（也称加工硬化），强度比热轧的板材好，也没有热轧过程中的氧化起皮现象，表面光洁度好，因此广泛地应用于工程结构中，甚至直接用于制作产品的外观零件，比如汽车车身。冷轧过程中也会产生特殊的纤维状肌理，给零件和产品带来一种特殊的饰面效果。

### 8.2.1 钣金

在电器产品的外壳、骨架、支撑件、外挂件等部分，都有金属板材的身影。金属板材作为一种特殊的工程材料，在应用工程中被称为“钣金”。

钣金的设计和生产水平可以在一定程度上反映一个国家的工业水平，因为钣金工艺集高效、低成本、低污染、低损耗、标准化等优势于一身，同时对加工的装备制造、工艺水平、自动化智能化水平都提出了相当高的要求，其成型效率也是其他金属加工工艺难以企及的。比如，汽车产业中的车身生产，基本是以钣金工艺为构架，整个生产过程包括板材的剪板、落料、预拉、拉深、焊接、喷漆等一气呵成，可以完全自动化作业，完成高效且高质量的生产。因此，钣金成型工艺的技术研究和设计应用十分重要（图 8-2）。

钣金通常是通过剪裁、弯折和冲压成型，钣金之间通过电阻焊、铆接或粘结完成连接，一些细小结构可以直接通过冲压完成。因此，合理的钣金结构材料的裁切和弯折方式是设计的关键。

图 8-2 汽车车身
汽车车身大量使用与钣金结构相关的工艺。如果用其他金属加工工艺，比如用铸造工艺来加工，则不可能完成汽车车身的薄壳结构的生产，同时铸造件的精度、强度、外观质量也远不如冲压件；如果采用切削加工，则根本不可能将一个巨大的钢锭切削成汽车壳体，任何一个有工程常识的人都不会选择这种工艺来加工汽车车身。

钣金加工用到的材料一般有冷轧钢板（SPCC）、热轧钢板（SHCC）、镀锌钢板（SECC、SGCC）、铜（Cu）、黄铜、紫铜、铍铜、铝板（6061、6063、硬铝等）、铝型材、不锈钢（镜面、拉丝面、雾面）等。一般需从产品用途和成本预算上考虑产品的选材（图 8-3）。

图 8-3 典型的钣金产品
采用钣金材料和工艺的产品应用范围非常广泛，覆盖了生产、生活的方方面面，其品质和造价也有很大的浮动空间，这一切都得益于钣金成型工艺的低门槛和高发展空间。

### 8.2.2 冲压工艺

钣金工艺大致可以分为手工加工和机器加工两大类，而机器加工成型最主要的工艺是冲压。冲压是靠压力机和模具对板材、带材、管材和型材等施加外力，使之发生塑性变形或分离，从而获得所需形状和尺寸的工件的成型加工方法。绝大部分冲压工艺用到的压力机是冲压式压力机，又称冲床。冲压所使用的模具称为冲压模具，简称冲模。冲压按加工温度可分为热冲压和冷冲压。

冲压和锻造同属塑性加工或压力加工，合称锻压。

与切削加工和塑性加工相比，冲压加工无论在技术方面还是在经济方面都有许多独特的优点，主要表现在以下几个方面：

（1）因为冲压成型主要用于板材加工，因此冲压件与一般的铸造件、锻造件相比，具有薄、匀、轻、强的特点，这些也是板材自身的特点（图 8-4）。

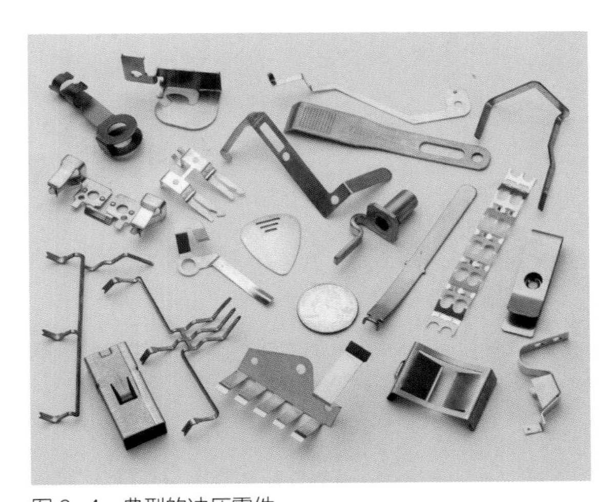

图 8-4　典型的冲压零件
从形态特征上很容易区分冲压成型的零部件和其他工艺成型的零部件，冲压成型的零部件材料独特，可以兼顾复杂结构与轻巧外观。

（2）冲压加工生产效率极高，成型的过程是以秒来计算的。比如，高速压力机每分钟可冲压数百次甚至数千次，而且每次冲压行程都可能得到一个冲件，这种机器工作效率很高，生产成本却很低（图 8-5）。

【冲压级进模】

（3）冲压加工自动化程度可以很高，比如采用复合模，尤其是多工位级进模，可在一台压力机上完成多道冲压工序，从带料的开卷、矫平、冲裁、成形到最后精整实现全自动生产（图 8-6）。

图 8-5　冲压的生产效率
在一些特殊的历史场合，冲压加工工艺几乎是无可替代的，比如，在战争期间，冲压加工是生产武器装备很好的工艺，历史上也不乏经典的设计案例，这些案例都是采用了冲压工艺来完成以往必须用切削工艺完成的零部件。

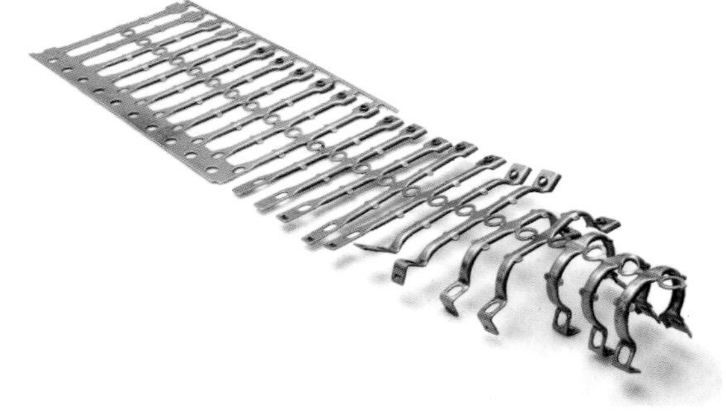

图 8-6　冲压级进模
冲压级进模（也称连续模）由多个工位组成，各工位按顺序关联完成不同的加工，在冲床的一次行程中完成一系列不同的冲压加工。一次行程完成以后，由冲床送料机按照一个固定的步距将材料向前移动，这样在一副模具上就可以完成多道工序，一般有冲孔、落料、折弯、切边、拉深等。

（4）冲压加工的精度可以极高，高品质的冲压工件精度可达微米级，且一般不破坏冲压件的表面质量。所以，冲压成型的制品质量稳定、重复精度高、规格一致、互换性好，具备“一模一样”的特征。冷冲压件一般不再需要切削加工，或仅需少量的切削加工。

图 8-7　冲压件的精度
图为移动电话内部的一些精密的冲压零部件，冲压完成以后可以直接投入装配，可以看出其加工精度是非常高的。

热冲压件的精度和表面质量不如冷冲压件，但仍优于铸件、锻件。

(5) 冲压成型可加工出尺寸范围较大、形状复杂的零件，小到钟表的秒表针，大到汽车纵梁、汽车壳体等。

(6) 冲压成型时，材料发生冷作硬化，因此相对于铸造等工艺的制品，冲压件的强度和刚度均较高。

(7) 冲压加工一般不产生切屑碎料，材料的消耗较少，且不需其他加热设备，是一种省料、节能的加工方法，而且冲压件的成本相对较低。

(8) 由于板材的一些形态特征可以做到标准化，比如孔眼的形状、大小等，因此复杂的冲压成型比较容易实现参数化和模块化的计算机自动化控制，这是锻造成型和铸造成型不可比的加工优势。

(9) 冲压可轻易制出其他方法难以制造的带有加强筋、肋、起伏或翻边的工件，也可以冲压出孔窝、凸台等复杂结构，这些细节结构除了可以大幅增强钣金件的刚度，还可以给制品带来更多的结构特征，比如定位、限位、紧固等（图 8-8）。

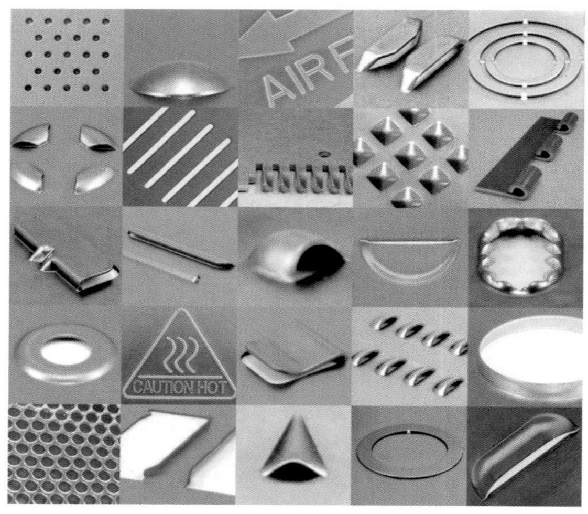


图 8-8　冲压件的细节结构与设计
冲压成型对原材料的利用率非常高，制品的造型特征和结构特征受板状的材料限制，但这并没有限制设计师想象力的发挥。

由于冲压加工有上述优越性，因此其应用范围十分广泛。全世界的钢材中有 60%～70% 是板材，而这些板材大部分由冲压加工工艺制成。

## 8.2.3　冲裁

冲裁也称冲切，是冲压工艺的一部分，是冲压过程中的剪切、落料、冲孔、冲缺、冲槽、剖切、凿切、切边、切舌、切开、整修等分离工序的总称（图 8-9）。冲裁可以直接

【冲裁】

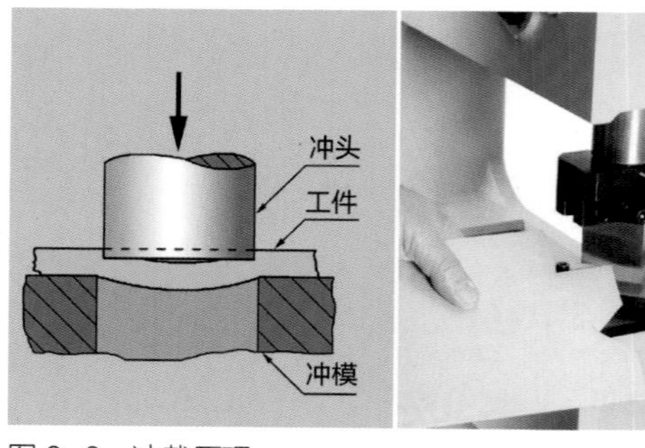


图 8-9　冲裁原理
冲裁通过快速的剪切来完成成型加工，因此速度快、效率高。如果使用辊筒式的冲模连续作业，效果更明显。

制作平板零件或为其他冲压工序如弯曲、拉深、成形等准备毛坯，也可以在已成型的冲压件上进行切口、修边等（图 8-10）。

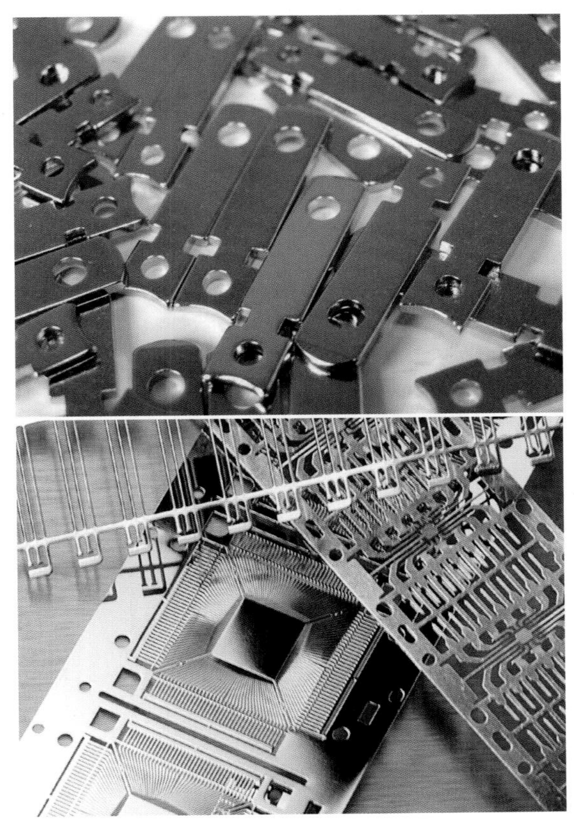

图 8-10　冲裁零部件
冲裁可用来加工零部件，比如电器插头的金属片，或者加工一些复杂制品的细节部分。用切割的方式来生产这些零部件难度很高，并且费工、费时。

冲裁分为普通冲裁和精密冲裁，二者在精度和成本上有差别。冲裁除了生产毛坯和零部件，也可以直接生产最终产品（图 8-11、图 8-12）。

图 8-11　冲裁产品一
冲裁工艺也应用于产品的其他细节。可以看出，冲裁工艺可以制作很多精细的结构，同时比其他工艺价格更低廉。

图 8-12　冲裁产品二
图为冲裁工艺直接完成终端产品的案例。大批量生产时，采用冲裁工艺生产的产品价格会非常低廉，但是价格廉价并不代表设计低廉。

通过这些案例可以看出，设计师掌握一种工艺并直接将其应用于设计上，可以产生更多的设计灵感，设计作品也更容易向产品转化，而不是永远停留在纸面。

1. 数控冲裁

对于冲压工艺，上文提到过生产效率和价格的问题，就是说冲压可以做到非常高的生产效率和非常低的产品价格。但是有个先决条件，那就是冲压产品的产量必须很高，否则冲压生产的价格也不会太低，因为涉及模具的安装调试和生产班组的轮班等问题。

对于小批量的冲压产品生产，用专用模具就不够经济，这时可以采用数控冲裁（图 8-13）。

图 8-13 数控冲裁
数控冲裁是利用数控冲床，在计算机辅助控制下，用标准化的多种冲模对工件进行冲裁的过程，可以完成复杂、小批量的冲裁成型工序，也可以完成一些产品的试制工作。

2. 冲裁的排样

冲裁工艺其实还有很多技术细节，比如冲裁模具的设计和冲裁机床的选择等。冲裁的排样是设计师应了解的一个技术细节。排样是指需要开料的工件在板料上的布置和开切方式（图 8-14）。

图 8-14 冲裁的排样
在产品生产制造的过程中，工程师可以通过选择合理的排样布局方式，提高材料利用率、降低生产成本、保证工件质量、提高模具寿命。

排样对于板材切割等工艺都有要求，因为原材料有固定的规格，在规格范围内合理排样非常重要。我们知道，钣金的冲裁工艺的原材料是成卷的冷轧钢板，这些钢板是卷曲的、连续的，并不像铸造工艺的原材料那样能反复回收利用，冲裁的边角料只能作为工业废弃物，被炼制或轧制后才能够再次进入冲压加工工序。因此，在冲压、冲裁工艺中，选择合理的排样方式，是提高材料利用率、降低生产成本和保证工件质量及模具寿命的有效措施。

根据冲裁件在板料上的布置方式，排样形式有直排、单行排、多行排、斜排、对头直排和对头斜排等。

对于一些产品，设计过程中合理的排样能够节省很多材料，可以减少废弃料甚至杜绝废弃料，这是绿色环保方向一个重要的设计亮点。同时，合理的排样在一定程度上能做到扁平化包装，这一点也是现代设计非常推崇的。扁平化包装是一种环境友好型包装，同时能给用户带来动手组装的乐趣和挑战（图 8-15）。

3. 冲裁的结构工艺性设计要点

① 冲裁件的外形应该尽量简单，避免细长的悬臂结构和狭槽结构。

② 冲裁件外形设计应当尽量使得排样废料最少，从而减少原料浪费、减少工业废弃物。

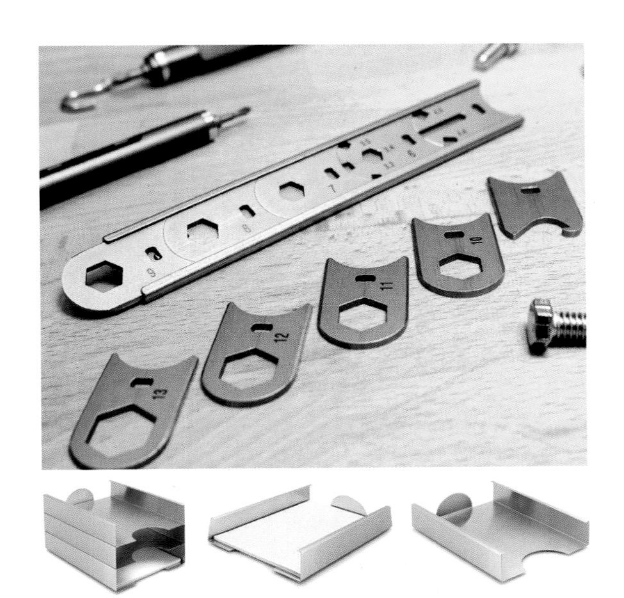

图 8-15　材料排样与产品设计
这组图片呈现的是最终产品，排样可以使产品得到趣味的呈现。我们在观察思考后可以发现，这组产品其实是很巧妙的，巧妙的地方在于合理且趣味性地发掘了原材料自身的特征，如原材料的规格尺寸。

③ 冲裁件的外缘及内部应该尽量避免缺口、尖角形态。

④ 受冲头强度的限制，冲裁件的孔应优先选用圆孔，且冲孔直径不能太小。

⑤ 钣金件的孔间距、孔与边缘的距离应该合适，以免冲压时变形、破裂。

⑥ 折弯件及拉深件冲孔时，孔缘与直壁之间应保留一定距离。

### 8.2.4　折弯

折弯是在金属板料的折弯机上，在上模（冲头）和下模的压力作用下，通过使金属板材产生塑性变形来完成折弯成型的工艺（图 8-16）。折弯工艺应用广泛，从小型壳体、家具类产品到大型交通工具的零部件，都可以采用折弯工艺生产（图 8-17）。

产品在完成折弯以后，由于发生了冷作硬化，其棱边的力学性能自动增强。折弯的棱线普遍比弯曲成型、拉深成型的板料要更锐利，也比铸造和注塑成型的材料的转角更锐利，且棱角分明、更有力度感。因此，就产品造型而言，折弯工艺结合冲压工艺可以生产极具科技感的产品，可以生产精细的机箱产品，也可以生产高端办公家具（图 8-18、图 8-19）。折弯工艺多用于生产电器壳体，设计和工艺都非常成熟。

简单的折弯工艺可以有多种变化，比如创新材料的选取方式与表面处理方式，改变弯折

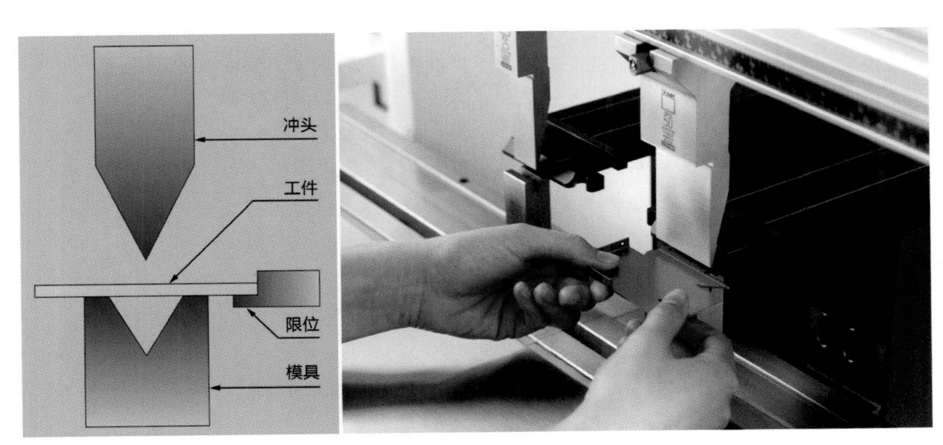


图 8-16　折弯原理
折弯用到的上模（冲头）和下模可以采用标准化模具，不用根据产品定制。此外，折弯工艺所能加工的材料尺寸范围大。因此，折弯工艺对小批量试制产品有非常大的加工优势。

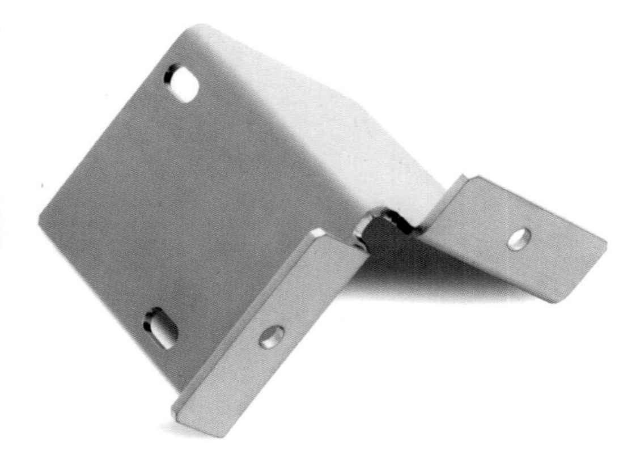

图 8-17 折弯零件

折弯一般在冲裁完成的坯料上进行，类似折纸盒的过程。折弯机通过一个简单的下压动作就可以完成一道弯折工序，可以将二维平面材料转换为三维器物，所以折弯工艺的效率也是相当高的。

图 8-18 折弯产品一

折弯工艺结合其他冲压工艺和后期处理，比如镂空、穿插等，可以实现一些富有想象力和艺术感染力的设计。这些设计形式通过其他的工艺方式很难做到廉价和普及。

图 8-19 折弯产品二

折弯工艺虽然很简单，但是其设计表现却不同凡响。不过，折弯工艺有很高的难度，因为生产过程是从二维材料到三维制品的快速转换，需要设计师具备强大的空间想象能力和创新能力。

的空间和折弯的方式等，这些变化可以让产品变得丰富多彩、赏心悦目（图 8-20）。

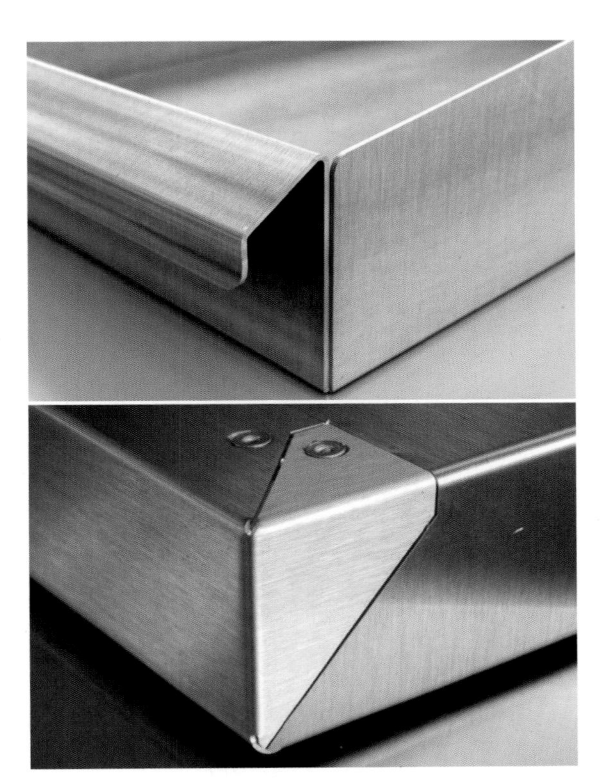

图 8-20　折弯工艺细节处理
由于折弯是对单一的板材进行反复的弯折，所以需要密切留意弯折后空间的变化，留意会不会有空间的干涉或者不成立，折弯的过程中是否存在模具不具备操作空间的情况。这些都需要我们通过模型或计算机辅助设计去验证。

当然，如果不了解折弯工艺及其设计要点，是无法生产这种材料、工艺、结构和外观高度统一的设计作品的。

1. 折弯工艺孔

当折弯产生的空间结构复杂多变的时候，经常会有棱边相遇的情况，受金属板自身厚度及金属材料塑性变形的影响，材料在棱边末端会产生畸变。过多的畸变相碰会造成折弯产品质量不稳定，因此需要剪裁掉棱边相遇处的部分材料，通常是以圆孔的形式剪裁。这种圆孔就叫作工艺孔（图 8-21、图 8-22）。

此外，棱边相遇的位置常是裁板的时候尖角的位置，在加工过程和使用过程中，应力集中带来的破坏会很明显，因此需要将其化解。设计工艺孔是一种化解应力集中的好方法。

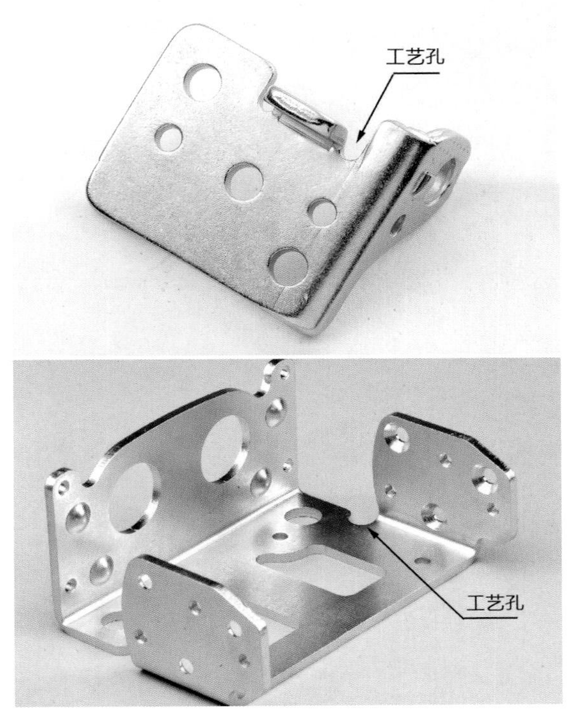


图 8-21　折弯工艺孔
如图可见工艺孔通常所在的位置。如果需要折弯的是薄壁材料，或者折弯后产品的尺寸要求不严格，可以不设计工艺孔。

图 8-22　产品中的折弯工艺孔
工艺孔一方面的确是来自工艺和结构的要求，没有它就完成不了相应的成型工艺；另一方面工艺孔的存在让设计作品的风格发生了一些小小的变化，所有的结构细节都有这种圆润的结构存在，甚至可以将其设计得很夸张，突出其工艺特点，突出钣金工艺产品特殊的美感。

2. 折弯展开图

折弯生产工艺需要用到折弯件的展开图（图 8-23）。设计制图中对展开图的画法有相关规定，展开图需要展示对板材进行剪裁的形状和尺寸，同时需要对折弯位置和角度进行标注。折弯件展开图是决定折弯设计成功与否的关键。折弯建立在一定规格的原材料的基础上，不能超过这个原材料的尺寸去展开设计，设计过程中可以根据三维实物模型来拆解并完成展开图的绘制。

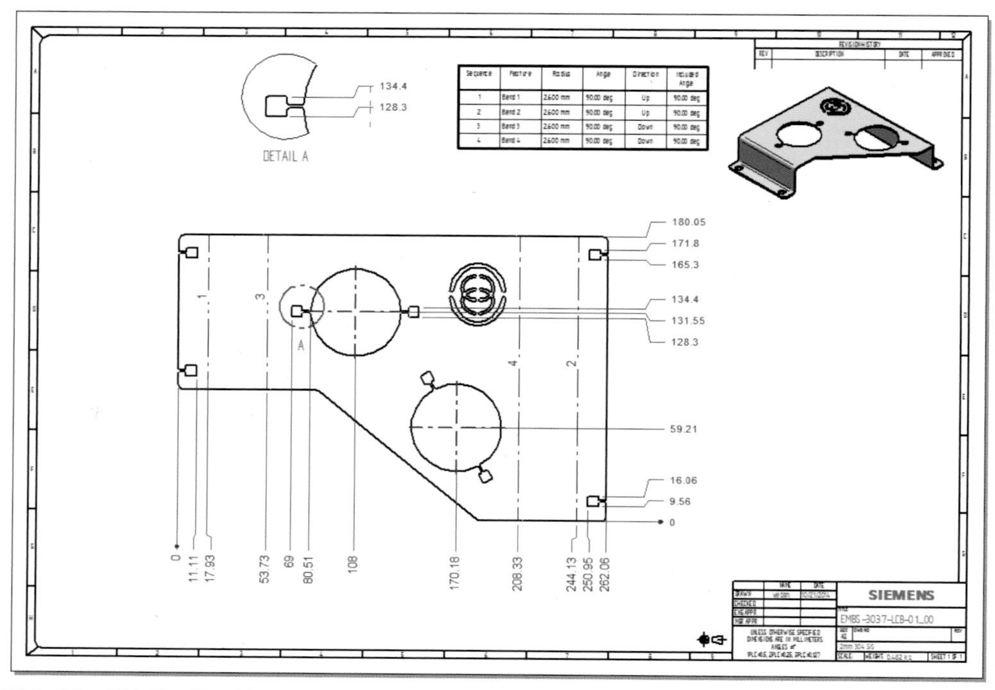


图 8-23　折弯展开图示例

展开图应该是详细的工程图纸，包含生产加工的全部信息。

3. 折弯的结构工艺性设计要点

① 设计师需要保证折弯工件的最小弯曲半径，半径过小会使得外层圆角的拉应力超过材料的强度极限，使材料产生裂缝或折断。折弯工件的弯曲圆角也不能过大，受材料回弹的影响，难以保证弯曲后的尺寸精度和形状，一般内圆角最小弯曲半径推荐值为 $R=1.2t \sim 2.0t$（$t$ 为壁厚）。

② 弯曲件的直边高度不能太小，否则难以达到设计精度，推荐直边高度 $h \geqslant R+2t$。

③ 折弯件孔缘不能离折弯线太近，否则会造成孔的变形和开裂，推荐距离 $l \geqslant R+t$。

④ 在靠近折弯圆角边的临近边折弯时，折弯边应与圆角保持一定距离，距离 $l \geqslant 0.5t$。

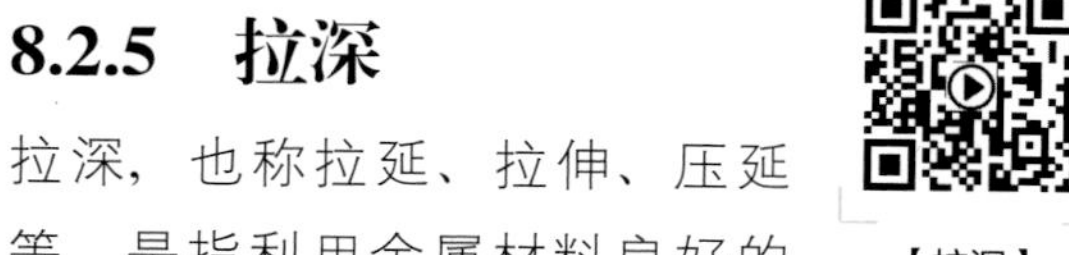


## 8.2.5　拉深

拉深，也称拉延、拉伸、压延等，是指利用金属材料良好的延展性，用模具将冲裁后得到的一定形状的平板毛坯冲成各种开口空心零件，或者将开口空心毛坯减小直径、增大深度的一种成型加工工艺（图 8-24）。用拉深工艺可以制造筒形、阶梯形、锥形、球形、盒型和其他不规则形状的薄壁零件。拉深与翻边、胀形、扩口、缩口等冲压成形工艺配合，还能制造形状极为复杂的零件（图 8-25～图 8-27）。

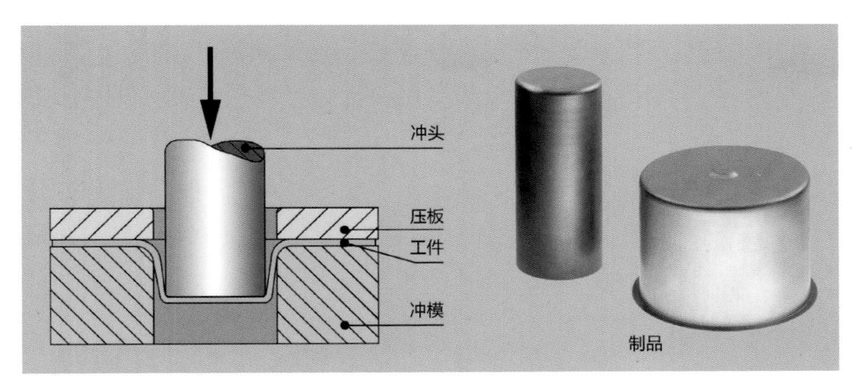


图 8-24　拉深原理与拉深制品
从图中所示的拉深的原理可知，拉深制品的开口应该比底座尺寸略大，类似广口容器。同时，拉深制品应该有比较明显的边缘（后续可切除），一方面起到加强的作用，另一方面在拉深过程中模具对毛坯的夹持需要预留一个边缘。

图 8-25　拉深制品半成品
这是钣金拉深的一些半成品，可以看出，这种器皿类制品在成型过程中都预留了边缘，下一步工序是将它们切除并去除边缘的毛刺，或者保留边缘，用于焊接几个部分的零件。

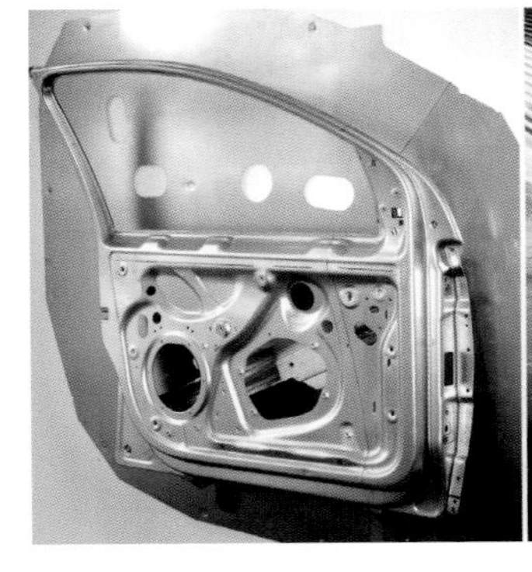

图 8-26　复杂的车身拉深件
拉深工艺应用广泛，在汽车车身生产中占据主导地位。汽车车身钣金件尺寸大、形状复杂，对制品精度要求高，对生产过程自动化程度要求也高，这对整个汽车生产行业是一个不小的考验。

图 8-27　拉深工艺细节
有时候拉深零件的边缘成了下一步工序的必要结构，比如油箱壳体的左右两个部分，其互相贴合的边缘可以焊接为一体。图示制品的造型特征显示其成型工艺包含钣金拉深工艺，设计师在绘制效果图的时候可以准确地标注出成型工艺的信息。

对于一些很深的容器类制品，比如铝质饮料罐（易拉罐），其拉深工艺就显得比较复杂。为了避免拉深过程中材料被拉裂或拉破，需要由浅至深一步一步地完成整个成型过程（图 8-28）。

金属板材拉深工艺存在的历史并不短，在塑料及塑料注塑工艺成熟之前，机床、交通工具、武器装备和家用电器等的壳体多用金属板材和木材来制作。家电等产品的设计追求

图 8-28　拉深产品
铝易拉罐生产工艺流程中，落料、拉伸、罐体成形、修边、缩径、翻边工序需要模具加工，落料、拉伸和罐体成形工序与模具最为关键，生产工艺水平及模具设计制造水平的高低直接影响易拉罐的质量和生产成本。

美感，如果要利用金属板材来实现曲面的造型，那么对曲面的细节是有一定要求的。早期的钣金壳体趋于圆润，没有太锋利的棱角，这是由冲压工艺和金属板材性能的限制造成的（图 8-29）。

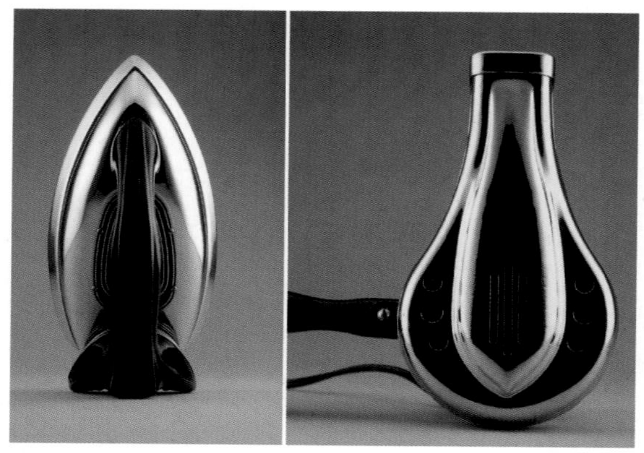

图 8-29　拉深工艺与产品设计
实际上在工业设计的历史上有一个“流线型”设计风格的时代，这种设计风格的诞生归功于空气动力学的研究成果，还得益于钣金成型工艺带来的机器生产的便利，但也饱受不发达的钣金材料和成型工艺的限制，因此，所有的钣金结构都显得“圆滚滚”的。设计语言受限于加工工艺，我们不是第一次遇到这种情况了。

## 8.2.6　起伏

起伏工艺从字面上讲也是很容易理解的，它有点类似于拉深，但是比拉深的形变尺度要小，一般是做凹凸的细节。用术语来讲，起伏成型是依靠材料的延伸使工序件形成凹陷或凸起的冲压工序。

起伏成型在工程上主要用于增加零件的刚度和强度，如压加强筋、加强窝等；起伏工艺在产品外观上可以完成压凸包、压字、压花纹等（图 8-30）。对于工程结构，起伏工艺能够在零部件安装特征，比如凸台、凹槽等方面起到局部增强的作用；局部的压筋或环形压筋也能提升整个零部件的强度和刚度（图 8-31、图 8-32）。

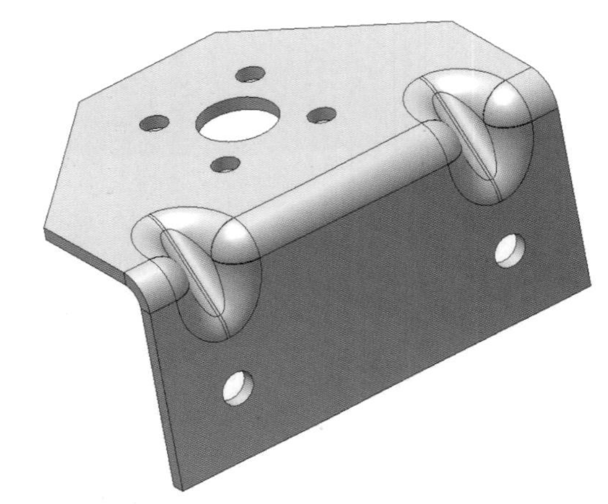

图 8-30　起伏成型应用
优秀的外观设计常带有理性的细节元素，其实这些设计元素很多都是来自工程的需求，合理地利用工程元素对于拓展设计语言是非常有利的。

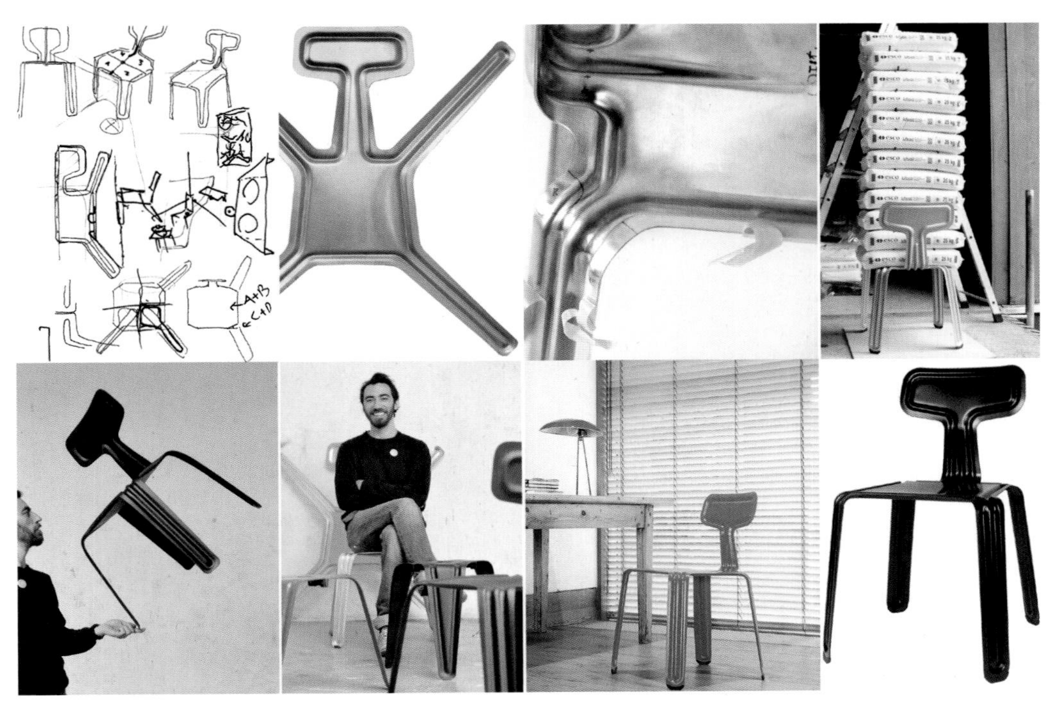

图 8-31　起伏成型与产品设计
一些钣金家具自身的重量其实并不小，因为金属材料的密度很高。即使金属板材只有 4 ~ 5mm 的厚度，大尺寸的金属产品的重量也是很大的。从成本和重量的角度考虑，钣金家具经常会用到薄钢板，比如 0.5 ~ 1.5mm 厚度的钢板甚至铝板。
采用薄钢板让产品更廉价、更轻巧、更容易加工，但是需要对其刚性和强度加以设计。对金属板材做压筋处理是一个很好的解决方案，如果设计得合理，除了能够做到轻巧实用，还能够用合理的纹样给产品带来更丰富的外观细节。怎么去压筋、在哪里压筋，这些都是很工程化的问题，但是增强结构本身就是设计的一部分，会自然而然地融入设计作品。

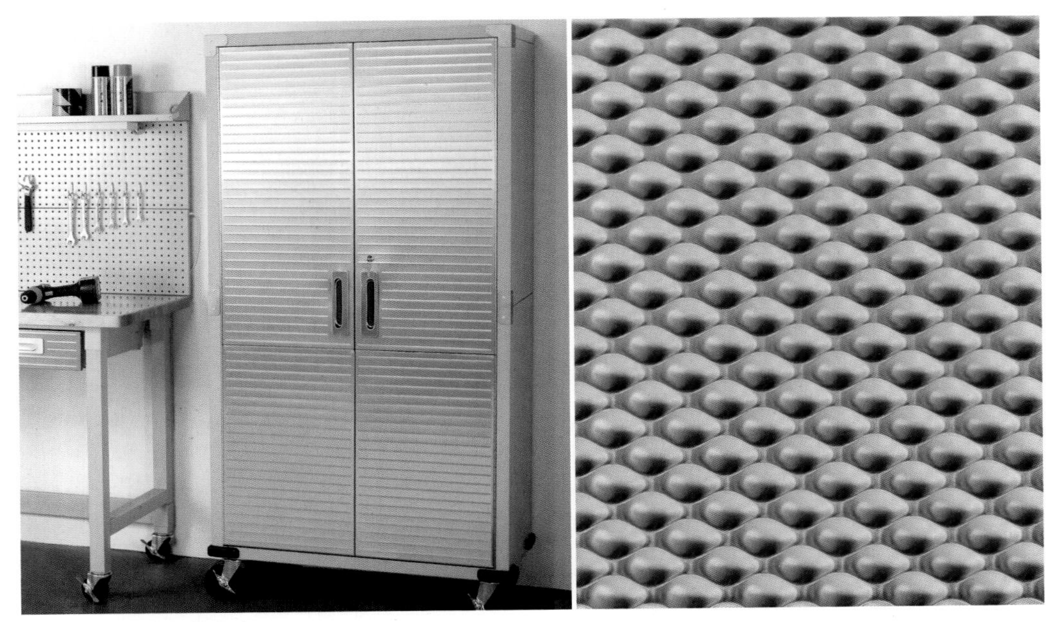

图 8-32　起伏细节设计
起伏结构除了能够增强产品的强度和刚度以外，也是对钣金做美化处理的手段之一。起伏纹样是三维的，并不是通过简单的印刷和涂装就能完成的，因此能带给人独特的美学感受。

### 8.2.7 压印

压印是通过压力机、辊筒或人工在制品表面压出印痕的工艺，通常用于制作花纹、文字等（图8-33）。压印会使工件局部变薄。

### 8.2.8 旋压

旋压工艺是指将平板或空心坯料固定在旋压机的模具上，在坯料随机床主轴转动的同时，用旋轮或赶棒加压于坯料，使之产生塑性变形（图8-34）。旋压是针对延展性较好的塑性材料的成型工艺，比如铜和铝都有很好的旋压加工性能。用旋压方法可以完成各种形状旋转体的成型，如扬声器、弹体、高压容器封头、铜锣等，也可以对旋转体进行拉深、翻边、缩口、胀形和卷边等。

【旋压】

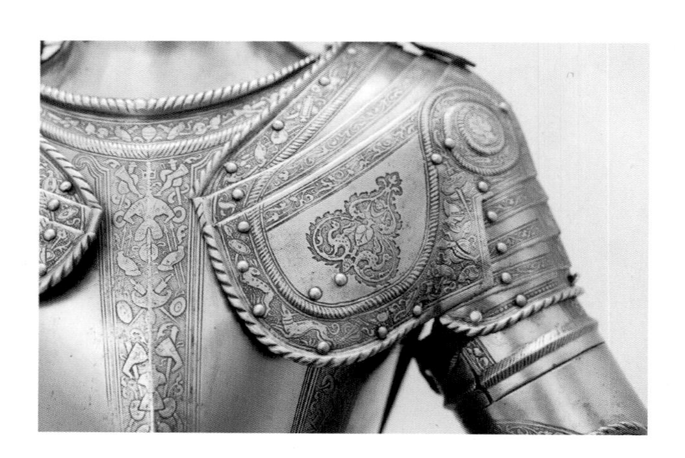

图8-33 压印产品

压印和起伏成型类似，区别在于压印的凹凸尺度和影响范围远小于起伏。通常情况下，压印的纹样只是单面的，反面无须呈现纹样甚至需要尽量保证平整。

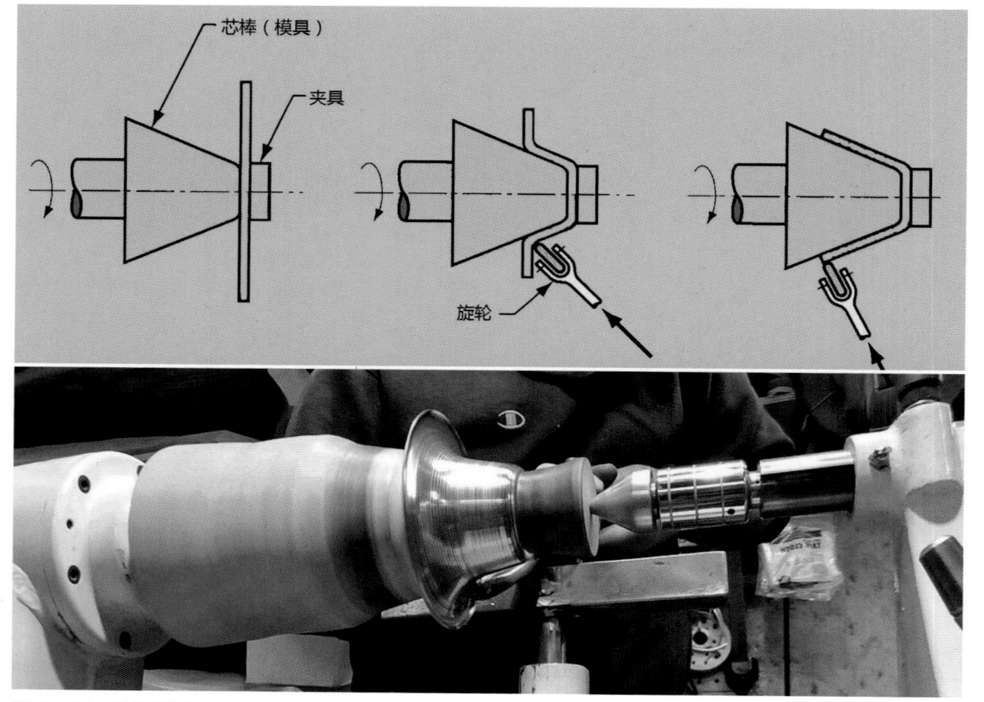


图8-34 旋压原理

在旋轮的进给运动和坯料的旋转运动的共同作用下，局部的塑性变形逐步地扩展到坯料的全部表面，并紧贴模具，至此，零件的旋压加工完成。

由旋压原理可知，旋压成型时可以用很小的压力来加工很大的工件；旋压工艺使用的设备比较简单，中小尺寸的薄板件可用普通车床进行旋压；旋压模具简单，芯模成型加工容易，对芯模材质的要求低。除人工操作外，可采用专门的机械进行旋压，也可以采用仿形旋压和数字控制旋压。

旋压加工工时较长，生产效率低，适用于小批量生产。因旋压工艺只能加工旋转体零件，所以制品成型外观局限性较大（图 8-35）。

图 8-35　旋压制品
旋压制品形式上比较单一，很接近车削成型，毕竟旋压用到的胎具也是由车削工艺生产的。旋压制品多为回转体（旋转体），产品类别有限。旋压制品表面有比较规律的旋转摩擦纹路，这既是工艺缺陷，也可能成为表面工艺目标。

## 8.2.9　塑形

塑形在冲压工艺中非常特殊，因为它基本上只能由人工来完成。现代的塑形会用到自动化击打的气锤等机器设备，可勉强将其归为机器化生产。钣金的塑形是指利用金属的延展性，在外力的作用下使金属板逐步塑性变形的加工过程（图 8-36）。通俗地讲，塑形就是敲打金属板使其成型。

传统的錾铜工艺属于塑形成型（图 8-37）。

图 8-36　塑形工艺
金属材料在加工前需要进行退火处理，以消除板材轧制过程中产生的硬化。塑形完成后，根据冷作硬化的原理，一般不需要再次进行热处理，塑形后金属的表面质量也能得到保证。

图 8-37 塑形产品
錾铜工艺利用了金属铜良好的延展性，能够在铜板上錾切出细节丰富的纹样。这些纹样让铜板发生了塑性变形，因此铜板上某些地方会变薄，稍不注意便会破裂。这也是錾铜工艺的一个难点。

## 8.2.10 综合成型

冲压工艺的方法和细节非常多，我们只是从前期造型设计的角度对一些工艺进行了解读，后期的工程化需要与钣金成型的模具一并考虑和设计。在实际的产品制造过程中，一般不会只用到一种成型工艺，技术的复杂性往往体现在复杂的结构之中（图 8-38）。

图 8-38 钣金综合成型产品
无论产品尺寸大小，钣金工艺都是很好的成型方式。特别是大型产品，更体现了钣金综合成型产品无与伦比的“薄、匀、轻、强”的优点，钣金工艺已经成为生产大型产品不可或缺的成型工艺。

### 8.2.11　冲压成型工艺知识小结

冲压成型工艺知识小结见图 8-39。

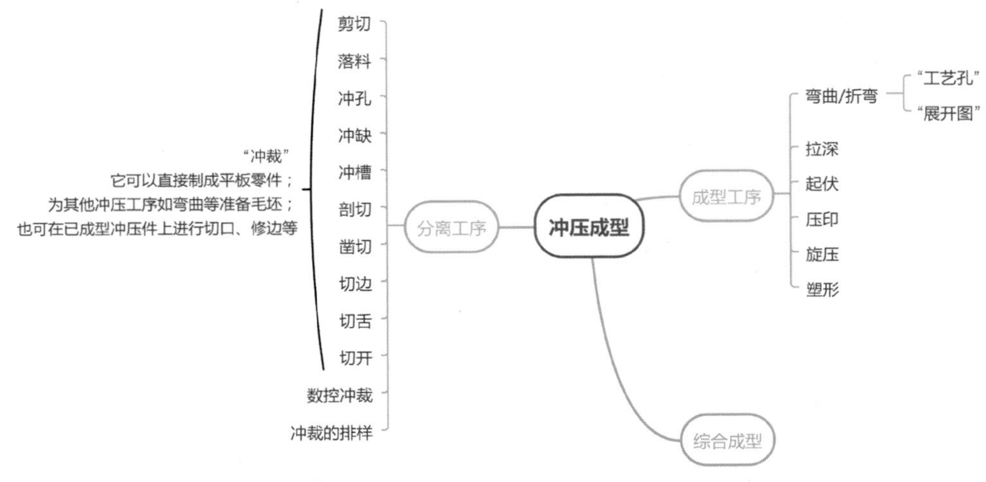


图 8-39　冲压成型工艺知识小结

## 8.3　钣金产品结构设计基础

好的钣金设计可以一次性完成许多空间塑造和结构特征的成型，还可以节省材料和零件的加工成本，以及物流和装配成本。我们不妨把这种金属工艺视为一种艺术，并在设计应用中改良和推广它。参见美国产品设计师 Greg Koenig 发表的互联网博客 *How Apple Makes the Mac Pro*，介绍了苹果公司制造 Mac Pro 平板电脑机箱的过程，整个过程可以说是“极端却又极端合理”。了解完冲压工艺的原理和特点，我们可以从技术和工艺的角度设计一些富有科技元素的作品（图 8-40、图 8-41）。

图 8-40　钣金成型与产品设计一

图中壳体的零部件的生产多以金属板材为原材料，那么生产的过程必然符合冲压工艺的成型规律，如果在设计的前期阶段就考虑了这样的生产工艺，那么设计作品会有很高的可实现性，在整体上也会给人成熟、可靠的感觉。同时，设计师可将工程技术相关知识合理、艺术地应用于设计，比如螺钉沉孔、散热孔、转动关节的转动副等的设计，丰富的细节会让设计作品更加“夸张地合理”。

图 8-41 钣金成型与产品设计二
在工程装备和武器装备的设计中，钣金的应用也是很常见的。合理的钣金设计来自合理的空间结构设计及其对应的成型工艺。因此，要设计出好的作品，对材料和工艺的分析是必不可少的。

## 8.3.1 钣金产品壁厚选取与增强设计

相同材料的钣金产品应根据使用需求、成本需求和加工条件选择壁厚。例如：一把钣金工艺生产的椅子需要将自重控制在 10～50kg，承重应达 100kg，这是使用需求；材料消耗越多则产品成本越高，这是成本需求；薄板容易加工，但是需要更多的加强结构，这反而使得生产加工变得困难，这便是加工条件了。对于钣金产品的设计，不同的壁厚有不同的设计方法和视觉效果。图 8-42～图 8-51 大致归纳出一些情形，可以作为设计参考。

图 8-42 钣金壁厚选择与产品设计一
对于壁厚小于等于 0.3mm 的钣金结构，通过卷筒或拉深工艺将产品做成桶状结构、封闭结构，能使产品达到使用强度。

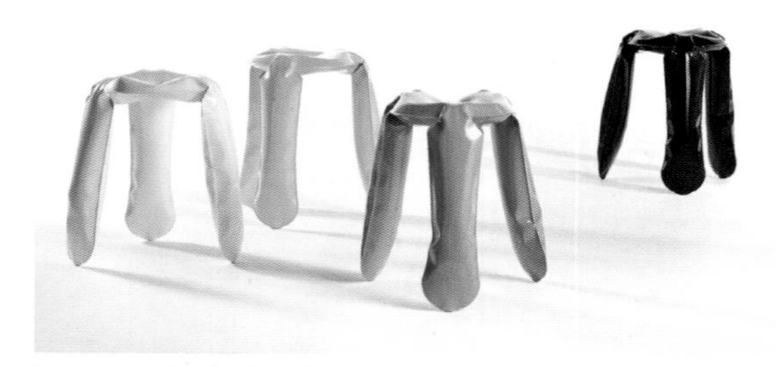

图 8-43 钣金壁厚选择与产品设计二
壁厚小于等于 0.5mm 的薄壁结构也可以有很好的创意设计。图中的设计通过加压充气的方式让产品达到使用强度，也让产品精巧而富有趣味。这是借鉴结构力学中张力结构的原理来进行设计的案例。

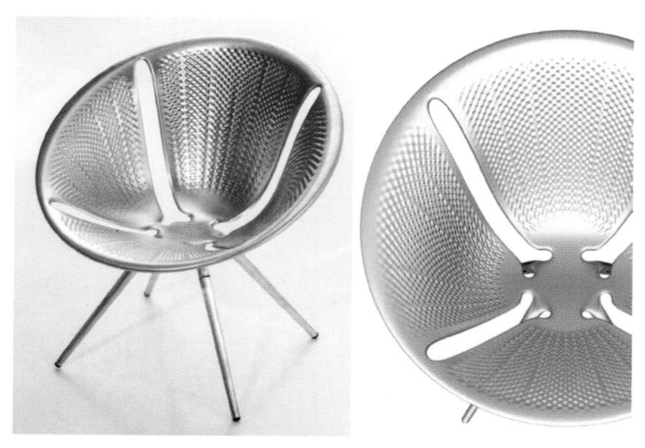

图 8-44 钣金壁厚选择与产品设计三
当钣金壁厚在 1mm 左右的时候，可以通过拉深、卷边、起伏、卷筒等形式增加产品的强度，以达到使用要求。我们可以看到很多结构的细节，这些细节丰富了设计语言，提升了产品的价值。

图 8-45 钣金壁厚选择与产品设计四
当钣金壁厚在 1mm 左右的时候，设计师通常会以造型特征的形式来隐性代替加强筋结构。如图所示，与其说车身腰线是一种造型特征，不如说是一条加强筋。这种造型特征在轻巧型家用车或大面积曲面结构中比较常见，它起到的作用往往是双重的。

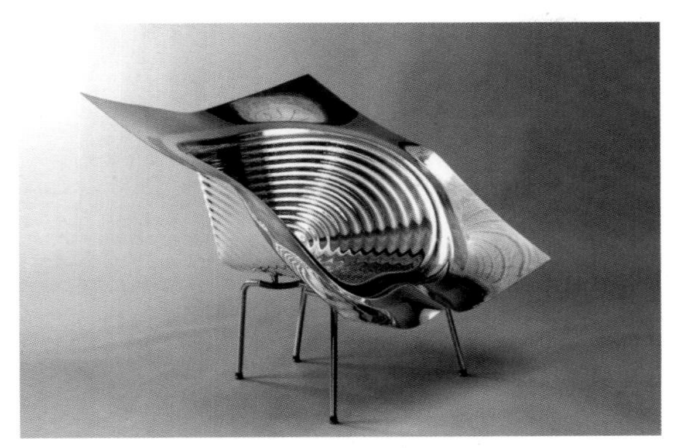

图 8-46　钣金壁厚选择与产品设计五
当钣金壁厚继续增加，比如在 1.5mm 左右，轻质合金壁厚在 2mm 左右的时候，就可以通过简单的压筋工艺提升整个产品的强度，让整个产品变得简洁大方。

图 8-47　钣金壁厚选择与产品设计六
当钣金壁厚在 1.5mm 左右，轻质合金壁厚在 2mm 左右的时候，产品也可以通过比较复杂的结构来完成，比如折边结合框架结构。

图 8-48　钣金壁厚选择与产品设计七
当钣金壁厚在 2mm 左右的时候，金属板材的强度就比较高了，通过简单的折弯就可以达到使用强度，钣金也可以作为金属构件参与到整个结构中，材质的对比让产品更加活泼有趣。

图 8-49　钣金壁厚选择与产品设计八
当钣金的壁厚更大的时候，比如 4mm，产品不通过增强结构就能达到使用要求，可以直接使用。

图 8-50　钣金壁厚选择与产品设计九
当钣金壁厚达到或超过 5mm 的时候，板材的强度已经很高，即使做成悬臂形式，也能达到使用要求。

图 8-51　钣金壁厚选择与产品设计十
当材料的厚度变得更大的时候，材料的强度没有问题了，但这时候材料的自重就不容忽视了，设计时必须用其他方法来减重，比如镂空。

### 8.3.2 冲压制品的连接设计

通常单一的零部件难以满足复杂产品的设计要求，因此研究零部件之间的连接方法也是钣金设计的一个重点。

1. 普通铆钉铆合

详见本书“第 4 章 造型和造物——成型加工工艺基础”介绍，此处不再赘述。

2. 拉铆钉铆合

拉铆钉是一种特殊的铆钉，加工过程中无须加热，也无须双面操作，仅用拉铆枪就可以完成铆接操作，是既适合工厂装配又适合工地现场施工的铆接方式（图 8-52）。

图 8-52 拉铆钉铆合
铆合比较适合现场施工，对于大型制品或建筑，拉铆钉是很好的施工方式。它施工安静没有污染，是金属结合作业很好的选择。

3. 穿刺铆钉铆合

穿刺铆钉是一种特殊的连接件，可以实现钣金的连接（图 8-53）。

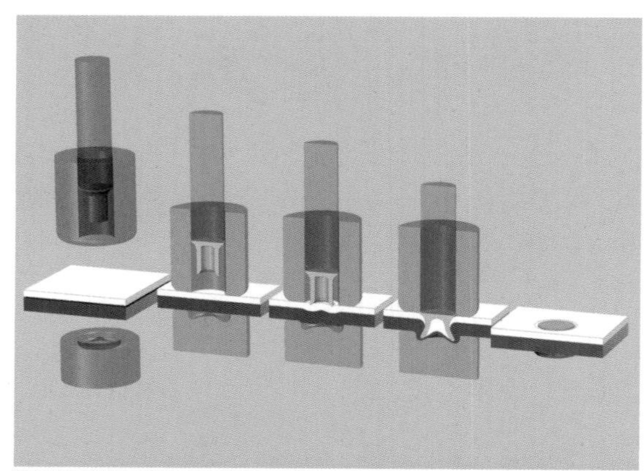

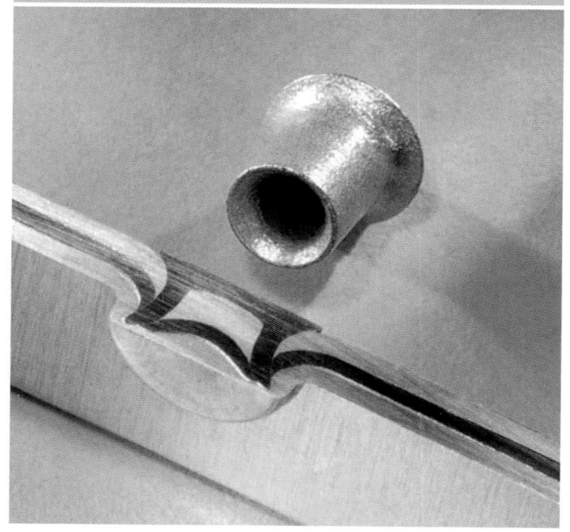

图 8-53 穿刺铆钉铆合
穿刺铆钉的铆接需要用到高品质铆钉和特种铆合工具，所以普及程度不高，其良好的铆接质量和表面质量也是其他铆接方式不可企及的。

4. 翻边铆合

钣金件的翻边孔（行业俗称抽芽孔）与另外一个钣金件的孔预配合后，利用圆冲头将翻边孔周壁翻开并紧压在第二个钣金件上，形成连接关系。翻边铆合相当于钣金件自己提供了一个铆钉，省去了铆钉成本和物流、管理等相关费用。翻边孔需要多级拉伸成型，翻边铆合的强度有限，能够铆合的钣金件壁厚也有限。

5. 压扣铆合

压扣铆合（也称 TOX 铆合）是在冲头和模具的配合下，让需要铆合的两个钣金件发生塑性变形，让其中一个钣金件的局部材料嵌入另外一个钣金件，从而形成铆合连接。压扣铆合制造了一个无棱角、无毛刺的光滑连接点，基本不会破坏钣金的表面镀层或喷涂层，还能保留原钣金材料的色彩、肌理和防腐性能（图 8-54）。

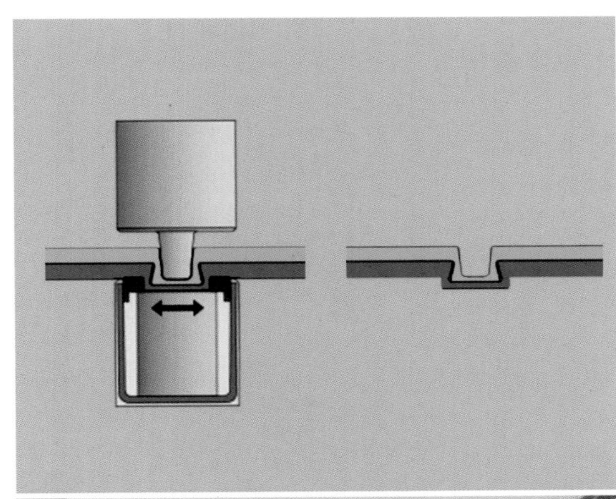

图 8-54　压扣铆合
压扣铆合的过程是很绿色环保的，也能够保证制品的外观质量。特殊情况下，压扣铆合可以铆合容器，防止其渗漏。

6. 插接

钣金的插接是利用自身的插接结构实现连接（图 8-55）。

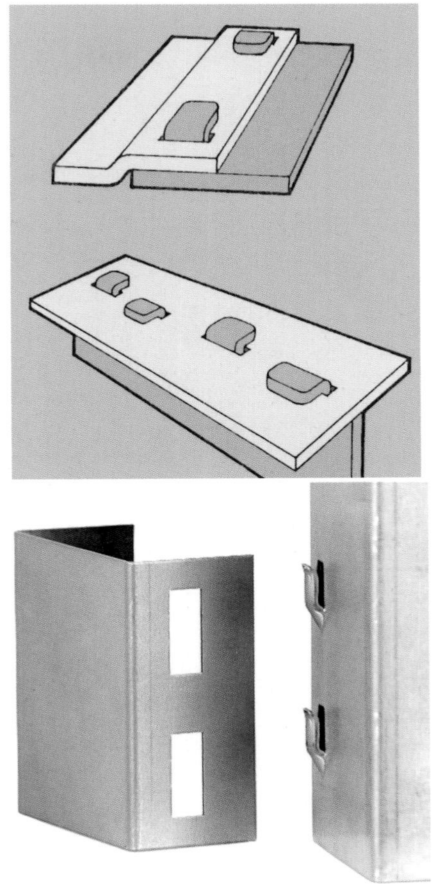

图 8-55　插接
钣金件的插接结构非常成熟，可以是可拆卸连接，也可以是永久性连接。这种设计充分利用了钣金成型的特点，自己提供连接结构，不用第三方材料就可以完成连接。

7. 卷边连接（卷封）

卷边连接是将钣金件的边缘钩合、卷曲并压紧，使它们连接在一起（图 8-56）。

图 8-56　卷边连接
卷边连接常用于密封要求较高的场合，比如食品罐头、饮料罐的密封连接，其良好的密封性能可以让食品保存数十年。

8. 螺纹连接（攻丝与压铆）

螺纹连接又可细分为翻边孔 + 自攻螺钉连接、翻边孔攻丝 + 机牙螺钉连接、铆合螺母 + 机牙螺钉连接、铆合螺柱 + 螺母连接（图 8–57）。

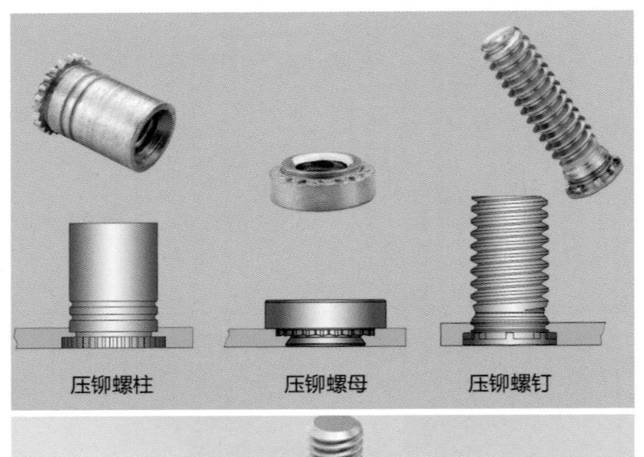

图 8–57 压铆螺纹件

在需要反复拆卸的场合，最恰当的连接方式就是螺纹连接。就钣金件的设计而言，螺纹连接也是十分成熟且应用广泛的工艺。特别是压铆螺纹，制品标准且系列丰富。因此，在设计过程中，应根据空间要求和连接强度选型。

9. 焊接与粘结（电阻焊）

详见本书“第 4 章　造型和造物——成型加工工艺基础”介绍，此处不再赘述。

10. 钣金件连接设计知识小结

钣金件连接设计知识小结见图 8–58。

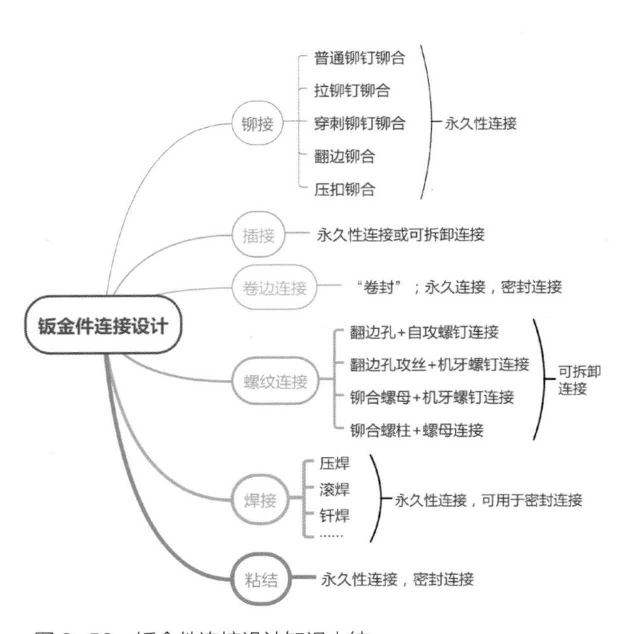


图 8–58 钣金件连接设计知识小结

# 8.4 模压成型胶合板产品设计

金属材料可被方便快捷、大批量地制作成板材。除此之外，木材也是工业和民用板材的重要来源。针对这些板材的生产加工，我们应根据生产工艺选择合适的设计方法。

## 8.4.1 胶合板

天然木材是典型的各向异性材料，同时具有相当多的缺陷，如弯曲、裂纹、蛀洞、结节、腐朽、色彩不均匀等。就现代工艺水平而言，直接将木材作为工程材料是不现实的。如果要使材料达到很好的使用效果，必须去除相当多的余料和缺陷，但这样很难使产品形态保持一致。此外，为消除木材力学上的各向异性，除了从设计的角度去解决（比如实木家具多为框架结构），还可以将木材旋切成木皮（薄木板），然后做成力学性能均衡的人造板，或者将木材碎屑甚至是锯末做成刨花板、纤维板等。人造板中的（多层）胶合板因力学强度高、可直接作为产品的外观面等优点，得到了广泛的应用。

胶合板又称夹板（三夹板、五夹板等）、胶合木、胶合层积材等，是一种由原木旋切成单板，或由木方刨切成薄木板，然后奇数层叠加在一起，再用胶粘剂胶合而成的平板状材料，是人造三大板之一（图 8-59）。

胶合板能大幅提高木材的利用率，特别是对于大批量生产的家居产品，应用胶合板能节约木材、保护生态环境。标准规格的胶合板是家具常用原材料，也是大型交通工具内饰、建筑内外装饰及包装箱等的作用材（图 8-60）。

图 8-59　木材旋切与胶合板
通常相邻层单板的纤维互相垂直，板材的物理、机械性能均匀，基本消除了板材在平面方向的各向异性，同时完全消除了原始木材纵向撕裂的缺陷。

图 8-60　胶合板产品
工业生产的胶合板尺寸固定，结构单一，产品的成型全靠切割成品板材，因此能够用到的设计语言有限，设计风格会很单调，产品也会给人一种品质不高的感觉。

胶合板有如下特性：
（1）标准规格的胶合板尺寸为 1220mm × 2440mm，使用幅面较大。

（2）与传统木材相比，胶合板在厚度不大的情况下就具有使用强度，通常它作为包装材可以薄至 3mm。

（3）与其他木质板材相比，胶合板强度大且力学性能均匀。

（4）与其他木材相比，胶合板更能防腐、防蛀和防火。

（5）胶合板通过热压成型，故其表面质量比较高。

（6）与其他板材相比，胶合板密度更低。

### 8.4.2　模压胶合板

除了用标准的平面胶合板裁切外，模压成型也是生产胶合板产品的重要方式（图 8-61）。模压成型可以生产曲面类产品，更符合室内家具和产品的审美要求。胶合板模压是将涂布了粘结剂的原木薄板纵横交错叠加，在压模的作用下，通过使用曲木高频热压机加温加压固化成型的工艺，有些地方也称为“成

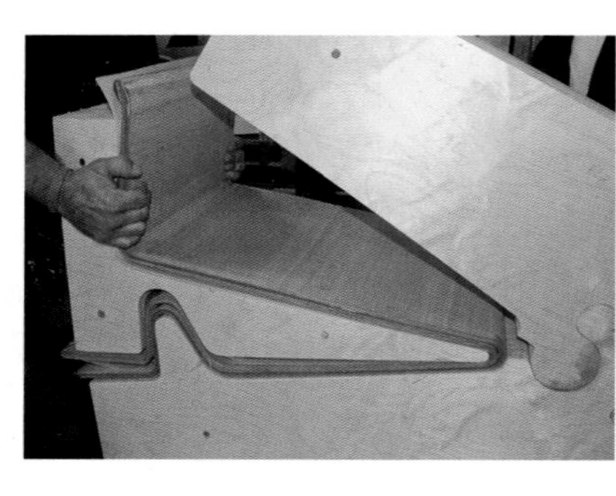

图 8-61　模压胶合板成型原理
模压胶合板成型工艺跟金属材模压工艺和塑料热成型工艺类似，不同的是，模压胶合板的模多是开放型的，其模压过程只产生一个曲面板材，具体的外廓形状一般需要二次加工成型。这是因为模压由层层原木板叠加而成，在加压的情况下，多余的胶粘剂只能通过层间溢出，其边缘的形态并不会非常准确。

型胶合板”“弯曲胶合板”。注意，木材的塑性不够，很难完成同时两轴及以上的形变，可以理解为弯折。

由于胶合板的成型原理接近复合材料的成型原理，因此在力学方面表现出非常好的性能，远超同类木材。因为模压胶合板在力学性能上非常接近薄壳结构，又具有复合材料的各种优点，此外还带有钣金结构的一些优点，所以完美地具备了“薄、匀、轻、强”等优点。胶合板可以充分利用自身旋切木纹的肌理和纹理，其表面还可以涂布密胺树脂并印刷复杂精致的饰面纹样，有天然而美观的装饰效果，因此在家具产品和家居装修中应用广泛（图 8-62）。胶合板模压工艺能够完成一些高质量、艺术化的曲面成型，

图 8-62　模压胶合板经典产品一
图为美国设计师查尔斯 · 埃姆斯（Charles Eames）于 1956 年推出的躺椅和软垫椅，椅子的靠背、底座和扶手分别由弯曲的多层胶合板制作而成，并辅配有厚实的垫衬料。该椅子形态优美、实用性强、生产工艺和成本合理，已成为现代产品设计的符号性作品。

木材本身也有区别于塑料和金属的特殊触感，这些特性给产品带来了无穷的设计空间（图 8-63）。

图 8-63　模压胶合板经典产品二
查尔斯 · 埃姆斯的团队也打造了很多经典的模压胶合板产品，它们都以优美的造型和优良的性能获得了大家的认可，在产品设计市场上也是长盛不衰。

### 8.4.3　模压胶合板产品设计要点

（1）胶合板产品的原材料是薄木板，多为矩形。了解钣金排样相关知识后，通过合理的排样，可以最大限度地利用原材料；同时，好的排样可以增强设计的趣味性（图 8-64）。

图 8-64　胶合板产品原材料排样的优秀案例
尽量采用接近矩形的薄木板以减少废弃的原材料，这是好的设计习惯。

(2) 由于胶合板厚度不大、截面面积较小，因此一般不采用端面连接，而采用搭接，用螺钉来紧固。在构件垂直结合的地方，可以通过开槽来卡合，或通过金属连接件（家具五金件）来桥接。如果垂直结合处是直边，也可以考虑通过燕尾榫来连接 (图 8-65)。

(3) 胶合板产品减少了零件的数量，通过合理的弯折来完成其结构和形态，这也是它区别于其他木制品的地方之一，相当于把不易弯曲的木材进行了类似于金属板材的塑性加工，不同于传统木材“抠挖”“掏空”的加工方式，设计时应当加以区分并分别掌握 (图 8-66)。

(4) 胶合板模压成型后，一般都要进行二次加工。因此，设计产品的时候，必须在构件边缘留出加工余量。而复杂的曲面在二次加工的时候，需要用到数控铣，在无形中增加了产品成本；如果采用人工修整，会增加劳动力成本，同时还会产生靠模的费用。因此，胶合板模压成型产品的造型不宜过于复杂。

(5) 由于原木板的纤维排列有其特性，木材自身组成成分的纤维素和木质素并没有太多

图 8-65　胶合板连接结构
工程结构的连接方式有时会变成设计语言，合理的结构就是优美的设计语言。

图 8-66　模压胶合板单模成型
木材的韧性较差，难以从两个方向进行弯折（特别是顺着纤维的方向）。可以利用薄木皮容易塑形的特点，尝试完成复杂曲面的成型。

塑性，因此在模压胶合板的时候不宜在平面的两个轴向同时实施弯曲，通常是沿着单轴（$x$ 轴或 $y$ 轴）进行弯曲。如果有必要在另一个轴上同时进行弯曲操作，那么应当在相应的弯曲轴的弯曲部位预留一段平直的区域，并且需要在弯折的棱线两端开挖工艺槽，以化解应力集中，否则木材会因为强烈扭曲而撕裂或产生褶皱。对弯折棱线的设计和处理可以采用模型验证的办法（图 8-67）。

（6）模压胶合板的最小弯曲半径一般不超过壁厚值，并且取大值较好。

（7）由于胶合板的模压成型原理与一般的模具成型原理相同，因此必须考虑脱模方向和拔模角，不能设计反扣结构。

图 8-67 模压胶合板折弯模型验证
胶合板成型过程中对弯折棱线的设计和处理是重难点，通常情况下，用模型验证是一个很好的办法。

# 8.5 练习与实践

**一、填空题**

1. 冷轧的金属板材由于存在________，强度比热轧的板材好，也没有热轧过程中的氧化起皮现象，表面光洁度好，因此广泛地应用于工程结构中，甚至直接用于制作产品的外观零件，比如汽车车身。

2. 钣金工艺集高效、低成本、低污染、低损耗、标准化等优势于一身，同时在________方面也是其他金属加工工艺难以企及的。

3. 冲压加工自动化程度可以很高，比如采用复合模，尤其是________，可在一台压力机上完成多道冲压工序，从带料的开卷、矫平、冲裁、成形到最后精整实现全自动生产。

4. 冲压成型的制品质量稳定，重复精度高、规格一致，________性好，完全具备“一模一样”的特征。

5. 过多的畸变相碰会造成折弯产品质量不稳定，因此需要剪裁掉棱边相遇处的部分材料，通常是以圆孔的形式剪裁，这种圆孔就叫作________。

6. 在冲压、冲裁工艺中，选择合理的排样方式，是提高________、降低________和保证________及模具寿命的有效措施。

7. 因为模压胶合板在力学性能上非常接近薄壳结构，又具有复合材料的各种优点，此外还带有钣金结构的一些优点，所以完美地具备了________等各种优点。

## 二、选择题

1. 金属板材冲压成型本质上是利用了金属材料的（　　）。

A. 弹性　　B. 抗弯强度

C. 可塑性　　D. 抗拉强度

2. 现代军用步兵钢盔的主体结构最有可能采用的制造工艺是（　　）。

A. 旋压　　B. 铸造

C. 拉深　　D. 塑形

3. 生产易拉罐（一次性铝制饮料罐）的成型工艺是（　　）。

A. 吹塑　　B. 冲裁

C. 反向挤压　　D. 拉深

E. 塑形　　F. 综合成型

4. 几乎不用改造就可以用钣金材料和钣金工艺实现的产品造型有（　　）（多选）

A. 维纳尔 · 潘东的潘东椅

B. 密斯 · 凡 · 德 · 罗的巴塞罗那椅

C. 埃罗 · 沙里宁的郁金香椅

D. 哈里 · 贝尔托亚的钻石椅

5. 用拉深工艺可以制造成阶梯形、（　　）、盒型和其他不规则形状的薄壁零件。（多选）

A. 筒形　　B. 锥形

C. 球形　　D. 螺纹

6. 生产模压胶合板的原材料是（　　）。

A. 夹板　　B. 纤维板

C. 纸张　　D. 木皮

7. 模压胶合板比同等构造的木材结构强度高的原因有（　　）。（多选）

A. 木皮保留了几乎完整的木材纤维

B. 各层木皮的纤维排列纵横交错

C. 有粘结剂参与到结构中

D. 木材有很多天然缺陷如结节、虫眼等

## 三、课题实践

1. 绘制下图产品的展开图或设计图，可以尝试用卡纸制作小模型以验证其结构和受力（图 8-68 ～ 图 8-72）。

2. 设计纸板结构的椅子，并动手制作以验证其结构和受力，参考图 8-73。

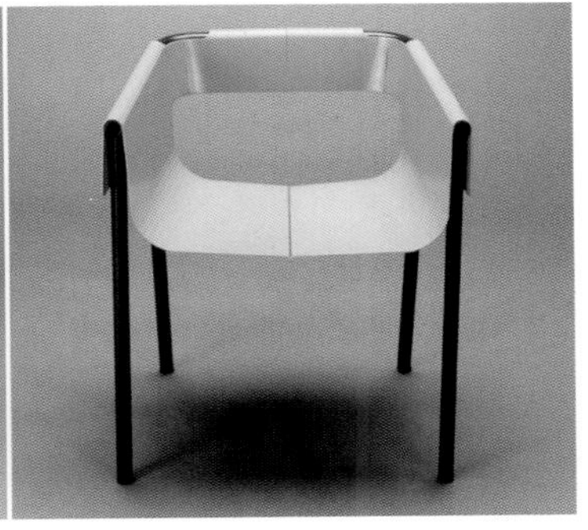

图 8-68　绘制折弯展开图练习一
尝试画出图中椅子蓝色部分折弯结构的展开图，无须标注尺寸和工艺参数。

图 8-69　绘制折弯展开图练习二
画出图中折弯凳子的展开图，无须标注尺寸和工艺参数。可以合理推理遮挡部分的结构。

◀ 图 8-70　折弯产品设计练习
用金属板（建议冷轧薄钢板）折弯的方式改造图中木制品，保留原作功能，画出设计草图和展开图。尝试选用合理的材料厚度；注意设计合理的弯折方式和板材材料利用空间（即展开后材料不能搭接）；尝试使用各种连接方式，比如螺钉、铆钉、焊接；造型尽量忠于原作；尝试用易拉罐铝皮制作比例模型来验证设计。

图 8-71　石椅子再设计
采用金属板综合成型工艺；要有足够的强度；重量控制在 30kg 以内；零部件数量不限；选用不同的连接方式；保留原产品形态细节。

图 8-72　木椅子再设计
采用金属板综合成型工艺；要有足够的强度；重量控制在 30kg 以内；零部件数量不限；选用不同的连接方式；保留原产品形态细节。

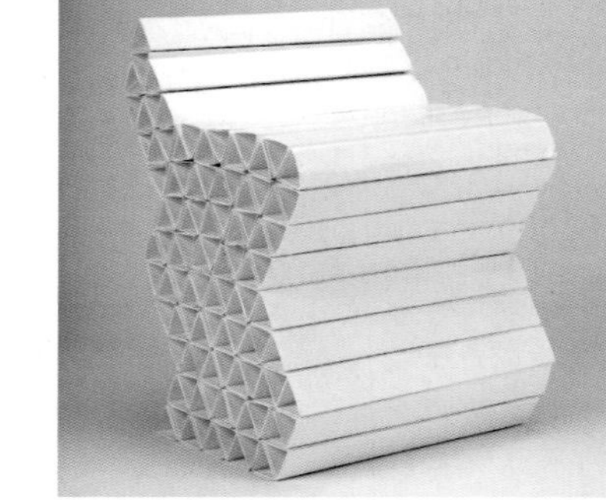

图 8-73　纸板结构椅子设计参考图例

# 第9章 工程与造型——结构性造型设计研究

教学目标：

（1）了解产品设计的工程语言。

（2）理解材料力学相关理论并将其用于解决造型设计问题。

（3）理解结构力学的相关现象、方法并将其用于解决造型设计问题。

（4）深入理解前面几章介绍的材料、成型工艺相关知识，对比总结这几部分内容，并具备提出创新设计的能力。

教学要求：

| 知识要点 | 能力要求 | 相关知识 |
|---|---|---|
| 工程语言<br>造型语言 | （1）理解产品造型设计在工程技术方面的本质；<br>（2）了解工程语言与创新设计之间的关系 | 造型设计 |
| 来自材料力学的工程语言 | （1）了解材料力学中的一些力学理论对于产品造型设计的限制；<br>（2）熟悉内力、应力、应力集中现象，以及规避应力集中的各种设计手段 | 材料力学 |
| 来自结构力学的工程语言 | （1）了解结构力学中的一些力学理论对于产品造型设计的限制；<br>（2）熟悉结构力学中4种比较典型的结构形式及其造型方式和特点 | 结构力学 |
| 来自材料和工艺的工程语言 | （1）建立材料、成型工艺和造型设计之间的知识体系；<br>（2）有能力根据新材料、新工艺提出创新设计 | 设计思维 |

谈到“造型”，从前面几章的内容可知，造型是砂型铸造过程中模具的成型过程，这里指的是（产品、建筑等）形态创造或者塑造。很多时候，我们研究造型是从美学、设计学、民俗学、用户体验等角度解读，很少从工程角度对“造型”进行解读。然而，从工程技术的角度去看，整体结构、外观等方面的设计有很多来自工程技术的限制因素，工程技术、自然原理一定程度上是造型成功的充要条件。本章节提出了与工程技术相关的几个问题，对造型设计开展进一步的研究。

# 9.1 造型设计的工程语言

一般来讲，科技发展会影响人们生活的方方面面，并以工程语言的形式体现在它的各种作品中，比如日用产品、科幻小说、影视作品等。党的二十大报告提出：“加强基础研究，突出原创，鼓励自由探索。”

以科幻影视作品为例，20 世纪 20 年代，机器人的外表面多是铁皮材料，由冲压成型和铆钉连接工艺制成，并且看不出来其具体运动方式。它们以夸张的蒸汽朋克的形式出现，巨大的冒着蒸汽的外燃机、铸铁的身体等不可抗拒的恐怖机器力量构成其造型；20 世纪 50 年代，科幻影视作品中机器人的外形变化到以合金材料为主，以电机驱动或以内燃机驱动，如果需要飞行则是用喷气式发动机来完成；20 世纪 90 年代，高级钛合金甚至是幻想中的液态合金成为科幻影视作品中机器人的主要结构形式，由伺服电机操控、计算机主控；如今，科幻影视作品中的机器人主要是智能化形态，结构走向有机化，高科技的复合材料、合金材料和拟人的生物材料比比皆是……由此可以看出，工程语言（图 9-1）对造型语言影响巨大。倘若设计师或影视造型师没有相关工程知识的积累，其作品不会是切合时代的好作品。

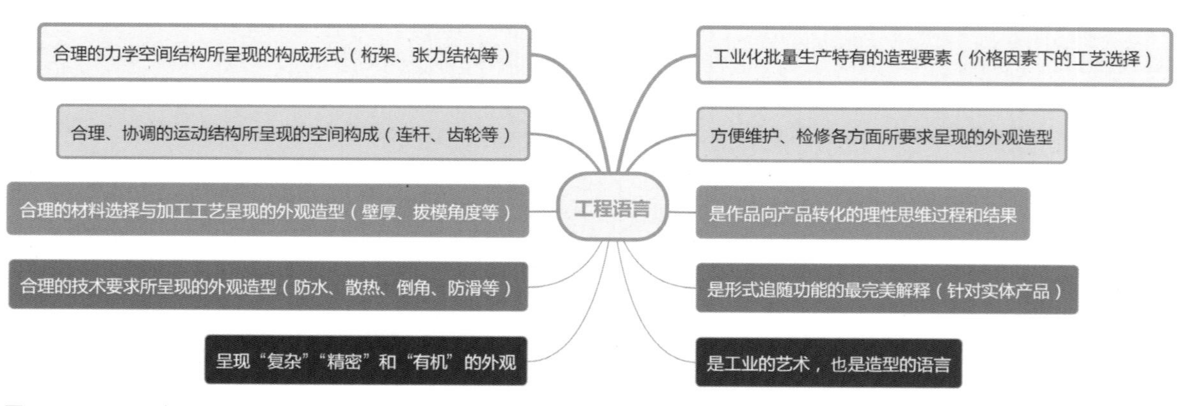


图 9-1 工程语言

以机器人为例，我们可以把工程语言的应用分为几个层次（或类别）（表 9-1），它们以造型语言的方式影响造型设计的方方面面。

表 9-1　机器人的工程语言

| 民间智慧型 | 儿童玩具型 | 科教玩具型 | 工业工作型 | 民用工作型 |
| --- | --- | --- | --- | --- |
| 以简单机械装置为基础，对可动机器的外壳进行了设计 | 以简单机械装置为基础，配合声、光、电做成机器人玩具 | 以学习自动化控制和编程等为目的，帮助了解一般机械原理 | 以实际操作为目的，外观来自实际机械结构 | 以实际操作为目的，外观来自机械和人体结构 |
| **装置艺术型** | **早期影视艺术型** | **现代影视艺术型** | **科幻插画型** | **高科技插画型** |
| 以美观形态与艺术性为目的，材质和结构等都只是艺术的载体 | 基于早期的工业生产和技术原理设计的道具机器人 | 基于CG科技、以场景渲染为目的的设计，有很强的实践性 | 以故事内容设定为表现目的，不将机械结构等作为设计重点 | 不将机械结构作为设计创作的唯一元素，还添加其他元素 |
| **工程语言丰富的机器人设计** | | | | |
| 以真实的工程技术为依托，把机械结构、材质、生产工艺等细节刻画得非常真实合理，具有很强的实践性和视觉冲击力，是工程语言在设计中的成功运用 | | | | |

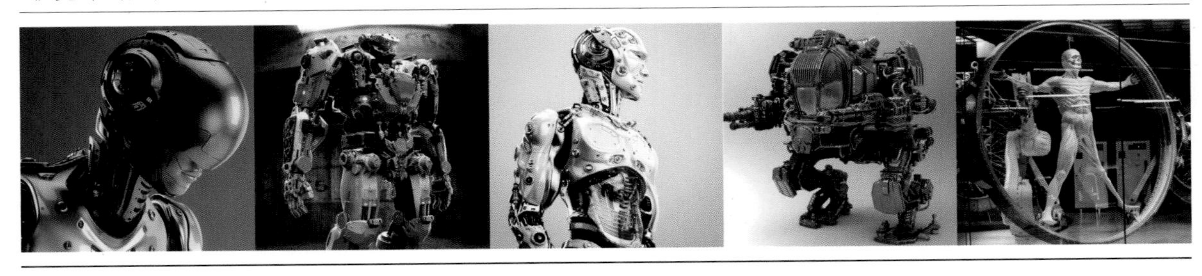

# 9.2 来自材料力学的工程语言

我们首先还是从一些力学现象和力学知识来认识设计过程中的力学问题。

## 9.2.1 内力

材料力学研究的对象是构件，而对于构件来说，其他相邻的构件或物体对它的作用力均为外力。

在外力的作用下，构件将发生形变，而形变使得构件内部各部分之间产生相互作用力，此相互作用力称为内力（图 9-2）。也可以说，内力的存在是为了抵消作用在构件上的外力，而形变是外力和内力叠加后产生的变化。构件或物体因外因而变形时，物体内各部分之间产生相互作用的内力，以抵抗外因的作用，力图使物体从变形后的位置恢复到变形前的位置。

可以看出，内力是由外力引起的，内力随外力的变化而变化。外力增大则内力也增大，外力撤除后，内力随之消失。外力产生于各种外界因素，比如温度变化、（铸造等）零部件的自然时效、材料的蠕变等，这些外界因素产生的外力同样会诱发内力。

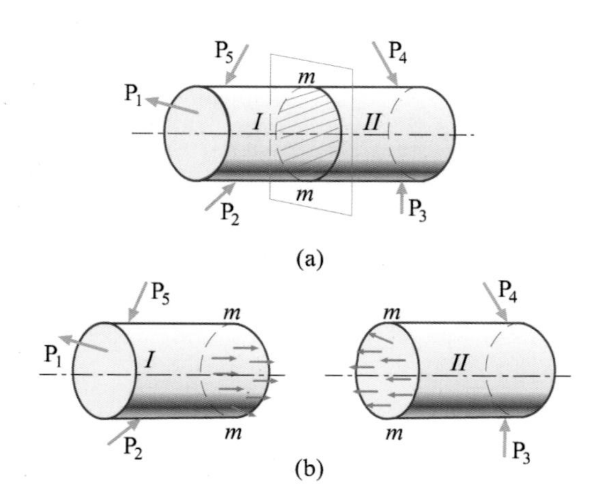


图 9-2　图截面法求解内力
在外力平衡的情况下，用假想平面截断受力件（图 a），根据力的平衡条件，被截断的两段构件还处于平衡状态，因此可以简单计算出截面上的力，这时候截面上的力即内力（图 b）。

对于内力，也可以这样理解，比如，一个年代久远的青铜制品，如果忽略重力的影响，那么它内部是不应该有宏观的力存在的。如果对此青铜器施加压力，那么青铜器受挤压会产生些许形变。虽然青铜制品体量大、材料坚固，些许外力对其影响并不明显，通常无法通过肉眼看到它的形变，但是形变确实存在。为什么青铜器会发生变形？因为分子受外力的作用发生了挤压。分子之间的距离被压缩，会产生一个向外的分子间的作用力来和外力抵消，以保持力的平衡，也就是保持静止，这个内部自发产生的力就是内力。

## 9.2.2 应力

我们考察一个构件的强度的时候，认为其内力越大则危险性越高，当内力达到一定值的时候，构件就会被破坏。但内力的大小并不能完整地反映一个构件的危险程度，对于不同尺寸和形状的构件，难以通过内力数值来比较其危险性。

比如粗杆和细杆，沿着轴线方向受到相同拉力的作用，会产生相同大小的内力。凭直觉我们可以判断细杆的受力状况更危险，更容易被拉断，那么应该采用什么方法来科学合理地判断构件的受力状况呢？这就引入了应力的概念。

在所考察的构件的内部，单位面积上的内力

称为应力，也就是说，应力就是内力的集度(集中程度)。细杆横截面面积较小，其内力的集度反而较大，因为要以较少的材料承受和粗杆相同的内力，所以细杆更危险。应力的计算方法是以物体内部某假想截面上的内力除该假想截面的面积，这个面取得越小，描述得就越精确，因为大多数情况下内力和应力的分布是不均匀的（图 9-3)。描述构件某一截面上某一点所受到的应力，除了描述大小还要描述方向，应力是矢量。不同形式的应力对材料的影响也不同，有产生剪切效应的，有产生扭转效应的，等等。同截面垂直的应力称为正应力或法向应力，同截面相切的应力称为剪应力或切应力。

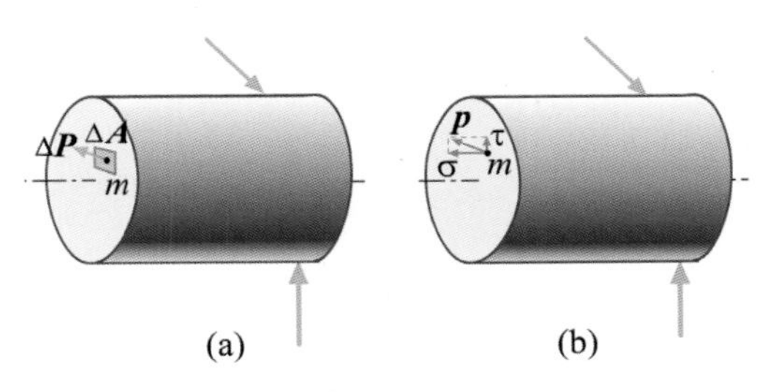


图 9-3　应力描述
图（a）为受力物体某一截面某一局部面 ΔA 所受到的内力 ΔP，将这个小面面积无限取小（即微分）到一个点 m，这时候点 m 上的力即应力 p。应力 p 是矢量，分解为两个方向，见图(b)。

应力这一物理量可以对应压强，二者单位相同，原理类似，不过前者描述的是内力的影响，后者描述的是外力的影响。压强是构件表面单位面积外力的大小，是外力对该物体作用效果的描述；应力是构件内部单位面积上内力的大小，是内力对该物体作用效果的描述。

应力会随着外力的增加而增长，对于某一种材料，应力的增长是有限度的，超过这一限度，材料就会被破坏，因此考察应力的大小就等于考察构件的危险状况。对某种材料，(受到破坏前）应力可能达到的这个限度称为该材料的极限应力。极限应力值要通过材料的力学试验来测定。

将测定的极限应力适当降低，制定出材料能安全工作的应力最大值，这就是许用应力。材料要想安全使用，在使用时其内的应力应低于它的极限应力，否则就会被破坏。物体受力产生变形时，物体内各点处变形程度一般并不相同。用以描述一点处变形的程度的力学量即该点的应变。在具体的产品和产品构件中，应力和应变不是恒定值，随着构件形态的变化而变化。

有些材料在工作时，所受外力不随时间而变化，这种载荷称为静载荷，而这时其内部的应力大小不变，称为静应力；还有一些材料，其所受外力随时间呈周期性变化，这时内部的应力也随时间呈周期性变化，称为交变应力。材料在交变应力作用下发生的破坏称为疲劳破坏（图 9-4)。通常材料承受的交变应力远小于其静载下的极限应力。

图 9-4　疲劳破坏
疲劳破坏是指在荷载反复作用下，结构构件母材和连接缺陷处或应力集中部位形成细微的疲劳裂纹，并逐渐扩展以至产生断裂现象。它是一个累积损伤的过程。结构细部构造、连接形式、应力循环次数、最大应力值和应力幅都是影响结构疲劳破坏的因素。

### 9.2.3 应力集中

1. 应力集中及其危害

前面已经提到，构件单位面积的内力就是应力。这里有两个假设前提：一是构件为刚性构件，即其形变微小，微小的形变并不能影响其形态和功能；二是构成构件的材料是均匀的，既没有各向异性，也没有杂质的存在。既然构件的内应力并不是均匀分布的，那么在构件的局部存在着应力的最大值，如果这个最大值是由构件的结构形态所确定的，那么这个最大值就叫作应力集中（图 9-5）。换句话说，材料会因为截面尺寸改变而产生应力的局部增大，这种增大是被动的，不受外界影响，只受自身形态的影响。

应力集中处的应力可以是周围材料的应力大小的数倍、数十倍甚至数百倍。

此外，当应力集中达到一个材料的特定值时，应力集中带来的破坏会陡然增加，外在看来就是材料的刹那间失效和破坏。材料在受到外力时，分子间距离改变，产生内力；外力增大，内力也跟着增大，这使得材料表现出一定的弹性，这是弹性形变；外力继续增大后，材料被拉长（或压缩），材料呈现塑性变形。但是，当外力增加到一定的程度，分子间间距再也无法被压缩时，再加大外力，必定会对材料造成永久性破坏。然而，应力集中导致的断裂没有这个过程（图 9-6）。

应力集中产生的地方，应力会限制集中点材料向周围的弹性形变，在集中点的塑性材料就可能会向脆性材料转变，造成局部破坏。局部破坏会产生新的应力集中点，只要外力不撤除，一个点的应力集中会破坏整个构件（图 9-7）。

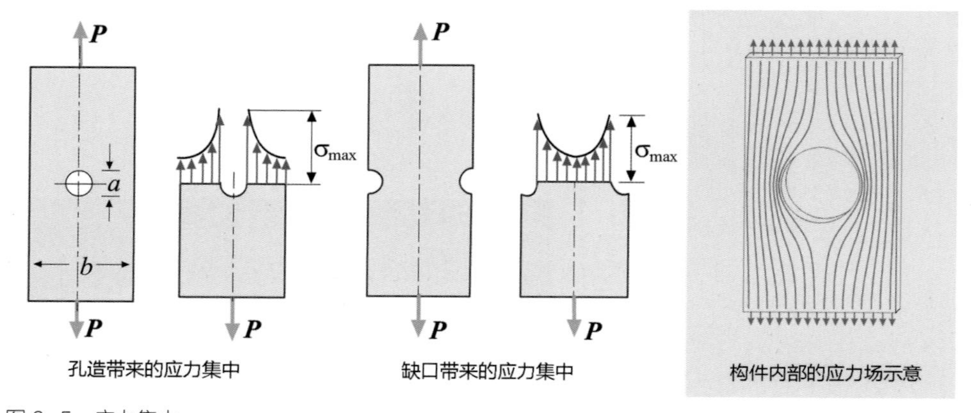


图 9-5 应力集中
应力在构件内部并不是均匀出现的，通常会沿着构件分布，分布的形式与构件的构成形态有关。

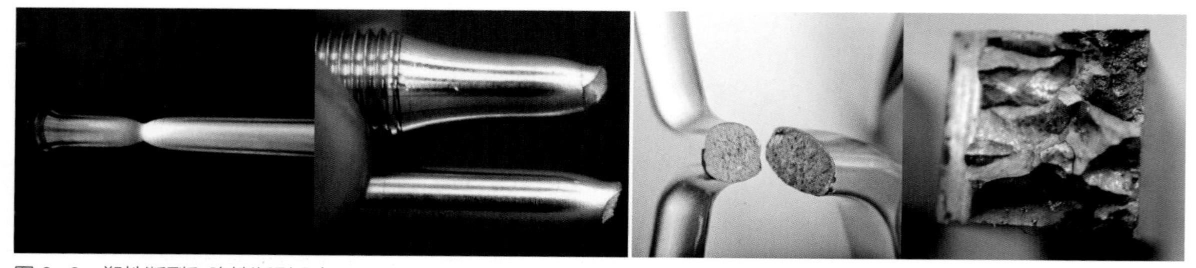

图 9-6 塑性断裂和脆性断裂现象
一般而言，金属材料在破坏断裂前会有一个拉伸、拉长的过程（左图），但在特殊情况下会表现出脆性断裂，比如应力集中导致的瞬间断裂（右图）。

2. 找到应力集中

应力因为构件的几何形态、外观造型被集中（图 9-8）。因此，在设计过程中，不一定需要去计算，找到这些特殊的造型特征往往就可以对构件的力学性能进行一个大致的判断，比如有没有应力集中、应力集中的点多不多、应力集中带来的破坏是不是致命的，等等。

对于复杂形态的构件，可以通过有限元法结合应力场的分析来找到应力集中点。

对玻璃板的切割，最简单方法是用坚硬的金刚石或合金玻璃刀在玻璃表面刻下划痕，利用刻痕处产生的应力集中，用手掰或敲击的方式即可折断玻璃板，弯折时并不需要使用太大的力。划痕带来的应力集中是非常明显的，特别是对于脆性材料而言更为明显。

3. 化解应力集中

应力集中是一项可以避免的设计缺陷或工艺缺陷。如何避免应力集中、化解应力集中，有一定规律可循，具体方法如下：

（1）进行表面强化。构件在加工过程中，表面可能会产生微裂纹，微裂纹也是一种应力集中，在交变应力的作用下，裂纹会逐步扩大，最终产生疲劳破坏。这时可以对材料表面做喷

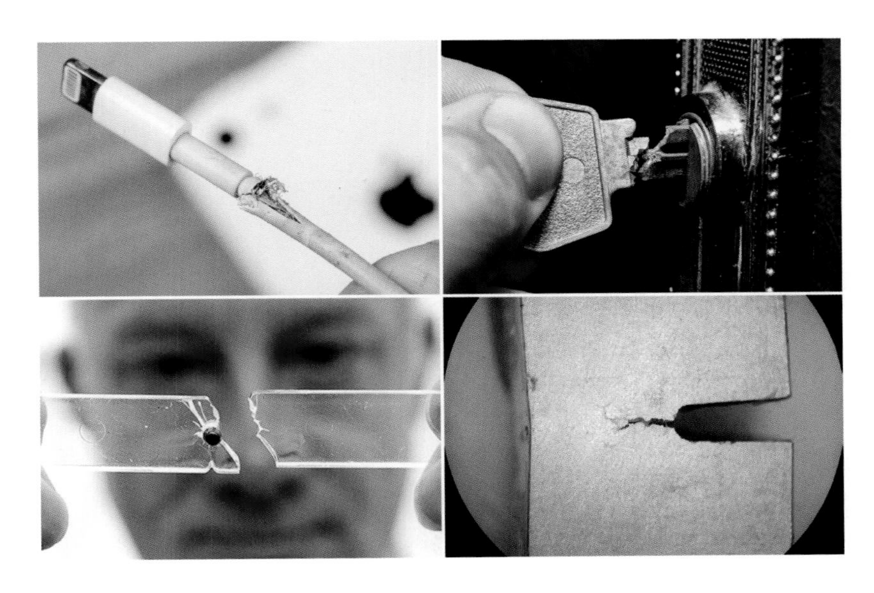

图 9-7　应力集中的破坏

我们在一定程度上可以预见结构破坏产生的位置，这个位置常常就是应力集中的位置。

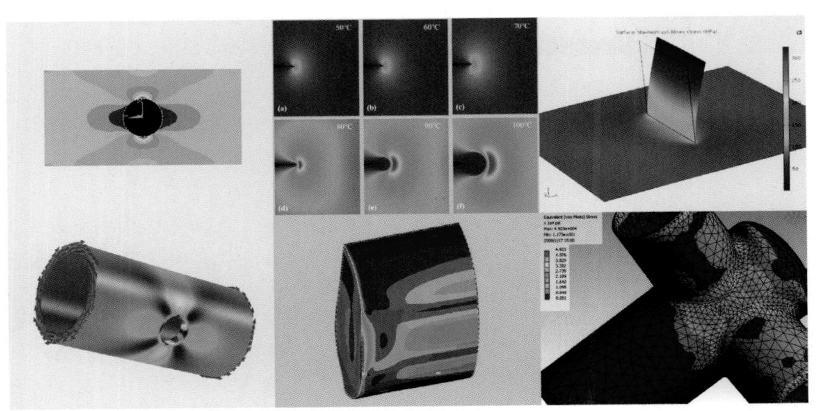


图 9-8　找到应力集中

在构件的几何特征中，出现孔洞、转折、锐角、缺口、沟槽、刚性约束等，都可以理解为形态的突变，这些特征往往会带来应力集中。构件被破坏，也常常从这些几何特征开始。

丸、滚压、氮化等处理，以提高材料表面的疲劳强度，进而降低应力集中带来的负面影响。

（2）避免尖角设计，采用过渡圆角。在工程结构件中大量采用圆润的倒角结构，构件各个特征元素之间并不是生硬地连接在一起，而是通过形态的逐渐变化结合在一起（图9-9）。

（3）改善构件外形。曲率半径逐步变化的外形有利于降低应力集中系数，比较理想的办法是采用流线型型线或双曲率型线，后者在工程上应用更方便。

（4）进行孔、洞、缺口等边缘局部加强。在孔边采用加强环或做局部加厚均可使应力集中系数下降，下降程度与孔的形状和大小、加强环的形状和大小及载荷形式有关。

（5）调整开孔位置和方向。开孔的位置应尽量避开高应力区，并应避免孔间相互影响造成应力集中系数增高的现象。对于椭圆孔，应使其长轴平行于外力的方向，这样可降低峰值应力。

（6）提高低应力区应力。减小零件在低应力区的厚度，或在低应力区增开缺口或圆孔，使应力由低应力区向高应力区的过渡趋于平缓。

（7）利用残余应力。在峰值应力超过屈服极限后卸载，就会产生残余应力，合理地利用残余应力也可降低应力集中系数。

（8）用柔性连接替代刚性约束。利用软材质、减振胶垫等结构可以实现柔性连接。

（9）刚性约束用分布式加强筋加强（图9-10）。

图9-9 化解应力集中一
倒圆角结构存在于所有受力结构件中。倒圆角结构大大减少了应力集中，无论是从产品本身还是从生产此产品的模具或工具上来讲，都是这样的。适当增大过渡圆弧的半径，化解应力集中的效果会更好。

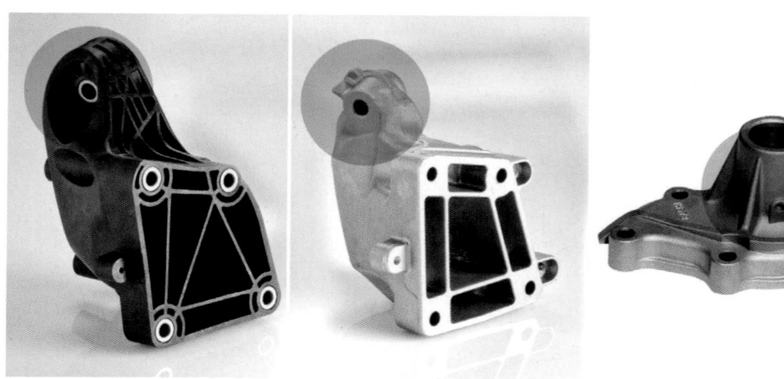

图9-10 化解应力集中二
将受力较大的轴套和底座之间的连接（刚性约束）采用分布式结构进行加强，如周边均布加强筋、增加底座和轴套连接尺寸等（见左图和右图，中图为左图未做加强筋结构之前的参考设计）。

# 9.3　来自结构力学的工程语言

材料力学的理论对产品外观造型有很大的影响，结构力学也从本质上对材料的应用、产品外观造型起到了非常大的作用，分别体现在材料的选择和构件的宏观构造形式上，不同的材料可能有对应的结构力学应用形式，不同的结构力学理论也只针对不同形式的材料。具体到物品的造型设计，结构力学带来的工程语言是很强烈的，甚至可以说是正确与否的问题，是“语法”的问题。我们以桁架结构、薄壁折叠结构、薄壳结构和张力结构为例，对这种“工程语言”进行了研究与比对，具体内容见表 9-2。

由表 9-2 内容可以看出，结构力学对物品造型影响广泛。要利用好这一门“语言”，除了学习力学知识、积累力学应用案例之外，对材料本身的研究也是必不可少的，为实现某一个结构而强行利用不该利用的材料是违背科学原理的，最终会竹篮打水一场空。

**表 9-2　来自结构力学的工程语言**

| 工程语言 | 桁架结构 | 薄壁折叠结构 | 薄壳结构 | 张力结构 |
| --- | --- | --- | --- | --- |
| 原料状态 | 杆材、板材等 | 片材、板材 | 水泥、砂石、树脂、纤维等；片材；塑性板材 | 薄膜、绳索、杆材、其他弹性材料等 |
| 造型方式 | 切割成型；用铰链等连接方式形成三角形框架结构；镂空实体结构成型 | 剪裁、折叠、叠加、连接 | 浇注或手糊成型，固化；注塑、滚塑；增材制造；卷曲成型；拉深 | 切割、编织、拉伸、搭建，依靠张力连接 |
| 典型造型一 |   |   |   |   |
| 典型造型二 |   |   |   |   |
| 造型特点 | 快速、轻巧、省料；单调、无法做出曲面造型 | 较快速；无法做出曲面造型 | 可做出繁复曲面造型；周期长，需要胎具 | 极省料、材料表现丰富；施工难，系统易崩溃 |

# 9.4 来自材料和工艺的工程语言

本着力学不能脱离材料和工艺的原则，本节我们将研究材料、工艺和造型之间的关系。

## 9.4.1 材料、工艺和造型设计

材料和工艺是不可分割的。此外，由于材料和工艺本身又随科技进步不断向前发展，我们应充分理解这一对元素之间相互促进改良的关系。只有这样，才能够正确、可靠地将其应用于设计（图 9-11）。以石材为例，我们印象中的石头又硬又脆，无法用刀具切割，是“笨拙”的材料。然而，随着科技的发展，我们能够像加工其他材料一样对石材进行切割、钻孔、铣削等操作，能够将其做成复杂的曲面结构，且精度也能满足装配要求。此外，如果将石粉与树脂做成复合材料，甚至可以将“石头”浇注成型。

我们对诸多工业用材进行了简单的分析，筛选了一些常见的材料，将它们和加工方法（生产工艺）一一对应，并将相对应的各种造型进行了分类，具体内容见表 9-3。

由表 9-3 可知，来自某种材料和生产工艺的“工程语言”表达效果强烈，难以在其他材料和工艺上找到相同设计，改变“工程语言”成本巨大。因此，“语法”范围内的设计才是合理的设计，才是符合机器化大生产的现代设计。

## 9.4.2 来自新材料、新工艺的造型设计

材料和工艺的局限性是很明显的，通常我们会尝试一些新的材料和方法，去尝试打破“语法”带来的表达局限。因此，我们做了表格（表 9-4），对比研究新旧材料与工艺的造型设计。

图 9-11 材料应用和成型工艺的发展
相同的功能，由不同的材料去实现，会有不同的解决方案；同时，根据不同的材料，又可以选择不同的生产工艺去加工制造。当然，设计上不同的解决方案是有好坏之分的。

表 9-3 工业用材及其加工工艺与造型

| 工艺与造型 | 竹材 | | 木材 | 人造板 | 模压胶合板 | 金属棍、管 | 金属板 |
| --- | --- | --- | --- | --- | --- | --- | --- |
| 原料状态 |  | | | | | | |
| 加工状态 | 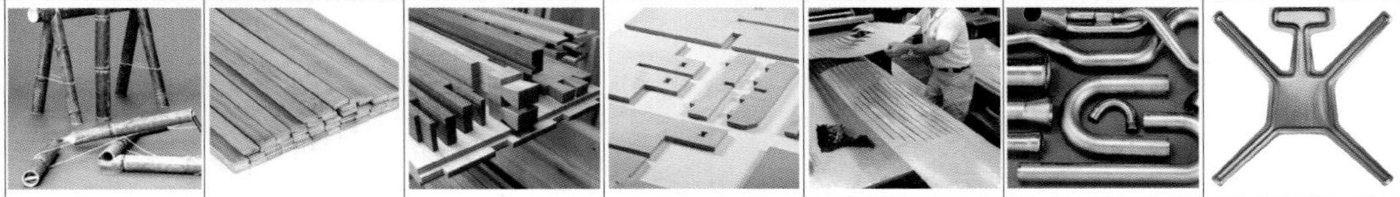 | | | | | | |
| 加工工艺 | 切割、热弯、连接 | 切割、编织、连接 | 切削、热弯、连接 | 切割、连接 | 切割、模压、连接 | 切割、弯曲、连接 | 切割、冲压、连接 |
| 典型造型 |  | | | | | | |
| 欠佳造型 | 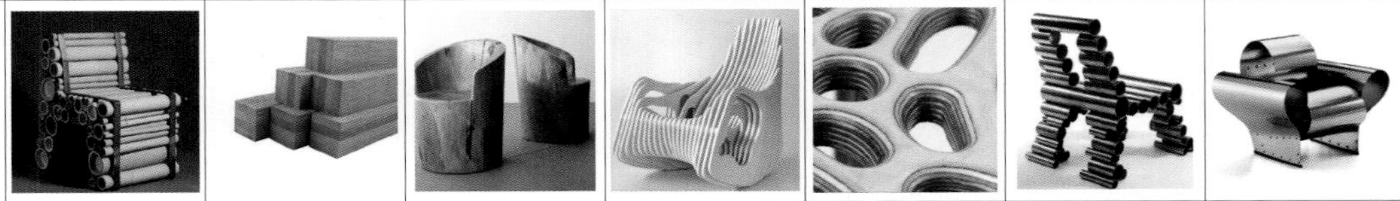 | | | | | | |
| 造型困难 |  | | | | | | |

表 9-4 新旧材料与工艺的造型设计对比

| 旧工艺 | 拉深 | 三轴数控铣（切削） | 永久型铸造 | 注塑 | 放样拟合 | 切削 | 焊接 |
| --- | --- | --- | --- | --- | --- | --- | --- |
| 旧工艺典型造型 |  | | | | | | |
| 新工艺 | 反向挤压 | 五轴数控铣（切削） | 壳型铸造 | 增材制造 | | | |
| 新工艺典型造型 | 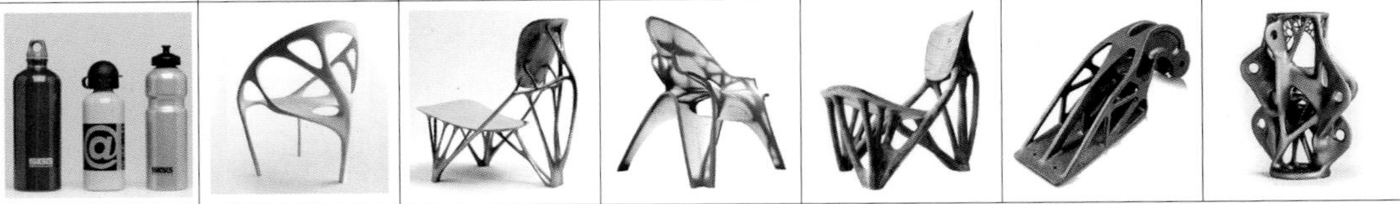 | | | | | | |
| 新工艺特点 | 形成高强度、无接缝、高外观质量的容器 | 让曲面的成型不受模具、材料收缩的影响 | 让曲面的成型不受限于拔模角度、分型工艺，简化设计过程 | 基本无须考虑材料收缩对脱模的影响，无须考虑边角材料的处理和回收，无须考虑材料的可切削性等影响因素；成型非常自由，特别适合做具有大量细节特征、难以通过切削成型或模具成型的结构 | | | |

# 9.5 练习与实践

**一、填空题**

1. 在所考察的构件的内部，单位面积上的内力称为________。

2. 材料会因为截面尺寸改变而产生应力的局部增大，这种增大是被动的，不受外界影响，只受________的影响。

3. 在构件的几何特征中，出现孔洞、转折、锐角、缺口、沟槽、刚性约束等，都可以理解为形态的________，这些特征往往会带来应力集中。

4. 可以对材料表面做喷丸、滚压、氮化等处理，以提高材料表面的疲劳强度，进而降低________带来的负面影响。

5. 具体到物品的造型设计，常见的结构力学范畴的结构类型有________、薄壁折叠结构、________和张力结构等，它们带来的设计语言是很强烈的，甚至可以说是正确与否的问题，是“语法”的问题。

**二、选择题**

1. 折叠雨伞的力学结构从结构力学方面来讲应该属于(　　)。

A. 桁架结构　　B. 薄壁折叠结构

C. 薄壳结构　　D. 张力结构

2. 人类造物能力的提升直接来源于(　　)的发现、发明和应用。(多选)

A. 新的数学公式　　B. 新的成型工艺

C. 新材料　　D. 新的结构形式

3. 篮球架的应力集中现象主要产生在(　　)等部位。(多选)

A. 篮板上与篮球架连接的孔周边

B. 篮板的四个角

C. 球筐根部

D. 篮球架底座

4. 木材家具榫卯结构的设计语言属于(　　)。

A. 一种落后的民间智慧

B. 一种装置艺术的表现形式

C. 一种民用工程语言

D. 一种单调的造型语言

5. 造型设计中，降低造型结构应力集中的方法有(　　)。(多选)

A. 用实心结构代替薄壁结构

B. 采用柔性连接代替刚性约束

C. 避免尖锐突出、凹槽或开孔

D. 外形截线曲率半径逐步变化

**三、课题实践**

1. 以自己或他人的设计习作为例，观察身边的产品或产品的构件并做对比分析，推测可能出现应力集中的部位或结构最薄弱的部位，找出解决办法。

2. 做实验验证交变应力对材料强度的影响。

3. 总结材料和加工工艺知识。材料和加工工艺数量繁多，可在设计中逐步理解掌握，以查阅资料的方式获取相关知识，以实践的方式去理解和应用。由于材料和加工工艺随社会发展和科学进步也突飞猛进，因此没有“绝对正确”的工艺，需要我们自己去筛选、优化。

4. 本章为产品材料、结构与工艺相关知识的应用与提高，经过这个章节的学习，学生应该掌握材料与工艺的高级应用技巧，并在此基础之上进行一些创新设计。学生在完成课程作业的同时，应能够或多或少地运用相关知识解决问题，以此让知识点互相印证、相互转化。

课程实践从材料与工艺的关系入手，要求学生设计不同材料的相同类型产品，突出设计的风格整体性和不同材料产品的系列性。

设计实践课题名称：材料秀
设计内容：设计单人四脚靠背椅
设计要求：分别采用热塑性工程塑料（注塑成型、连接成型）、天然木材（切削成型、连接成型）、木材胶合板（模压成型、连接成型）、冷轧薄钢板（0.5～1mm）（冲压成型、连接成型）、铝合金或镁铝合金（压力铸造、连接成型）5 种材料及其对应的加工工艺进行设计；每一种材料设计一个产品，但其几何拓扑关系和风格必须一致或接近，从普通消费者的角度可以将其视为同一系列的产品；每件产品只能使用单一材料（螺钉等标准连接件除外），并且必须突出材料及其加工工艺的特性；应做到结构合理，设计语言精练（图 9-12）。

小知识：拓扑学的英文名是“topology”，直译为地志学，类似于研究地形、地貌的学科。国内曾将其翻译成“形势几何学”“连续几何学”“一对一的连续变换群下的几何学”，但这几种译名都不太好理解。1956 年统一的《数学名词》将其中文翻译确定为“拓扑学”，是音译过来的。拓扑学是几何学的一个分支，但是这种几何学又和通常的平面几何、立体几何不同。通常的平面几何或立体几何的研究对象是点、线、面之间的位置关系及其度量性质。拓扑学与研究对象的长短、大小、面积、体积等度量性质和数量关系都无关。举个例子，在通常的平面几何里，把平面上的一个图形搬到另一个图形上，如果完全重合，那么这两个图形叫作全等形；但是，拓扑学所研究的图形，无论它的大小还是形状在运动中都会发生变化。在拓扑学中，没有不能弯曲的元素，每一种图形的大小、形状都可以发生改变。

提交内容：概念设计阶段的设计速写；进阶阶段的设计速写；方案确定后的效果图；设计感言。
评价方式：设计可实现度 40%；系列设计的风格一致性 30%；主观审美和设计表达 20%；创新性 10%。
参考案例见图 9-13～图 9-16。

图 9-12　设计方法
该设计作业可以是原创产品，也可以借鉴甚至复制经典设计，但是，借鉴的设计只能有一种材质的造型，其他 4 种材质的造型必须通过改造完成，设计难度很大。动手验证结构和空间关系是一种好的方法，可以达到良好的外观表现效果。

图 9-13 作者：四川美术学院 安晓夏、赵馨怡、钟欤

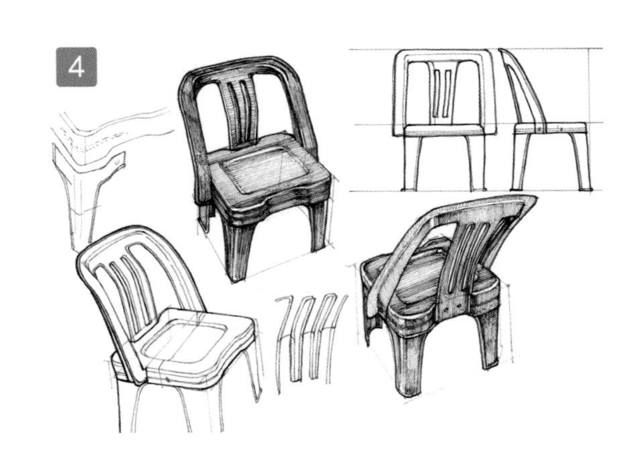


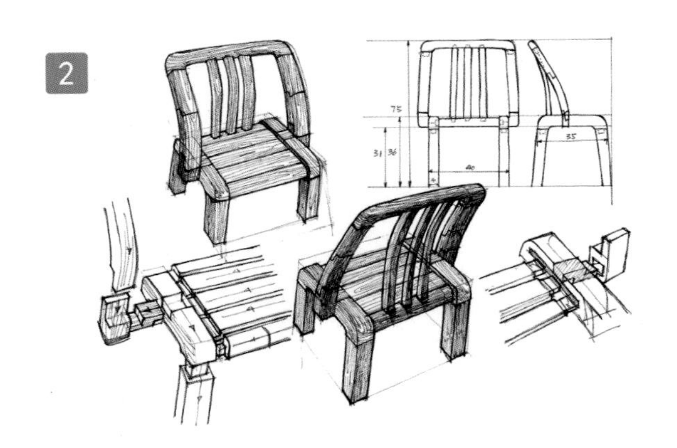


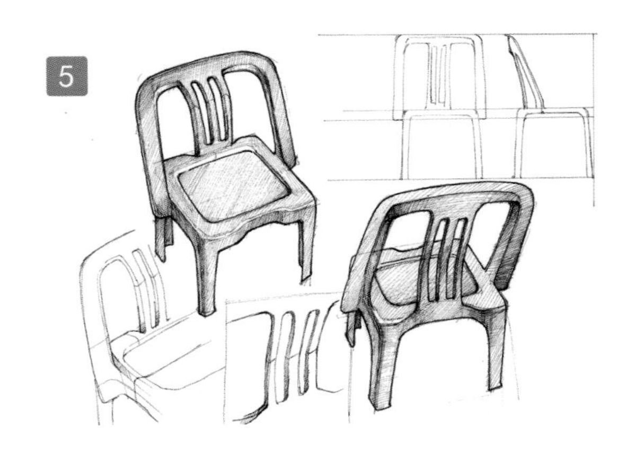


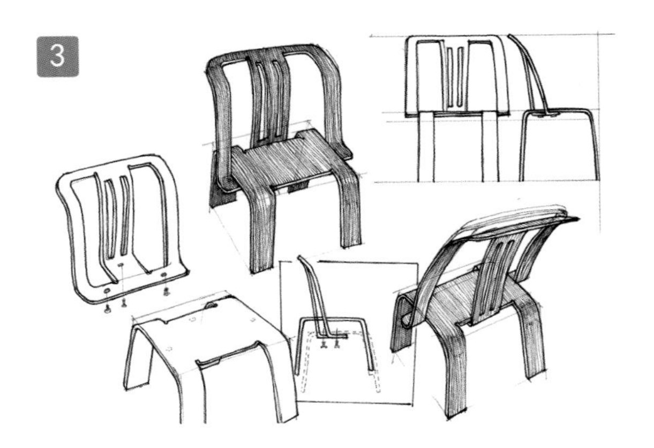


图 9-14　作者：四川美术学院　丁尔驰晖

图 9-15 作者：四川美术学院 戚文曦

图 9-16 作者：四川美术学院 柴冠华

# 第10章 极致追求——材料、工艺与设计师

教学目标：

（1）理解增材成型与工艺的关系。

（2）熟悉增材成型工艺的技术原理。

（3）熟悉增材成型的应用和创新思维。

（4）理解计算机辅助设计、增材成型、产品设计和研发之间的关系。

教学要求：

| 知识要点 | 能力要求 | 相关知识 |
|---|---|---|
| 增材成型与工艺 | （1）理解材料和成型工艺之间和谐又矛盾的关系；<br>（2）理解增材制造在处理材料和工艺之间矛盾上的作用 | 产品设计 |
| 增材成型原理 | （1）熟悉6大类、11小类增材成型工艺的技术原理、特点和适用范围；<br>（2）了解增材成型工艺的发展状况和最新成果 | 二维彩色喷墨打印机 |
| 增材成型应用 | （1）熟悉增材成型在快速模型、快速模具、快速制造方面的应用优势和发展潜力；<br>（2）了解增材制造在设计思维和技术创新中的应用 | 模型制作<br>设计方法论 |
| 计算机辅助工业设计与成型 | （1）了解计算机辅助设计和增材成型之间的关系；<br>（2）了解计算机辅助仿真、计算机辅助制造和产品研发之间的关系 | 计算机制图<br>计算机编程 |

# 10.1 材料与工艺的再次探讨

## 10.1.1 材料与工艺相辅相成

材料有自己的个性，不同的材料在产品应用中有不同的生命力和表现力。从材料本身进行突破是产品设计的一个要点，我们可以打破常规，利用不容易实现的材料和手法去完成我们的设计，以缓解用户审美疲劳并刺激其消费欲望。

要在产品设计中随心所欲地使用材料，必须掌握以下几个方面的知识：

（1）材料本身的特性，比如力学性能、表面性能、光电等物理性能。这些性能指导我们选择材料，这就是对与错的选择，有时候是唯一的选择。一般情况下，我们不可能选择木材去制作内燃机，也不可能选择金属去制作柔软的坐垫。然而随着科学的发展，一些新的材料逐渐得到应用，我们对材料的选择范围更广，一些意想不到的材料也能够引领我们进行一些特殊的设计。

（2）材料的人性化特性。木材能够带给人亲和、平和、安全的感觉，金属能够给人带来冰冷、高贵、高科技的感觉，而塑料能带给人实用、廉价、温暖的感觉。用一种材料的人性化性格去实现另一种材料才能够实现的性格不容易办到，甚至有可能是邯郸学步，吃力不讨好；然而事情也有它矛盾的一面，一旦实现了材料之间的性格替代，那将是设计上的一大突破。

（3）材料的加工特性。材料有其加工特性，一些材料可以互换或互相借鉴加工工艺，然而一些材料的加工工艺是特有的，是其他材料所没有的。设计过程中从材料的加工特性突破往往能够收获意想不到的效果，也就是用其他材料所不能代替的加工工艺去设计和制作这个产品，用一种唯我独尊的态度去实现产品。例如，榫接结构是木材独有的工艺，其他材料，比如塑料棒，虽然也可以使用榫接结构连接，但是榫接结构并不是最适合塑料棒的连接方式，注塑加工才是最理想、最完美的塑料加工工艺。因此，榫接结构就成了木材理想的、个性的加工工艺。

总而言之，在产品设计中材料的个性和加工工艺之间应当是相辅相成的关系。不考虑加工工艺的设计是缺乏工程考量的设计，而加工工艺脱离材料特性便是无本之木、无源之水。

## 10.1.2 设计师与生产工艺

在设计过程中，必须考虑生产工艺和工业技术，因为没有完全脱离生产工艺而进行的设计。人类虽然自古就在探索新的生产工艺，但无论何种生产工艺都脱离不了材料加工工艺的几个原则。一般来讲，人类对材料的应用是从天然材料开始的，比如石料和木材。对天然材料的加工，主要是切除余料，或者对材料进行塑性变形。

近代，我们可以采用一些更加灵活的工艺去设计和制造人工材料。塑料、杆材、板材等的设计和加工具有一定的代表性。然而，不管工艺手段如何灵活，材料的加工总是脱离不了复杂的加工工序。复杂的加工工序源自产品复杂的形态特征，简化产品的结构固然可以简化加工工序，却总是不能够一步到位。复杂的加工工序带来的是管理成本的提高，效率的降低。

此外，加工工艺总是不能够脱离工具和技术条件的限制而存在，针对不同的工具和技术条件有不同的加工工艺。有时候，产品的形态完全就是为了适应工具和技术条件而设计的。例如，金属构件钻孔的上下两个端面必须和钻床加工平面平行，以免在钻孔的过程中折断钻杆。机械加工的金属构件上面的孔，往往存在两个垂直于孔轴线的平面，就是这个道理。

产品开发过程中，一般将相当多的时间花在了工序的组织上面，而产品的设计直接影响工序的组织和工序组织所带来的成本。所以，在设计之初就必须考虑生产工序和生产工艺。在设计的过程中分出时间和精力考虑工艺是一件痛苦的事情，往往会打断思路，驱散灵感。

那么，有没有一种生产工艺，让我们几乎可以不用考虑工艺本身，就能直接实现设计灵感呢？有，这种工艺就是增材成型工艺，一种几乎和工序、结构、工具无关的成型工艺（图 10-1）。

图 10-1　增材成型源自艺术创作

一些艺术创作是以复杂的加工工艺来营造华丽的艺术效果的，以编织、纤维、掐丝珐琅、累丝等为代表，这些艺术创作的本质都是将细小的材料添加、堆砌成复杂的产品，因此可以将其看作添加成型、增材成型的“手工版本”。

然而，增材成型工艺本身还远远没有达到可以普及应用的程度，高昂的成本使得它不能大量应用于工业生产，而只能够在科研和产品研发过程中应用。在工业生产中，传统工艺主宰整个生产过程，增材成型工艺要替代它们进行大规模生产还有相当长的路要走。

在一些高端生产场合，增材成型的优势非常明显，如 Keltool 公司的金属粉末烧熔工艺，特别适合生产小型金属模具；MIT（麻省理工学院）最早开展的一个成型实验是先将不锈钢粉末用 FDM（熔融沉积成型）法制成金属模型，然后用烧结、渗铜等工艺制成具有复杂冷却流道的注射模具。

### 10.1.3　产品设计和增材成型

增材成型在产品设计中的应用，一方面提供了一个非常好的设计手段，另一方面赋予了某些产品全新的生产工艺。

设想一下，产品的生产过程可以像晶体的结晶过程一样，在无人操控的情况下，在冷却或浓缩的过程中凝结成规则的晶体，并逐渐长大。晶体的结构细微到分子级别，通常其几何尺寸缺陷远小于传统工艺。如果我们控制了晶体的生长方式，就控制了产品的外形和力学性能等，在整个生产过程中，就不会产生噪声、废料，甚至不需要装配。

或者我们可以想象，产品可以像树一样生长起来，我们在树的基因里面添加控制因子，树木长大后就形成了最终的产品，比如房屋。这个过程更加绿色环保，颠覆了以往所有的生产工艺。随着生物工程、活性材料、基因工程、信息科学的发展，我们可以预言，一种全新的信息制造过程与物理制造过程相结合的、精美绝伦的生长成型方式将会产生。到那时，制造与生长将是同一个概念。

我们还可以想象，当计算机技术和自动化技术发展到一定的程度，生产产品可以像砌砖头一样，通过机械臂把纳米级别的材料一块一块地粘结在一起，最终形成产品（类似喷墨打印，不过比喷墨打印更精确，可参考清华大学的“激光引导直写技术”“尖笔直写技术”和美国西北大学Mirkin小组的“蘸水笔纳米加工技术”）。这个过程能够充分保证产品的几何尺寸，纳米级别的“砖头”类似于晶体组织，这种网状结构的强度和均匀性远超普通材料。

# 10.2 增材成型工艺基础

增材成型技术是根据三维数据模型，在计算机辅助下快速制造复杂形状的三维实体技术，是机械工程、计算机辅助设计、数控加工、计算机辅助制造、激光技术、新材料等学科相互渗透交叉的产物。

增材成型技术可以自动、快速、准确地将设计思想转化为具有一定结构和功能的原型，在此基础上可以对产品设计进行快速评价、修改，以响应市场需求，提高企业的竞争能力。同时，增材成型可以直接制造某些产品的零部件，直接装配并将其应用于实际产品，而不是停留在样品阶段。

下文将根据比较成熟的几种成型技术介绍增材成型。

## 10.2.1 熔融沉积成型

熔融沉积成型（Fused Deposition Modeling，FDM）也称熔融挤压成型、熔融挤出成型、丝状材料选择性熔覆等，它是通过喷嘴挤出熔化树脂材料，细丝状的树脂逐层铺设并冷却固化，最终堆积成实体模型（图10-2）。

【熔融沉积成型】

从FDM原理来看，它每层的铺设都需要有所依托，这决定了FDM工艺在制造悬臂结构的

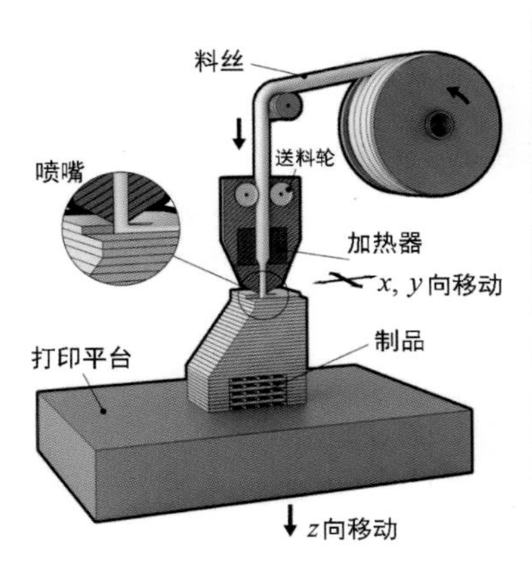

图10-2　FDM 原理
FDM 依赖于树脂材料的熔化和冷却固化，因此，树脂材料自身的物理性能最终会影响成型质量。同时，FDM 的速度和质量也受限于喷嘴尺寸和移动速度，喷嘴直径越小，成型的细节越丰富，但是成型时间会大大延长；而喷嘴移动速度也不能太快，否则会影响成型质量。以上因素都是限制 FDM 进一步发展的因素。

时候需要添加同步支撑结构，这些支撑结构的成型既耗时又耗材，且不容易去除（图 10-3）。

FDM 有以下优点：

（1）成型过程没有粉尘和大量废料的产生，在有条件的情况下，可以反复利用成型耗材。

（2）根据选用材料的不同，成型过程有一定的挥发性气体产生，但是后续清理等工序不需要用到化学药剂，比较环保。

（3）成型尺寸从数十厘米到数米不等，适用范围非常广泛，特别适合用于教学和实验，甚至可以成型大型雕塑作品。

（4）设备容易操作和维护，使用成本相对较低，桌面型的设备物美价廉，是现阶段普及率最高的增材成型工艺，甚至某些中

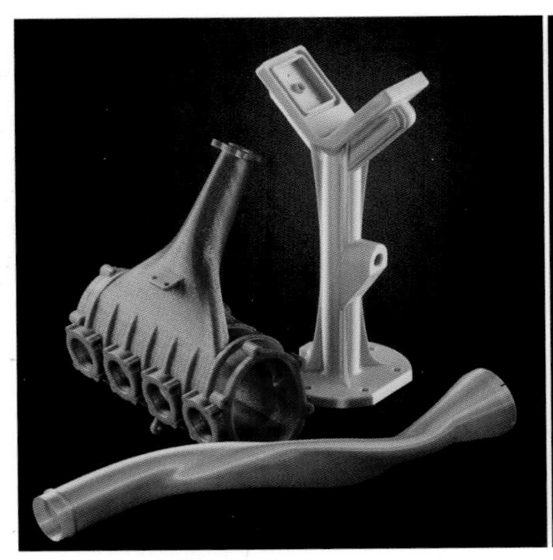

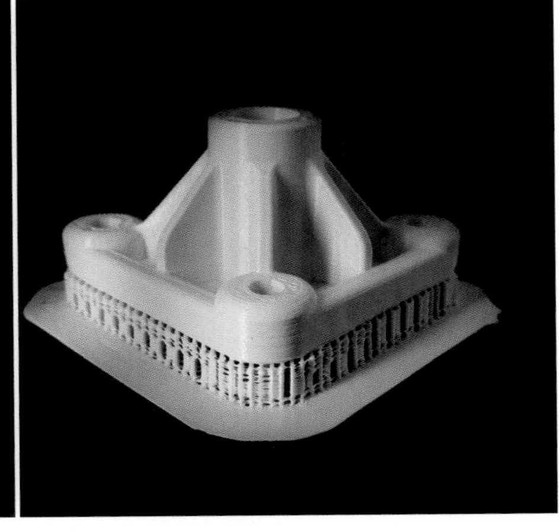

图10-3　FDM 制品
高质量的成型制品呈现出与原材料相同的色泽，物理性能也基本等同于原材料，因此，可以将其用于一些产品的装配验证和力学检验。通过适当的表面处理，也可以将高质量成型制品作为外观模型用于直观评价。

小学都开展了FDM相关教学。

(5) 可以选择多种材料进行成型加工，包括各种色彩的ABS、PC、PPS及PLA等，甚至添加了金属粉末、木纤维等用以仿真的树脂材料。

(6) 树脂材料熔融粘结后形成致密网状结构，机械强度比较高，一定程度上可以代替注射成型制品应用于力学检验。

FDM有以下缺点：

(1) 成型精度不够，精度取决于喷嘴口径大小和喷嘴移动速度等，很难提高。

(2) 成型外观质量不够，表面通常有堆叠纹路。

(3) 成型速度不够，一般来讲低于SLA和LOM。

(4) 成型后支撑材料去除麻烦，特别是对于角落内的支撑材料，去除时容易损伤制件本身。

(5) 整个喷头体系在 *x*、*y*、*z* 三个方向都要移动，因此成型时噪声大。

## 10.2.2 三维打印成型

三维打印成型（Three-dimensional Printing/3D Printing，3DP）。三维打印又分为三维粘结剂喷射打印［也叫作微滴（粘结剂）喷射成型］、三维砂型打印和三维彩色喷墨打印。

1. 三维粘结剂喷射打印成型

三维粘结剂喷射打印成型（3D Binder Jetting，3DBJ），是在计算机的控制下，喷头按照既定图案对铺平的粉料喷射粘结剂，待一层粘结剂喷射完成后，打印台向下移动单层的距离，然后在辊筒的作用下将新的粉料平铺在工作区，喷头将继续喷射粘结剂以形成新的实体，反复操作即可得到完整的立体实物（图10-4）。这种喷射平面图案的成型方式，好似用喷墨打印机打印普通文稿，因此也被形象地叫作“3D打印”（图10-5）。

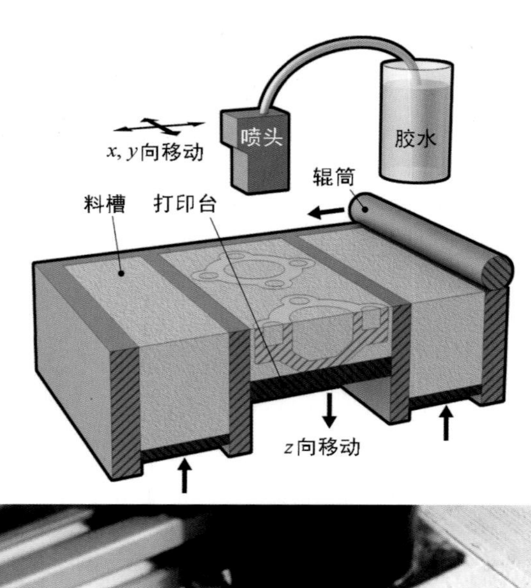

图10-4 三维粘结剂喷射打印
在这种成型方式下，喷头喷射的是粘结剂，打印的精度取决于粉料的颗粒度、对胶水的浸润性和喷头的喷射精度。

2. 三维砂型打印成型

从原理上讲，三维砂型打印成型（3D Sand Printing，3DSP）是上述三维粘结剂喷射打印的一种（图10-6），不同点在于，砂型打印的成型物料多是工程用砂，这些砂在打印成型后会用于后续的铸造加工，它们将被用作模具和型芯（图10-7）。

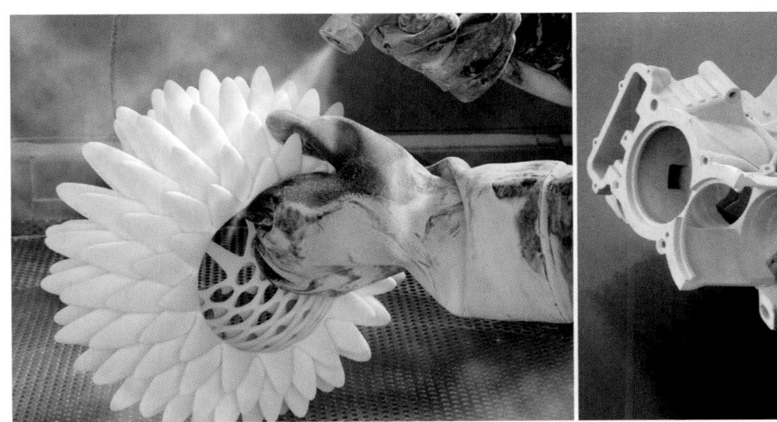

图 10-5　三维粘结剂喷射打印实物
成型完成后有一个烘干和清洁的过程，需要特殊的设备去完成。完工后的制品也有一定的机械强度，可以用于产品的试装配等。

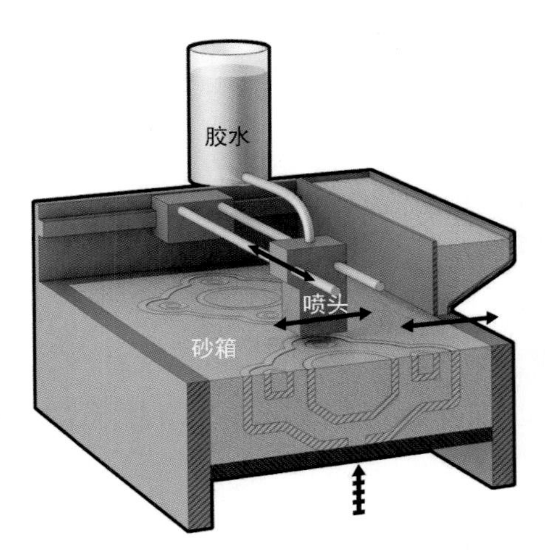

图 10-6　三维砂型打印原理
三维砂型打印用到的砂和粘结剂都是特制的，除了满足打印需求以外，还需保证打印成型的制品后续可用于铸造，能够接受铸造高温的考验。

图 10-7　三维砂型打印成品
三维砂型打印成型工艺用于铸造工艺后，大大降低了砂型铸造的劳动强度，也大大提高了铸造制品的质量，同时提高了产量，降低了生产成本。

3. 三维彩色喷墨打印成型

三维彩色喷墨打印成型（Color Jet Printing，CJP）的成型过程就是喷墨打印的过程，只是将打印纸换成了成型物料，比如精细的石膏粉。石膏粉遇到墨水后凝结成块，将其逐层打印，待凝结后可得到完整的成型物体（图 10-8）。三维打印的精度和零件的强度都不算太高，然而在彩色墨盒的帮助下获得了一个比较突出的特性，那就是能够在打印过程中为制品添加颜色属性，制品的各个细节都可以用不同的颜色呈现，因此可以达到非常逼真的效果（图 10-9）。

## 10.2.3 液态光敏树脂选择性固化

液态光敏树脂选择性固化（Stereo Lithography Apparatus，SLA），即光敏树脂增材成型，简称光固化成型，又分为 Laser-SLA、DLP-SLA 和 LCD-SLA 3 种。

SLA 是利用光敏树脂在光照条件下固化的原理进行成型，成型过程依赖于对光的控制，现有技术水平只能够逐层对液态光敏树脂进行固化，最后形成三维实体。SLA 是在新材料（光敏树脂）、新技术（激光技术、计算机技术、自动化控制）的基础上发展起来的，是

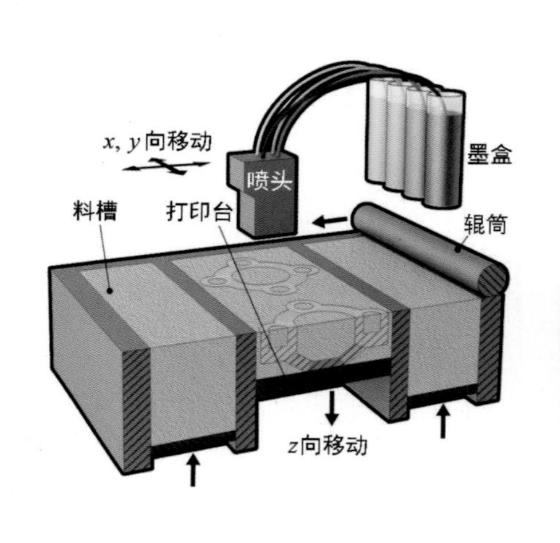

图 10-8　三维彩色喷墨打印原理
三维彩色喷墨打印的精度取决于粉末材料的颗粒度及喷头的精度，现代彩色喷墨打印机喷头的分辨率标称值可以达到 600dpi 及以上，因此，三维彩色喷墨打印的分辨率应该可以媲美纸面打印的分辨率。

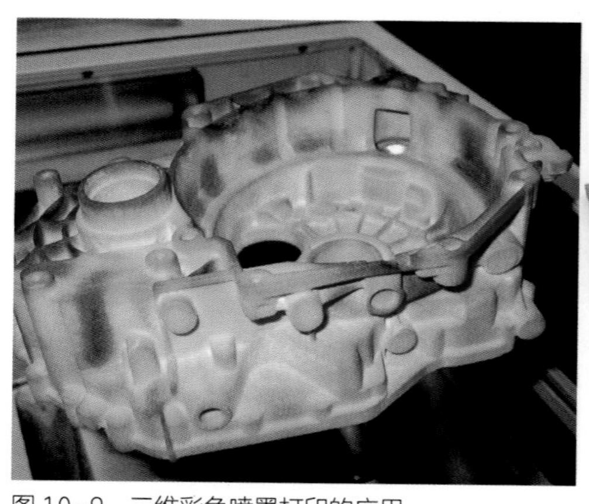

图 10-9　三维彩色喷墨打印的应用
三维彩色喷墨打印成型可用于仿真人像打印、工程模拟仿真的结果展示，以及科学研究成果的全息呈现。

一种比较典型的增材成型工艺（图 10-10）。

SLA 工艺有以下优点：
(1) 成型工艺成熟、稳定，现阶段性价比较高。

(2) 成型精度高，成型过程中的热效应没有另外几种增材成型方式明显，因此能够制造精细且形状复杂的制品，在首饰类产品或类似尺寸产品的成型上，其优势较为明显。

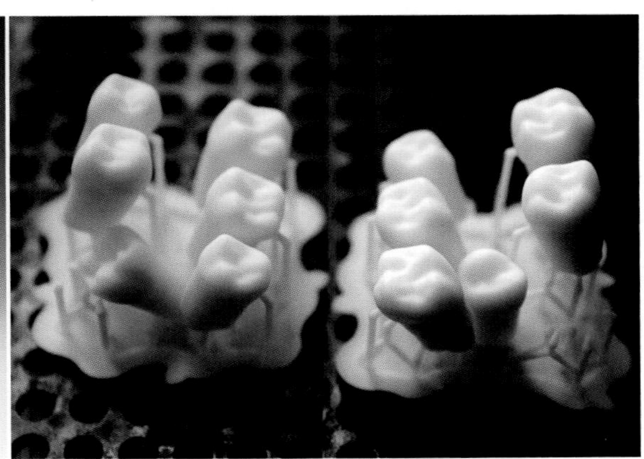

图 10-10 SLA 的制品
SLA 的制品精度优势非常明显，可用于一些重要场合。

(3) 在增材成型工艺中，其制品表面质量最好，可以直接用作外观评估模型，也可以在稍微打磨或不打磨的情况下进行表面涂装。

(4) 成型制品有一定强度，可以直接用于验证装配性甚至直接使用。

(5) 有高、中、低端成型设备，能够满足各种实验与生产的需要。

SLA 工艺有以下缺点：
(1) 对于异型结构件，需要设计支撑结构，否则会影响制品的精度。

(2) 单次打印时无法同时使用多种材料和颜色。

(3) 中空零件必须设计孔洞，让未固化的树脂流出。

(4) 光敏树脂的成型原理决定了其成型材料只能是有限的几种光敏树脂材料。

(5) 光敏树脂材料环境友好性较差，易燃。

(6) 成型完毕后需要对药剂做进一步处理，这也带来了环保问题。

(7) 树脂材料粘性较高，清洁不易。

1. 激光扫描固化成型
激光扫描固化成型（Laser-SLA）是利用（单光源）聚焦激光束来固化光敏树脂进行成型。因为光束在固化过程中像一把刀一样掠过成型表面，所以有些地方形象地把这种成型工艺叫作“立体光刻”。激光光源强度高、聚焦细，能被振镜控制扫描，因此非常适合作为扫描成型光源。

Laser-SLA 成型时，首先处理计算机三维模型的数据文件，根据加工精度逐层提取模型的横截面图形（俗称“切片”计算），根据截面图形计算得到每个截面片的扫描路径，然后根据路径进行逐点、逐线、逐层扫描，使得容器内的液态光敏树脂逐层固化并粘结成一体（图 10-11）。

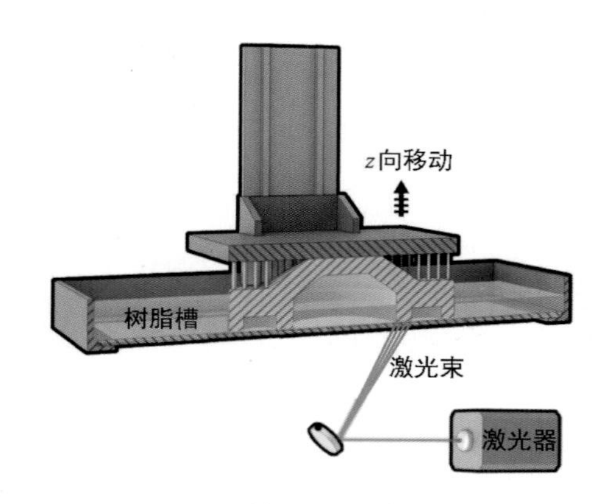


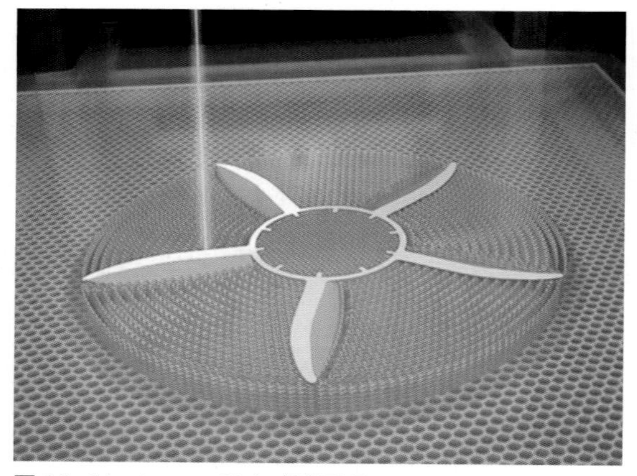

图 10-11 Laser-SLA 成型原理
激光扫描固化成型在树脂液料槽中进行，聚焦的激光束通过振镜扫掠成型面，待到这一层完全固化后，再将其上移一层。重复此步骤，直至材料全部固化。

2. 紫外（光）数字投影成型

紫外（光）数字投影成型（DLP-SLA）是采用投影成像图案的方式来固化光敏树脂（图 10-12）。

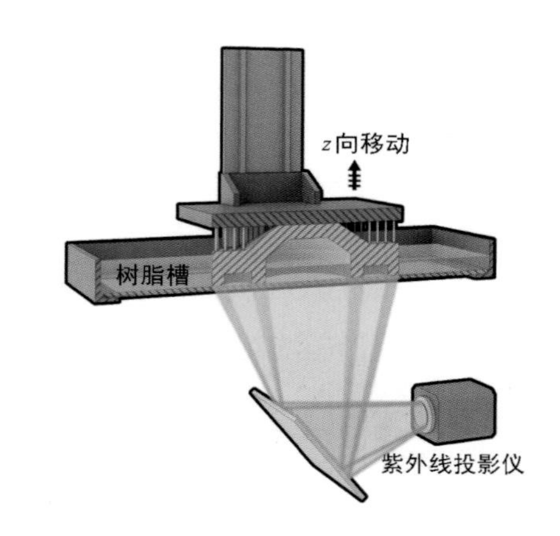

图 10-12 DLP-SLA 原理
紫外线投影成明暗图像后可以对树脂材料进行固化，因此这种成型是“面”成型，优于 Laser-SLA 的“点”成型，同时可以做到连续投影、连续固化，其成型速度最高可达普通增材成型的百倍。

3. LCD 掩膜光固化成型

LCD 掩膜光固化成型（LCD-SLA）又称 MSLA、LCD masking、选择数字光处理（mDLP）、液晶 DLP 技术、紫外掩膜固化等，都是利用 LCD 显像成黑白掩膜（遮光罩）原理得到单层光固化图像，逐层固化后即可得到最终的立体成型物体（图 10-13）。LCD-SLA 也是一种“面”成型，成熟的 LCD-SLA 成型设备的成型速度也优于 Laser-SLA、FDM 等。

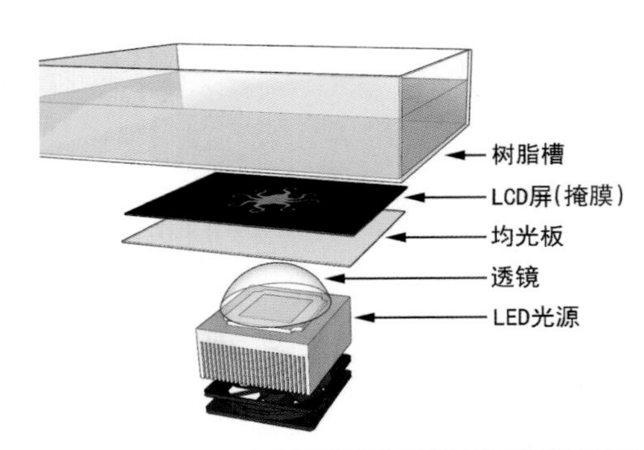

图 10-13 LCD-SLA 原理
LCD-SLA 设备中的核心器件是 LCD 屏，LCD 屏在计算机驱动下显示黑白图像，白色（透明）部分能透过紫外线固化光敏树脂。

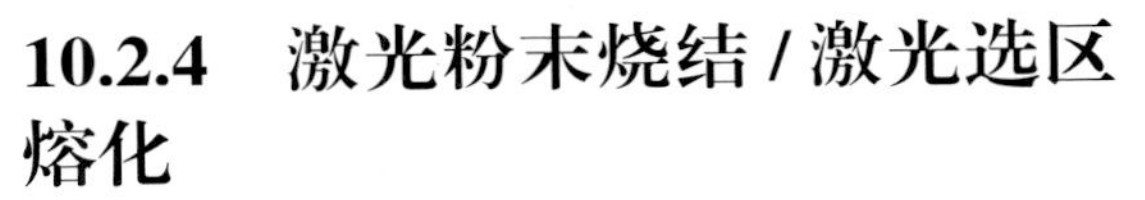

## 10.2.4 激光粉末烧结 / 激光选区熔化

激光粉末烧结（Selected Laser Sintering，SLS），是通过激光扫描并加热粉末材料，使其局部熔融并凝结在一起，逐层加工后得到最终的三维实体（图 10-14、图 10-15）。

激光选区熔化（Selective Laser Melting，SLM），成型原理类似激光粉末烧结，该技术源自德国 F&S/MCP 公司，是对金属粉末材料进行烧结的增材成型技术（图 10-16）。

SLS、SLM 有以下优点：

（1）成型精度比较高，根据使用材料的种类和粒径、产品的几何复杂度，激光烧结在产

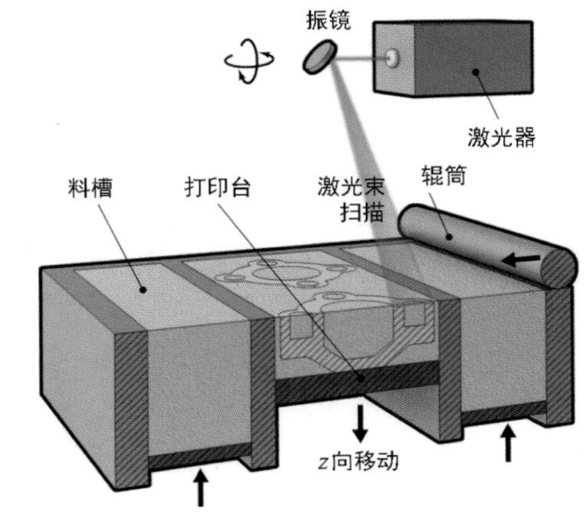

图 10-14 SLS、SLM 原理
不同于 LCD-SLA，SLS、SLM 激光提供的是大量能量，能量大到能够熔化所扫描的材料，因此激光扮演的是粘结剂的角色。这两种成型技术对材料逐层铺粉并逐层扫描，最终会把扫描过的粉末凝结成一个三维实体。

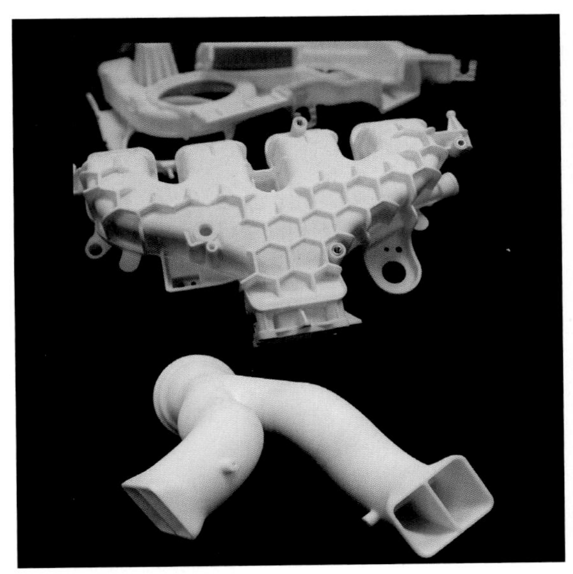

图 10-15 SLS 制品
SLS 制品的强度可以很高，因为能够被激光熔化的材料都可以用作成型材料，其中不乏高强度的工程塑料，因此用 SLS 工艺直接制作工程零件的案例很多。然而，因为在粉末熔化并凝结的过程中，材料发生了聚集和收缩，所以 SLS 制品的精度不如 LCD-SLA。

图 10-16 SLM 制品
能够直接成型金属材料是 SLM 工艺最突出的优点，其制品甚至可以直接用于工业生产。SLM 工艺成型精度相对较高，在制作细小结构的时候优势比较明显，常用于制作医用嵌入体或者贵金属首饰。

品全尺寸范围内只有 ±（0.5～2.5mm）的尺寸偏差。

（2）成型表面质量较高，没有层级纹理。

（3）粉末材料有多种选择，包括塑料、特种热塑性金属和陶瓷。

（4）在烧结过程中，几乎不产生废料，粉末材料可以回收再利用。

（5）成型制品机械性能好，可直接应用于检验产品的力学性能，粉末烧结类似于熔融成型和粉末冶金，凝结后材料的性能接近注塑成型的塑料和粉末冶金成型的金属。

（6）利用 SLS、SLM 工艺成型蜡材，可以制造精密而复杂的失蜡模，且能够实现量产。

SLS、SLM 有以下缺点：
（1）成型设备相对较大，价格较高，不是家用和办公的首选设备。

（2）成型时会产生粉尘污染。

### 10.2.5 层合实体制造

层合实体制造（成型）技术（Laminated Object Manufacturing，LOM），通常是利用激光束按照制品截面图形的轮廓对层叠薄膜材料进行切割，同时把切割好的薄片逐层粘结在一起，最终形成三维实体（图 10-17）。

比较成熟的层合实体制造是“纸基增材成型”，薄膜材料采用的是涂有热熔树脂及添加剂的纸，耗材相对便宜。

层合实体成型有以下特点：
（1）设备价格相对低廉，使用寿命相对较长。

（2）耗材成本低，在制作中等及以上尺寸的零件时尤为明显。

（3）制品强度和刚度比较高，几何尺寸稳定，表面可进行抛光。

（4）相对 SLA 成型速率高，制作时间短（只切割外轮廓）。

（5）制品无须支撑设计，计算负荷小。

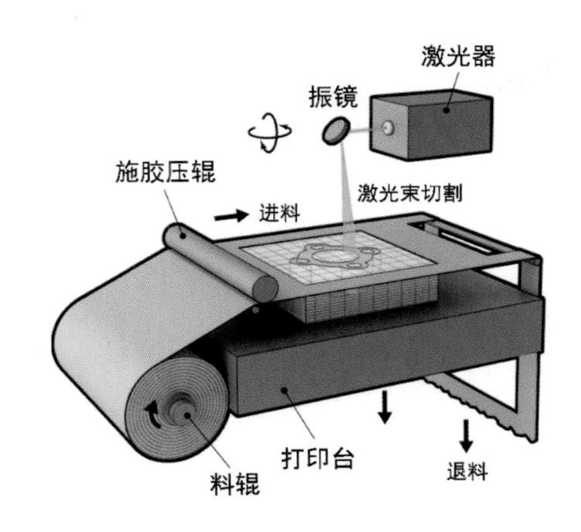

图 10-17 LOM
LOM 的表面质量通常不够理想，带有激光烧灼后的焦痕，因此不适合制作外观评估模型，已经被逐渐淘汰。然而，不可否认的是，LOM 是逐层添加成型的鼻祖，因此其速度和成本优势还是非常明显的，假以时日，我们应该可以看到 LOM 更好的用途。

（6）能够制作大尺寸零件。

（7）制作小尺寸零件、薄壳零件和复杂零件时效果不理想。

### 10.2.6 激光金属沉积

【激光金属沉积】

激光金属沉积（Laser Metal Deposition，LMD），也称激光近净成形（Laser Engineered Net Shaping，LENS），来源于焊接工艺，也是表面处理工艺之一，即将材料引入由高功率激光产生的熔池中逐步焊接成型（图 10-18）。整个 LMD 系统包括激光器、激光制冷机组、激光光路系统、激光加工机床、激光熔化沉积腔、送粉系统及工艺监控系统等，是不折不扣的高科技产物。

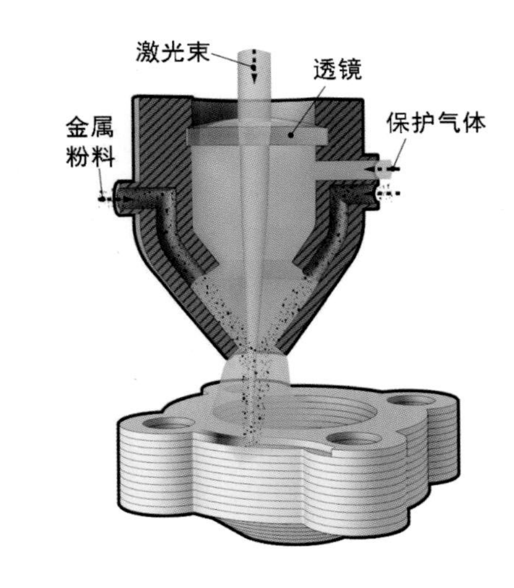

图 10-18 LMD 成型原理
金属沉积的成型材料是粉末状或丝状金属，它们围绕激光束的锥形环喷嘴喷出。喷出的材料熔化并凝固形成堆积，同时跟下层材料也进行融合。与焊接相比，LMD 的热影响区较小，残余应力也相应较小。

1979 年，联合技术研究中心提出激光立体成形技术概念并制作出航空发动机涡轮盘模拟件；1994 年起，英国 Rolls-Royce

Motorcars 探索航空发动机零件激光成形，另外英国利物浦大学、美国密歇根大学、加拿大国家研究委员会集成制造技术研究所、瑞士洛桑理工学院、美国 Sandia 国家实验室、美国 Los-Alamos 国家实验室、美国 Aeromet 公司、美国宾夕法尼亚大学、英国伯明翰大学等相继开展研究。1995—2005 年，美国约翰斯·霍普斯金大学、宾夕法尼亚大学及 MTS 公司等对飞机钛合金结构件激光快速成形技术开展了大量研究并取得重大进展。在 LMD 技术取得一定突破的时候，国外还将该技术广泛用于损伤零件的修复，包括飞机零部件腐蚀零件、航空发动机磨损零件等的修复。

中国主要是北京航空航天大学、西北工业大学等在 LMD 技术领域进行研究。北京航空航天大学首先突破了飞机钛合金次承力结构件激光快速成形工艺及应用关键技术，构件的疲劳、断裂韧性等主要力学性能达到钛合金模锻件水平；其次提出了大型金属构件激光直接成形过程中的“内应力离散控制”新方法，初步解决大型金属构件激光快速成形过程中零件翘曲变形与开裂的难题；最后突破激光快速成形钛合金大型结构件内部缺陷和内部质量控制及其无损检验关键技术，飞机构件综合力学性能达到或超过钛合金模锻件。西北工业大学针对大型钛合金构件的激光立体成形，解决了大型构件变形控制、几何尺寸控制、冶金质量控制、系统装备等方面的一系列难题，并试制成功 C919 大飞机翼肋 TC4 上、下缘条构件，该类零件尺寸达 450mm × 350mm × 3000mm，成型制品长时间放置后最大的变形量小于 1mm，静载力学性能的稳定性优于 1%，疲劳性能也优于同类锻件。此外，西北工业大学在 LMD 技术零件修复方面也取得了重大进展（图 10-19）。

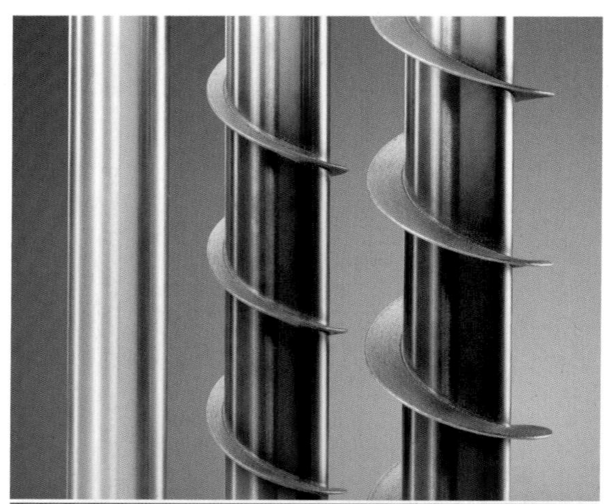

图 10-19　LMD 成型制品
由于 LMD 同轴送粉效率高，材料致密性好，所以越来越多地被用于大型零件的增材成型及零件修复工作。

### 10.2.7　增材成型知识小结

增材成型知识小结见图 10-20。

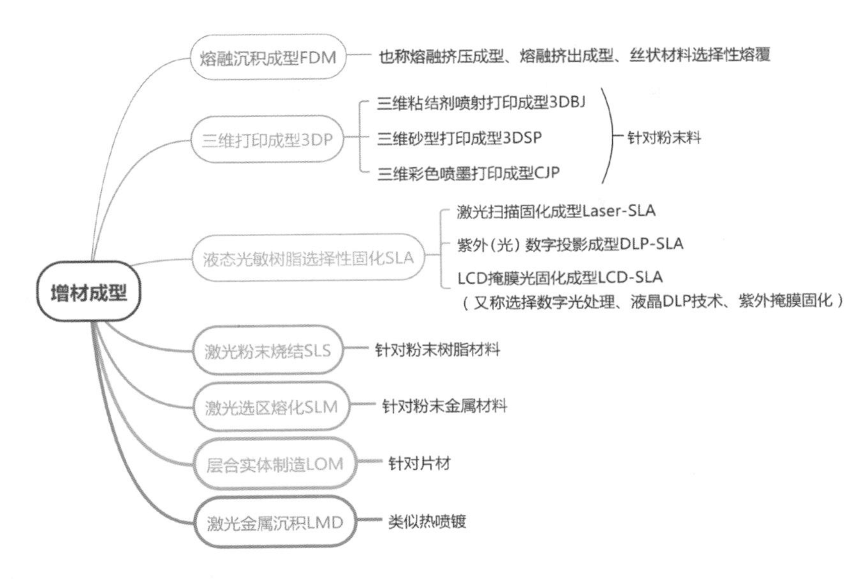


图 10-20　增材成型知识小结

# 10.3　增材成型技术的应用

前面提到了增材成型技术在产品设计中的应用，其实在产品设计的各个层面、不同类别的制品和用品甚至科研上都能够看到增材成型工艺的应用。增材成型技术的引进可以极大地提高产品开发的效率，缩短开发周期。增材成型主要应用于以下 4 个方面。

## 10.3.1　快速模型

增材成型工艺可用于产品或零件本身的成型，结合现代的 CNC（计算机数控机床）加工中心等手段，这种模型制作叫作快速模型或快速原型。

增材成型在产品设计中的应用，主要体现在设计模型的制作上。设计模型（图 10-21）是设计者在没有实物参照，只有设计方案、设计构思的情况下，参照设计图样的尺寸、结构、产品创想图和效果图，构思平面图纸上的信息，运用工具对各种材料进行加工，真实直观地将设计产品以实物的形式展示出来。这是一个从无到有，从抽象到具体，从数据到空间，从构思到现实的逐步完善的表现过程。

产品的设计模型意义重大，在设计的过程中可以按照功用将其分为参考模型、功能模型和展示模型等。在制作设计模型的过程中，设计师不断从模型中理解和推敲产品的形态、

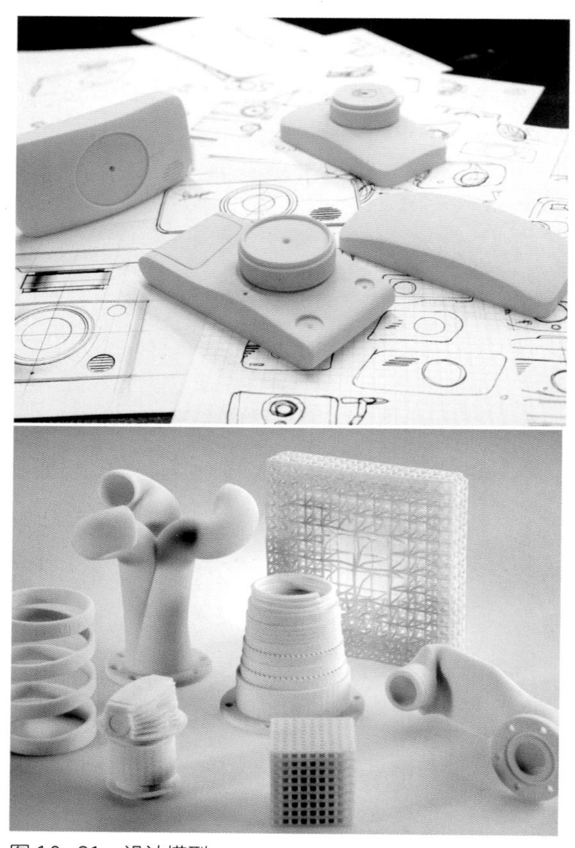

图 10-21 设计模型
设计模型也称概念模型。早期的设计模型是通过手工切割、粘结、打磨不同尺寸的材料制成的，这种模型制作效率低、尺寸精度低、表面质量不高、强度不足，很难用作评价功能模型。此外，手工设计模型对模型制作者的要求非常高，需要制作者有熟练的技巧和对空间、立体结构的透彻理解。增材成型的应用提高了设计模型制作的效率，降低了设计师或模型师的劳动强度，同时能够使传统的外观模型一步上升为功能模型。设计良好的增材成型样件能够直接组装，并且可以检验部分力学性能。

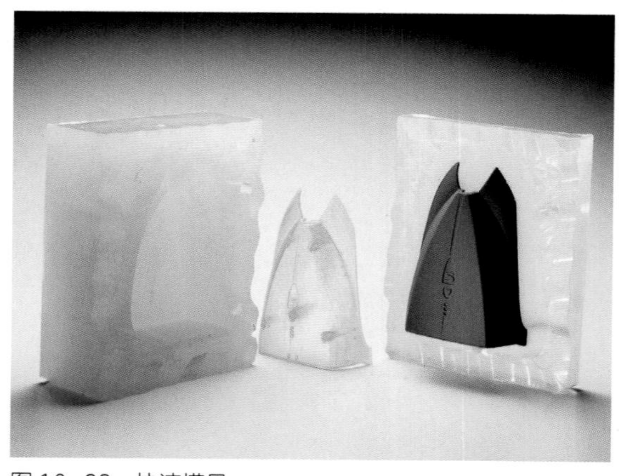

图 10-22 快速模具
快速模具包括简易硅橡胶模具，可以用于一些低熔点金属或合金的铸造成型，也可以用于树脂浇注成型。成型样件可以用于检验和小批量产品试制。

设计构思，把握整个产品的设计理念，通过评审和评价、交流和审核，最终决定是否试制或生产该产品。设计模型能够有效降低开发风险，交流设计思维，提高设计效率。

## 10.3.2 快速模具

以增材成型的工艺手段获得的（铸造）模具就是快速模具（图 10-22）。

快速模具可以分为直接制造模具和间接制造模具。快速模具中的直接制造模具可以替代传统漫长的、高成本的模具制作，可以精确制作模具的型芯和型腔；而间接制造模具是以增材成型工艺替代传统的木模、蜡模，作为模芯间接快速制作模具。

快速制造与传统铸造工艺对比见表 10-1。

## 10.3.3 快速制造

快速制造以增材成型工艺直接批量生产和制造产品、机器的零部件、工装夹具、工具等。它以快速模具技术中的三维 CAD 设计技术、三维测量技术等为基础，以快速模具、真空注型、低压灌注、失蜡铸造等为技术依托，能够完成一系列生产、制造过程（图 10-23）。

表 10-1　快速制造与传统铸造工艺对比

| 项目 | 快速模具制造工艺 | 传统铸造工艺 |
| --- | --- | --- |
| 原理 | 铸型直接成型 | 先试制木模，经过三四次修模后才能定型 |
| 工期 | 15～20 天 | 约 120 天 |
| 造价 | 低于 1 万元 | 5 万～50 万元 |
| 技能要求 | 技能要求普通，培训一周即可进行操作 | 技能要求高，一般有一定工作经验才能独立工作 |
| 工艺特点 | · 模具整体化、一体化造型，没有造芯步骤；<br>· 模具可以做到无合模结构；<br>· 型、芯同时成型，定位精度高；<br>· 制品无须设计拔模斜度；<br>· 铸模通过现代数控成型，曲面质量高，表现良好；<br>· 能够快速核查设计意图和成品，找出问题；<br>· 修改计算机三维模型即可快速更改设计 | · 复杂件只能采用多箱造型的方法，难度高；<br>· 合模容易产生错位，降低产品质量，增加清理和机加工的工作量；<br>· 型、芯通常分开成型再组装，定位误差大；<br>· 制品需要设计拔模斜度，难以制作高精度尺寸制品；<br>· 采用传统加工方式加工木模，加上木模自身会发生形变，难以得到良好曲面；<br>· 铸件一旦有问题，很难确定是设计问题还是模具问题；<br>· 开发新模具投入太大，一般都需要几十万元，且难以调整或更改模具形态 |

图 10-23　快速制造
用 SLS 完成特种蜡材的成型，先将蜡质模型进行组树操作，制备完整的失蜡铸造模型，然后按照失蜡铸造的工艺流程来生产产品，这是一个高效、高品质的生产过程。

## 10.3.4　创新应用

增材成型技术不是做一个三维实物出来那么简单，它本质上是架空了长期以来需要特定技术甚至是高超技艺才能够完成的工作，让一些需要大量时间、费用和经验的工作简化，让非成型专业人员从成型工艺的限制中解放出来，让设计师无限发散自己的设计思维，让科学家专注于科学原理而不是成型技术难题。

下面列举一些增材成型技术的创新应用（图 10-24～图 10-33）。

图 10-24　生物打印
生物打印可以完成一些活体细胞组织的组建工作，对于整形和器官移植有非常重要的作用。

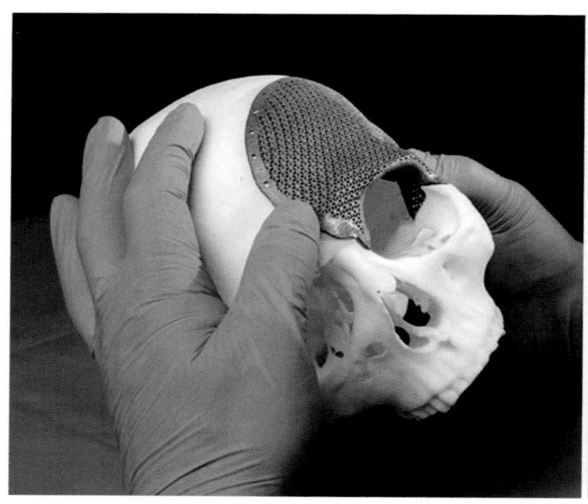

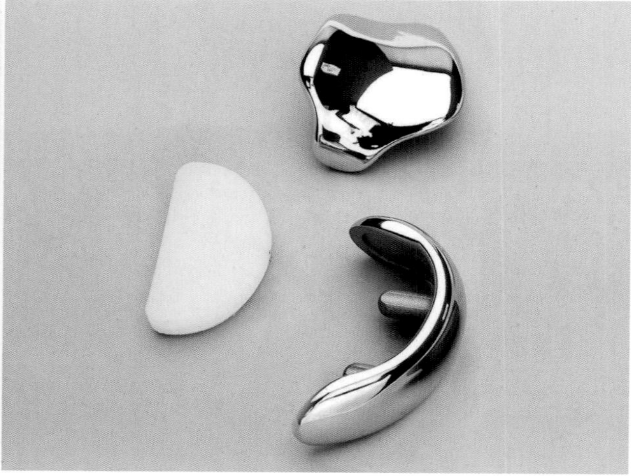

图 10-25　医学植入体
生物体组织往往有很精妙的结构，同时个体之间差异巨大，增材成型可以做到完全意义上的定制，让生物材料和原生组织结构高度契合，甚至比原生组织结构更优越。

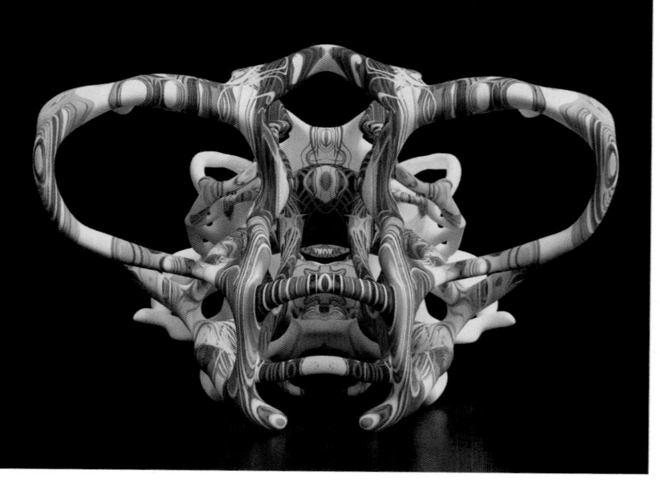

图 10-26　艺术创作
艺术家对一些儿童涂鸦和平面图形进行再创作，通过 3D 打印完成了具有生命力的雕塑作品，这是对生活美学的一次升华。

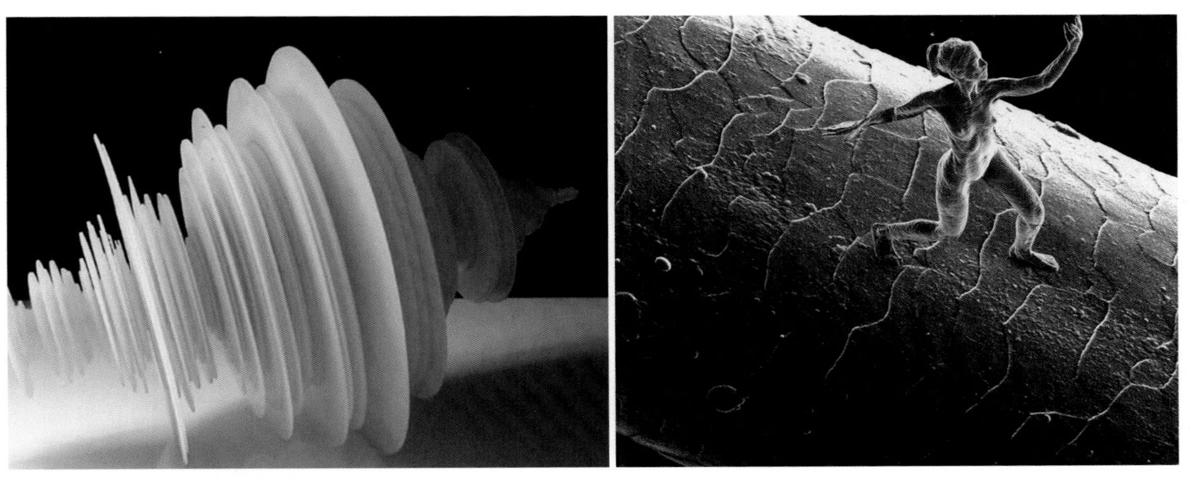

图 10-27　手工难以完成的雕塑
通过增材成型技术，可以完成以微米为单位的雕塑作品，还能够将声波以三维立体雕塑的形式固定下来，这些手工难以完成的雕塑都是科技与艺术结合的产物。

图 10-28　材料研究
新材料的应用，可以第一时间通过增材成型来完成。如果要摸索所谓成型“技艺”，时间、精力等因素往往会影响人们的探索热情。

图 10-29　绿色设计
增材成型是绿色环保的，然而往往还是要耗费熔融材料的能量。图中的绿色设计创新实践，便是利用取之不尽的太阳能和用之不竭的沙漠中的沙子，完成了一次成功的烧结成型试验，我们可以从中探寻增材成型新的发展方向。

图 10-30 创新产品
注塑产品的拔模角度、壁厚等因素是生产注塑产品严格的限制条件，增材成型让一切都变得简单，它能让设计产品充满想象，更加具有艺术气息。

图 10-31 工程技术
增材成型可以快速验证材料的使用要求、结构空间和力学效应；同时，根据增材成型原理，可以创造出新的结构形式，用于简化设计或者减少用料。

图 10-32 建筑
增材成型会让今后的建筑面貌焕然一新，在房屋结构、造价、工期等方面都可能会有突破性进展，或许某一天，增材成型能够让普通人过上高品质的家居生活。

图 10-33　未来应用
在航空航天、太空探索、星际移民等未来课题中，增材成型会成为构造的中坚力量。

# 10.4　计算机辅助工业设计与成型

计算机辅助工业设计（Computer Aided Industrial Design，CAID）即在计算机技术和工业设计相结合形成的系统的支持下，进行工业设计领域的各种创造性活动（图 10-34）。与传统的工业设计相比，CAID 在设计方法、设计过程、设计质量和设计效率等方面都发生了质的变化，它涉及 CAD 技术、快速原型制作、人工智能技术、多媒体技术、虚拟现实技术、敏捷制造、优化技术、模糊技术、人机工程学等信息技术领域，是一门综合的交叉性学科。

在原型样件阶段，CAID 与传统工业设计对比见表 10-2。

表 10-2　CAID 与传统工业设计对比

| 手工模型 | 数控加工模型或其他快速成型 |
| --- | --- |
| · 设计者的直接体验；<br>· 交互性强；<br>· 模型不够精细，不能传达真实产品信息，不能作为商业模型；<br>· 和 CAD 交流困难，扫描后需要再次处理；<br>· 制作周期长 | · 实现同步工程（外观模型和后续工程同步）；<br>· 高精度模型；<br>· 易于检查；<br>· 快速 |

图 10-34 CAID 示例
CAID 以工业设计知识为基础，以计算机和网络等信息技术为辅助工具，实现了产品外观、人因工程设计和美学原则的描述与量化，设计出更加实用、经济、美观且具有创新性的产品，满足了人们不同层次的需求。

## 10.4.1 计算机辅助分析和仿真

计算机辅助分析和仿真（Computer Aided Engineering，CAE）是用计算机辅助求解复杂工程和产品结构强度、刚度、屈曲稳定性、动力响应、热传导、三维多体接触、弹塑性等力学性能的分析计算，结构性能的优化设计等问题的一种近似数值分析方法，以及热设计、电子电路等方面的分析与仿真。

1. 计算机辅助有限元分析

有限元分析可完成线性、非线性、静态、动态等各种力学分析；实现热场、电场、磁场等物理场的分析；实现机构分析，能完成机构内零部件的位移、速度、加速度和力的计算，以及机构的运动模拟、机构参数的优化；完成频率响应和结构优化；等等。

2. 流体力学模拟与分析

常用的流体力学的模拟与分析有助于产品造型设计与验证（图 10-35）。

3. 热设计仿真

热设计是采用适当、可靠的方法控制产品内部所有电子元器件的温度，使其在所处的工作环境条件下不超过稳定运行要求的最高温度，以保证产品正常安全运行和长期可靠运行（图 10-36）。热设计也涉及产品外形的各个方面。

4. 切削刀路仿真

切削刀路仿真是针对 CNC 加工的自动编程结果的仿真，这种仿真可以用图像、动画的形式呈现出来，非常直观，且容易纠错（图 10-37）。

5. 其他仿真

计算机仿真最大的优势就是能够利用计算机图形化的语言来完成仿真、模拟与分析，因此广泛应用于各行各业（图 10-38）。

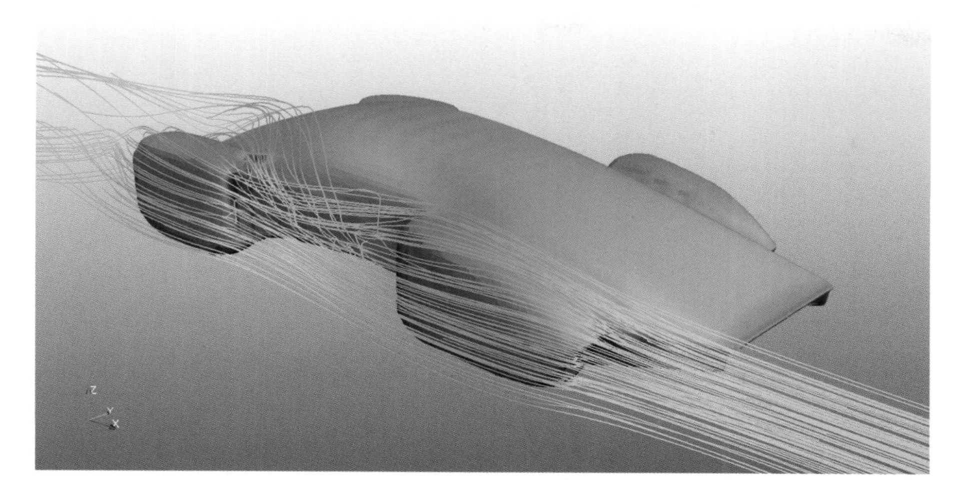

图 10-35　汽车空气动力学的模拟

汽车空气动力学的模拟与分析也是非常重要的有限元分析，如果车身设计成果和空气动力学分析的结果出入较大，传统的解决方式就是设计师和工程师反复修改设计方案，这种盲目的试错导致设计效率极度低下。而在图形化的分析结果面前，设计师通过简单的调整就可以满足设计要求，大大提升了设计工作的效率。

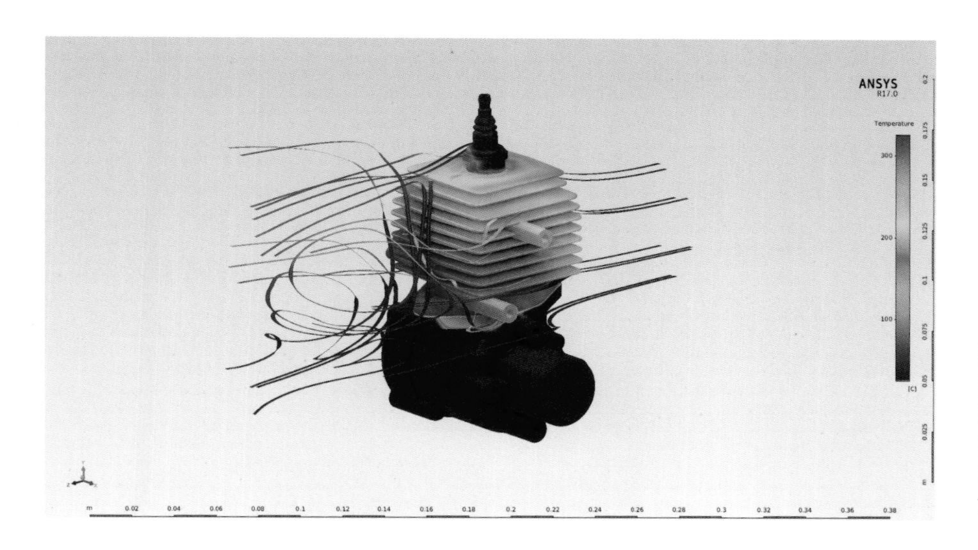


图 10-36　热设计仿真

图为内燃机自然风冷缸体的仿真结果图。热设计一般由前期的仿真和后期的测试验证组成。当前的主流仿真软件有 Proteus、LTspice、Tina-Ti 等。

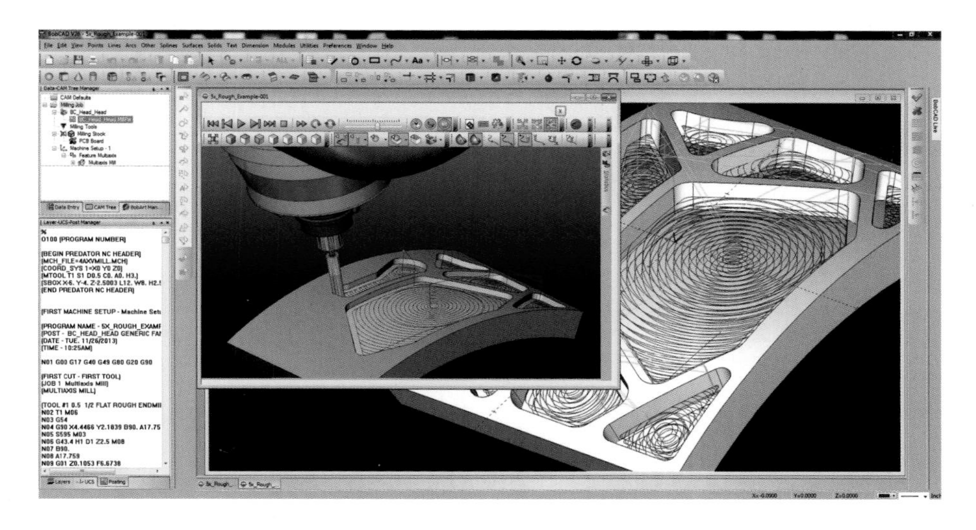

图 10-37　CNC 数控加工刀路仿真

对于机械及其零部件的加工，自动编程能自动识别不同的、规范化的造型特征，如圆孔、倒角等，然后自动选用合适的加工刀具；对于以曲面为主的零部件，比如车身外壳等，自动编程可以在人工的干预下选择相应的切削刀具，然后自动生成切削路径并进行仿真模拟。

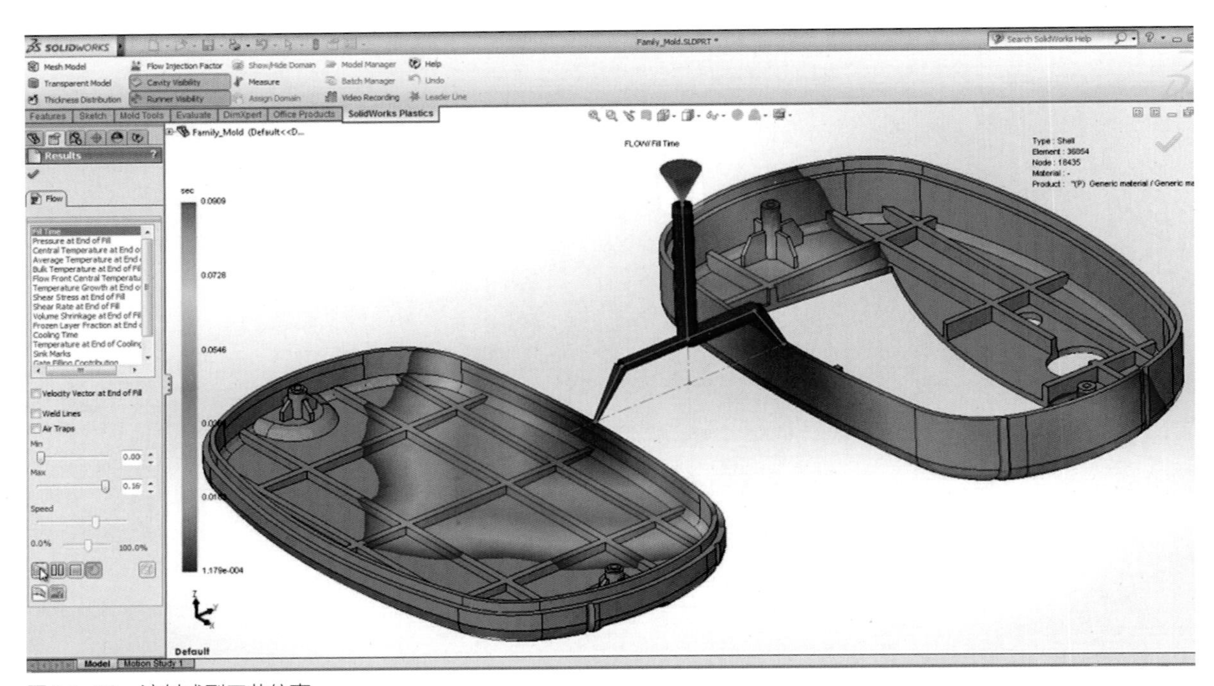


图 10-38 注射成型工艺仿真

注塑模具与工艺的仿真需要同时计算并仿真流体力学和热传导等方面的内容，因此更具针对性和行业特色。

## 10.4.2 计算机辅助制造

计算机辅助制造（Computer Aided Manufacturing, CAM）是指在制造业中，利用计算机控制机床和设备，自动完成产品的加工、装配、检测和包装等制造流程。如今，狭义上的 CAM 甚至与数控编程成为同义词。

CAM 的核心是计算机数值控制，简称数控，是将计算机应用于制造生产过程或系统。数控的特征是由程序指令来控制机床，最成熟与复杂的如“加工中心”多功能机床，能从刀库中自动换刀和自动转换工作位置，能连续完成铣、钻、铰、攻丝等工序。这些工序都是由程序指令控制运作的，只要改变程序指令就可以改变加工过程。

数控除了应用于机床外，还广泛应用于其他各种设备，如冲压机、自动绘图仪、焊接机、装配机、检查机、自动编织机等。

数控系统是数控机床的控制部分，它根据输入的数字化零件图纸信息、工艺过程和工艺参数，通过人工或自动的方式生成数控加工程序，然后驱动系统带动机床部件做相应的运动。

早期的数控机床（NC）零件的加工信息是存储在纸带上的，通过光电阅读机读取纸带上的信息，实现机床的加工控制。现在的计算机数控机床（CNC）（图 10-39）可以直接在计算机上编程，或者直接接收来自计算机辅助工艺过程设计软件（CAPP）的信息，实现自动编程。

## 10.4.3 产品研发与成型过程中的 CAE 和 CAID

计算机辅助工程在产品设计的概念设计阶段就可以介入了，特别是对于一些改良型的产品设计，可以通过对原产品的分析建立二维、三维数模以设定一些设计输入条件，定义设计问题；而在新产品的开发过程中，CAE 前期可用

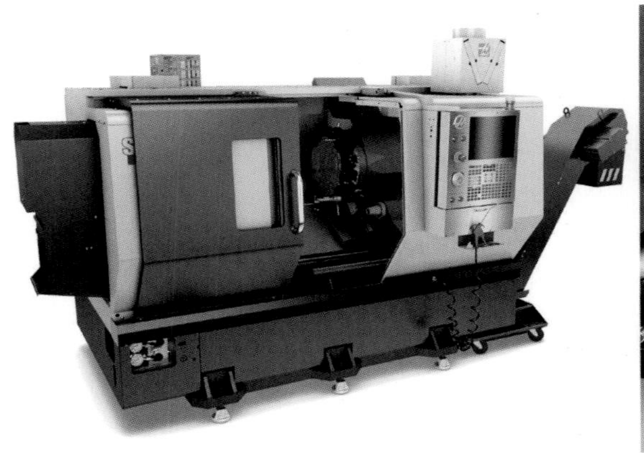

图 10-39　计算机数控机床（CNC）
现代 CNC 系统大多具有以下功能：多坐标轴联动控制、刀具位置补偿、系统故障诊断、在线编程、加工编程并行作业、加工仿真、刀具管理和监控、在线检测。

于对 CAID 概念的分析与验证，比如可以模拟分析三维草模的空气动力学性能，也可以用于概念模型实物的制作；在仿制类产品的设计过程中，CAE 则可以扮演逆向工程的角色。

在产品设计的后期，CAE 中的 CAM 则可以进行原型模型和小批量试制。

在设计过程中，不应当割裂工业设计和工程设计的关系，在产品研发的全部阶段，二者都应当相辅相成。工业设计和工程设计在各个计算机辅助设计的环节都有交叉与融合，主要体现在以下 4 个方面：

(1) 产品功能设计与分析。CAE 系统可以做到类似机械结构的运动分析、电子电路仿真与分析、数值计算等。

(2) 产品总布局和空间设计。通过对各个零件、部件、系统的建模，可以在相关软件上实现功能布局，完善空间安排，完成一些虚拟装配和总布置图，可以将布置图提供给设计师以完成外观造型设计及相关设计工作。

(3) 产品概念模型的制作。通过 CAID 软件或 CAD 软件，可以直接完成数控加工模型，让人直观感受产品概念设计的优劣，以评价概念与外观设计的符合度（图 10-40）。

(4) 产品功能、结构的设计验证和校核。通过对产品外观、功能结构的建模，可以实现力学构件的有限元分析，也可以完成总体结构的虚拟装配，做到产品的全面验证和纠错。

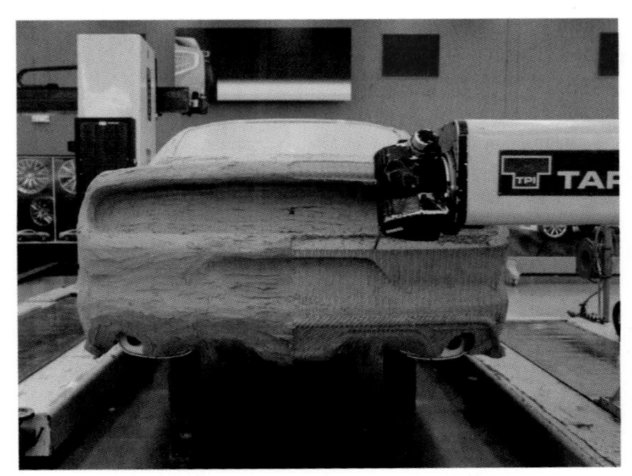

图 10-40　利用数控铣削制作 1：1 油泥概念模型
随着设计师总体素质的提高，CAID 已经成为常态。通常在概念设计阶段就能完成精度较高的外观曲面的数据模型，能够直接对数据模型进行数控加工以得到 1 ： 1 的实物模型。数控铣削速度快、精度高，大大节省了制作模型的时间，使得传统汽车企业雇用的油泥模型师遇到前所未有的职业挑战。

# 10.5 练习与实践

**一、填空题**

1. 增材成型技术是根据三维数据模型，在计算机辅助下快速制造复杂形状的三维实体技术，是机械工程、________、数控加工、________、激光技术、新材料等学科相互渗透交叉的产物。

2. 熔融沉积成型是通过喷嘴挤出熔化树脂材料，细丝状的树脂________铺设并冷却固化，最终堆积成实体模型。

3. 液态光敏树脂选择性固化是利用________的原理进行成型，现有技术水平只能够逐层对液态光敏树脂进行固化，最后形成三维实体。

4. 快速制造是以________工艺直接批量生产和制造产品、机器的零部件、工装夹具、工具等。

5. 增材成型的应用提高了设计模型制作的效率，降低了设计师或模型师的劳动强度，同时能够使传统的外观模型一步上升为________。设计良好的增材成型样件能够直接组装，并且可以检验部分力学性能。

6. 数控系统是数控机床的控制部分，它根据输入的________零件图纸信息、工艺过程和工艺参数，通过人工或自动的方式生成________程序，然后驱动系统带动机床部件做相应的运动。

7. 通过对产品外观、功能结构的建模，可以实现力学构件的________分析，也可以完成总体结构的________，做到产品的全面验证和纠错。

**二、选择题**

1. 电铸是利用金属的电解沉积原理来精确复制某些复杂或特殊形状工件的特种加工方法，它是电镀的特殊应用，因此电铸是一种（　　）。

A. 增材成型工艺　　B. 添加成型工艺

C. 表面处理工艺　　D. 生长成型工艺

2. 与传统成型工艺相比，增材成型技术的优势在于（　　）。（多选）

A. 成本低廉

B. 小批量甚至单件生产有优势

C. 研发周期较短

D. 造型较自由

3. 利用增材成型工艺直接生产的产品，不需要考虑（　　）等限制条件。（多选）

A. 造型的应力集中

B. 拔模角度

C. 制造成本

D. 模具成本

4. 增材成型和五轴数控铣削加工的共同点是（　　）。

A. 都是添加材料成型

B. 都是去除材料成型

C. 都是在现代计算机技术的辅助下完成的

D. 都有加工碎屑产生

5. 能实现快速铸型制造的增材成型工艺是（　　）。

A. 液态光敏树脂选择性固化 SLA

B. 熔融沉积成型 FDM

C. 三维砂型打印成型 3DSP

D. 激光金属沉积 LMD

**三、课题实践**

本章为设计师开启了一片设计的新天地，在这里我们有必要对以往所学知识进行一次再认识。针对材料的成型工艺，如果有颠覆性的手段和技术，今后的设计是否会有质的飞跃，值得我们去探索。我们可以尝试用增材制造的思想去改良以往的设计，或者调整设计思路，实现以前不敢想、不敢做的设计，让材料的成型脱离拔模角度、分模与分型等一切限制因素。最终的结果是什么犹未可知，让我们共同去见证时间和科技的力量带来的变革与飞跃吧！

下面列举增材成型典型应用案例（图 10-41～图 10-43）。

在条件许可的情况下，可学习使用 FDM 桌面设备、激光雕刻机、桌面 CNC 等。

以 FDM 为例，桌面级 FDM 在各高校和科研院所已经得到广泛应用。同数控铣床类似，FDM 成型是通过应用软件进行编程和得到文件数据；不同的是数控铣床等得到的是刀路信息，而 FDM 得到的是喷头轨迹信息。FDM 是以层叠的方式实现增材制造的，因此 FDM 的数控编程过程又叫作“切片”。切片软件一般是针对 FDM 机器定制的，也有二次开发共享的，基本可以看作针对 FDM 的一些 CAPP。根据 FDM 的工艺原理，在计算机和电机的控制下，喷嘴喷出熔融的丝状塑料，层叠后得到模型或制品。因此，在使用切片软件的时候，需要考量层叠的过程。虽然切片软件可以自动编程，但是某些工艺过程必须有人工参与控制（图 10-44）。

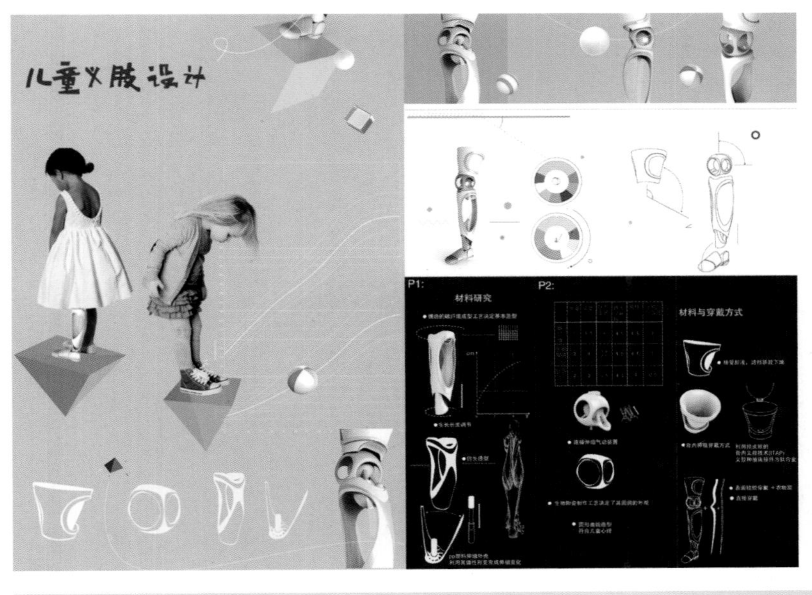


图 10-41　儿童义肢设计
图为四川美术学院杨昳的设计作品。该作品以儿童义肢为设计目标，采用了增材成型技术和生物材料，针对儿童快速生长带来的经济压力，提出了一套切实可行的解决方案，整个设计体现出科学技术的人文关怀。

图 10-42　作品《嗅觉花园》
图为四川美术学院孙华杰的设计作品《嗅觉花园》。该作品以增材成型工艺为基础，突破传统香氛产品造型和理念，跨越感官探索香味和造型之间的关系，通过嗅觉感官、抽象的气味符号和浸入式动感装置安抚人的心灵。设计综合呈现喷雾熏香和动感装置，使人从本质上回归有机生活，是对未来香氛产品的有益探索。

图 10-43　3D 打印工程车
图为四川美术学院段胜峰、敖进、孙煜的设计作品。该作品以中国西部广袤的土地为背景，以增材成型技术为依托，以三维砂型打印技术为核心，是一个可以移动的 3D 打印工程车，可以创造性地将沙化土地利用起来，给当地民众提供了一项廉价、高效的住宅问题解决方案。

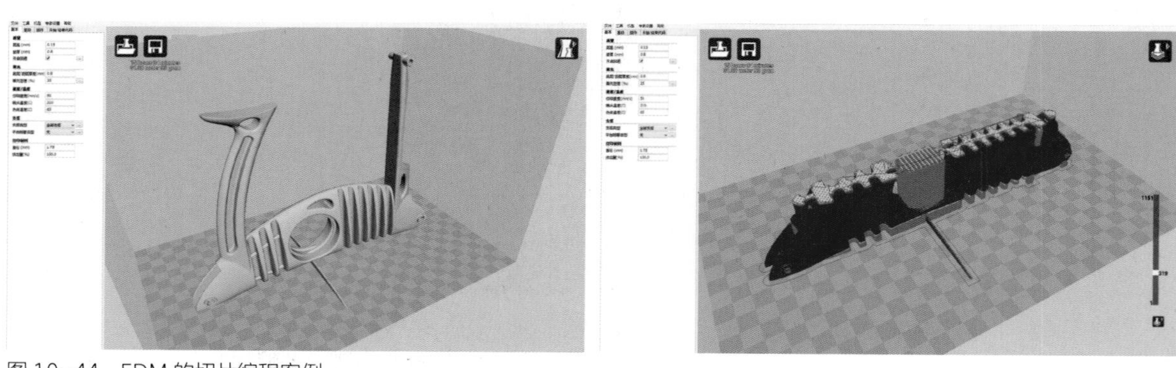

图 10-44　FDM 的切片编程案例
三维数模在切片软件中自动编程，输出结果为可视化路径信息，同时输出机器码以供 FDM 设备读取并执行。不同的颜色路径代表不同的属性，便于用户直观地检查、纠错。